Manuela Weller

Die soziale Positionierung der Ehefrau im Familienunternehmen

D1935550

GABLER RESEARCH

Manuela Weller

Die soziale Positionierung der Ehefrau im Familienunternehmen

Eine Untersuchung in familiengeführten klein- und mittelständischen Handwerksbetrieben

Mit einem Geleitwort von Prof. Dr. Manfred Auer

GABLER

RESEARCH

Bibliografische Information der Deutschen Nationalbibliothek
Die Deutsche Nationalbibliothek verzeichnet diese Publikation in der Deutschen Nationalbibliografie; detaillierte bibliografische Daten sind im Internet über <http://dnb.d-nb.de> abrufbar.

Dissertation Universität Innsbruck, 2009

1. Auflage 2009

Alle Rechte vorbehalten
© Gabler | GWV Fachverlage GmbH, Wiesbaden 2009

Lektorat: Claudia Jeske | Britta Göhrisch-Radmacher

Gabler ist Teil der Fachverlagsgruppe Springer Science+Business Media.
www.gabler.de

Das Werk einschließlich aller seiner Teile ist urheberrechtlich geschützt. Jede Verwertung außerhalb der engen Grenzen des Urheberrechtsgesetzes ist ohne Zustimmung des Verlags unzulässig und strafbar. Das gilt insbesondere für Vervielfältigungen, Übersetzungen, Mikroverfilmungen und die Einspeicherung und Verarbeitung in elektronischen Systemen.

Die Wiedergabe von Gebrauchsnamen, Handelsnamen, Warenbezeichnungen usw. in diesem Werk berechtigt auch ohne besondere Kennzeichnung nicht zu der Annahme, dass solche Namen im Sinne der Warenzeichen- und Markenschutz-Gesetzgebung als frei zu betrachten wären und daher von jedermann benutzt werden dürften.

Umschlaggestaltung: KünkelLopka Medienentwicklung, Heidelberg
Gedruckt auf säurefreiem und chlorfrei gebleichtem Papier
Printed in Germany

ISBN 978-3-8349-1918-2

Geleitwort

Organisationen sind ohne Bezüge zur Umwelt und damit auch zum privaten Leben ihrer Mitglieder nicht angemessen zu verstehen. Eine ganz besonders komplexe Situation liegt im Fall von Familienunternehmen vor, weil sie die Systeme Unternehmen und Familien vereinen. Die Dissertation von Manuela Weller widmet sich dabei dem bisher nahezu unerforschten Aspekt der Position bzw. Rolle von Ehefrauen in familiengeführten Unternehmen. Diese Thematik hat in der Family Business Forschung noch wenig Beachtung gefunden, obwohl mitarbeitende Ehefrauen einen wesentlichen Beitrag zum ökonomischen Erfolg sowie zum sozialen Zusammenhalt von Familienunternehmen leisten. Auch aus dem Forschungsbereich von „Gender and Organization" liegen nur wenige Arbeiten vor, die die sozialen Beziehungen und die spezifische Positionierung von Ehefrauen in Familienunternehmen analysieren. Manuela Weller stützt sich in ihrer empirischen Untersuchung auf einen qualitativ-interpretativen Ansatz und untersucht auf dieser methodologischen Basis acht Fallgeschichten von Ehefrauen in familiengeführten Handwerksbetrieben in Süddeutschland. Als theoretischen Analyserahmen verwendet sie zum einen die Strukturationstheorie von Anthony Giddens und zum anderen das Konzept des „doing gender" von Candace West und Don H. Zimmerman sowie die für die Organisationsforschung besonders einflussreiche Arbeit zur „gendered substructure" von Organisationen von Joan Acker.

Der Autorin gelingt es eindrucksvoll, die unterschiedlichen Dimensionen der Verquickung von privatem bzw. Familienleben und betrieblichen bzw. beruflichen Belangen herauszuarbeiten. Für die soziale Positionierung der Ehefrauen in Familienunternehmen spielen insbesondere ihre eigene soziale Identität als Ehefrau, Mutter, ‚Unternehmerin' usw., ihre verschiedensten sozialen Beziehungen (zum Ehemann, zu den Kindern, zu den MitarbeiterInnen, zu den Schwiegereltern usw.) und ihre „knowledgeability" (Giddens), d.h. ihr Wissen über die Funktionsweise des Unternehmens, zentrale Rollen. Darüber hinaus wird in der vorliegenden Arbeit die soziale Dynamik von Familienunternehmen und damit die Veränderungsprozesse der sozialen Positionierung von mitarbeitenden Ehefrauen analysiert.

Manuela Weller leistet mit ihrer Dissertation nicht nur einen wesentlichen Beitrag zur Erforschung von Familienunternehmen, sondern auch zum Zusammenhang von privatem und beruflichem Leben.

Innsbruck, im August 2009

Prof. Dr. Manfred Auer

Vorwort

So eine Arbeit ist eigentlich nie fertig,
man muss sie für fertig erklären,
wenn man nach Zeit und Umständen
das Mögliche getan hat.

Johann Wolfgang von Goethe

Die vorliegende Arbeit ist die geringfügig überarbeitete Fassung meiner Dissertation, die während meiner Zeit als externe Doktorandin am Institut für Organisation und Lernen der Universität Innsbruck entstanden ist und im März 2009 unter dem Titel *„Ich bin da einfach hineingewachsen ...“ – Die soziale Positionierung der Ehefrau im klein- und mittelständischen Familienunternehmen. Eine Untersuchung in familiengeführten Handwerksbetrieben* von der Universität Innsbruck angenommen wurde. Blicke ich aus heutiger Sicht auf die vergangenen Jahre zurück, so wird mir klar, dass eine solche Arbeit nicht das Werk einer einzelnen Person darstellt, sondern erst durch die Unterstützung anderer gelingen kann. Und so möchte ich an dieser Stelle die Gelegenheit nutzen und mich bei all denen bedanken, die mich in dieser Zeit begleitet haben.

An erster Stelle möchte ich mich bei meinem Doktorvater Herrn Prof. Dr. Manfred Auer bedanken, der mir in allen Phasen der Dissertation wichtige Impulse zum wissenschaftlichen Arbeiten gab und mit seiner umfassenden fachlichen wie auch sozialen Kompetenz zum guten Gelingen meiner Dissertation beigetragen hat. Ein herzlicher Dank gilt auch Herrn Prof. Dr. Meinrad Ziegler für die Übernahme des Zweitgutachtens. Die in seinem Seminar „Qualitative Sozialforschung“ vermittelten Lerninhalte waren mir eine wertvolle Hilfe bei der Planung und Durchführung meines Forschungsprojektes.

Mein ganz besonderer Dank gilt meinen Interviewpartnerinnen, denn ohne ihre Bereitschaft, mir offen über ihre Erfahrungen zu berichten, wäre diese Arbeit in der vorliegenden Form nicht möglich gewesen. Ein großer Dank gebührt in diesem Zusammenhang Frau Renate Schuster.

Ein herzliches Dankeschön geht auch an Frau Dr. Susanne Trissler, die diese Arbeit kompetent und umsichtig korrigiert und die Einrichtung des Dokumentes für den Druck besorgt hat.

Die wohl wichtigste Unterstützung habe ich aus meinem persönlichen Umfeld erhalten und so möchte ich mich von ganzem Herzen bei meinen Eltern Hilde und Norbert Weller bedanken. Der familiäre Rückhalt gab mir immer wieder die notwendige Kraft, mich der Herausforderung „Dissertation“ zu stellen. Es ist mir eine Freude, meinen Eltern diese Arbeit zu widmen.

Zirndorf, im August 2009

Manuela Weller

Inhaltsverzeichnis

Abkürzungsverzeichnis

BWA	Betriebswirtschaftliche Auswertung
FBN	Family Business Network
FBR	Family Business Review
FU	Familienunternehmen
HWK	Handwerkskammer
IfM	Institut für Mittelstandsforschung Bonn
KMU	Kleine und mittlere Unternehmen
UFH	Unternehmerfrauen im Handwerk e.V.
ZDH	Zentralverband des deutschen Handwerks

1 Einleitung

Die Forschung zum Thema Familienunternehmen ist ein noch relativ junger Zweig innerhalb der wirtschaftswissenschaftlichen Disziplinen, der sich in den letzten Jahren zwischen der Entrepreneur- und KMU-Forschung etablieren konnte (vgl. Bird et al. 2002, 338). Dass die Family Business-Forschung zu den eher neueren Untersuchungsfeldern zählt, erstaunt, wenn man sich vor Augen hält, dass familiengeführte Unternehmen bereits in der Antike als Rückgrat der Volkswirtschaft galten (vgl. Bird et al. 2002, 337).

Warum die wissenschaftliche Auseinandersetzung mit diesen bedeutenden Funktions- und Leistungsträgern einer nationalen Ökonomie (vgl. Gersick et al. 1997, 2) erst zu Beginn der 80er Jahre des letzten Jahrhunderts in den USA ihren Anfang nahm, hat sicherlich vielerlei Ursachen. Ein entscheidender Grund für diese Forschungslücke liegt möglicherweise darin, dass es bis heute als schwierig gilt, Familienunternehmen zu untersuchen, da hierbei sowohl das System „Familie" als auch das System „Unternehmen" parallel in den Fokus der Betrachtung gerückt werden müssen und nicht, wie in soziologischen bzw. betriebswirtschaftlichen Untersuchungen sonst üblich, die beiden Systeme jeweils isoliert analysiert werden können (vgl. Lansberg et al. 1988, 3; Martos Vallejo 2007, 474). In Deutschland begann man in den 90er Jahren des letzten Jahrhunderts sich wissenschaftlich mit der Thematik auseinanderzusetzen und so steckt die Familienunternehmensforschung hier bis heute noch in den Kinderschuhen (vgl. Klein 2003, 10).

1.1 Ausgangslage und Zielsetzung

In den wenigen Untersuchungen, die sich bislang dieser Unternehmen angenommen haben, gewinnt man den Eindruck, dass die Forschung weitgehend die Person des Gründers respektive Unternehmers thematisiert, da diesem der Hauptanteil am unternehmerischen Erfolg zugesprochen wird. Aufgrund dieser Sichtweise erstaunt es nicht, dass die Familienunternehmen als „the lengthening shadow of one man" (vgl. Hollander/Elman 1988, 148) bezeichnet werden.

Daraus aber abzuleiten, dass die Existenz eines Familienunternehmens vor allem vom Engagement eines Akteurs, nämlich des Unternehmers, abhängig sei, wäre zu kurz gedacht, denn im Großteil der familiengeführten Unternehmen finden sich bedingt durch die Verquickung von familiärer und unternehmerischer Sphäre weitere Familienangehörige, die aktiv am Unternehmensgeschehen beteiligt sind. Dabei handelt es nicht selten um weibliche Mitglieder des Unternehmerhaushalts. Was aber ist uns über diese Gruppe von Akteurinnen bis jetzt bekannt? Die Antwort ist ernüchternd: Leider kaum etwas.

Begibt man sich in Anbetracht dessen auf die Suche nach den möglichen Ursachen für diese Marginalisierung der in Familienunternehmen mitarbeitenden Frauen in der wissenschaftlichen Diskussion, trifft man immer wieder auf die gleichlautende Begründung, dass diese Frauen nicht selten die Rolle einer unsichtbaren Akteurin einnehmen würden und folglich nur schwer zu untersuchen seien (vgl. Gillis-Donovan/ Moynihan-Bradt 1990, 153; Hollander/Bukowitz 1990, 143).

Wie nahezu unerschlossen dieses Forschungsfeld ist, lässt sich daran festmachen, dass selbst in den USA, in denen die wissenschaftliche Auseinandersetzung mit der Thematik der familiengeführten Unternehmen generell weiter fortgeschritten ist als im deutschsprachigen Raum, nur einige wenige Publikationen erschienen sind, die sich mit der Gruppe der in einem Familienunternehmen mitarbeitenden Ehefrauen beschäftigt haben. Die gesamte Forschungssituation lässt sich wohl am treffendsten mit den folgenden Worten zusammenfassen: „If literature about family business is in its infancy, then literature on women in family business is still gestating" (Salganicoff 1990a, 121). Poza/Messer fügen ergänzend hinzu: „If we replace the word *spouse* for *women*, Salganicoff's characterization is true today" (Poza/Messer 2001, 26 – Hervorhebung im Original).

In den wenigen Beiträgen, die den Fokus auf die im Familienunternehmen mitarbeitende Ehefrau gerichtet haben, stand der Wunsch nach Operationalisierung und Allgemeingültigkeit der Aussagen im Vordergrund. Diese Vorgehensweise setzt jedoch voraus, dass das zu untersuchende Phänomen – also die mitarbeitende Ehefrau – in einer Art künstlich geschaffenen Welt betrachtet wird, um so die Vergleichbarkeit der statistischen Daten gewährleisten zu können. Diese standardisierte Annäherung an das Untersuchungsphänomen führt letztendlich dazu, dass sich kontextsensitive Aussagen in Bezug darauf, wie die Ehefrauen ihren Arbeitsalltag im familiengeführten Unternehmen erleben, nicht treffen lassen. Aus diesem Grund soll in der vorliegenden Arbeit ein qualitativer Ansatz gewählt werden. Diese Vorgehensweise ermöglicht es, ein tieferes Verständnis für das zu untersuchende Phänomen zu entwickeln. Um die aus der qualitativen Studie gewonnenen Erkenntnisse in einem theoretischen Rahmen zu verorten, liegt der Arbeit die Theorie der Strukturation von Anthony Giddens zugrunde, die um die theoretischen Konzepte des „doing gender" von Candace West und Don H. Zimmerman und der „gendered organization“ von Joan Acker erweitert und vertieft wird, da die soziale Positionierung der Akteurinnen im Familienunternehmen essentiell mit ihrem sozialen Geschlecht zusammenhängt.

Nicht zuletzt unter diesem Gesichtspunkt bietet das Handwerk in zweifacher Hinsicht ein besonders interessantes Untersuchungsfeld. Zum einen zählen Handwerksbetriebe zu den klassischen Vertretern kleiner und mittelständischer Familienunternehmen, zum anderen gründet gerade die Beschäftigung von weiblichen Familienmitgliedern – insbesondere der Ehefrau – in dieser Branche auf einer langen kulturellen Tradition. Bedingt durch die über die Jahrhunderte hinweg entwickelten Reglements, repräsentiert der Meister mit seiner Person den Handwerksbetrieb bis heute weitestgehend alleine. Diese traditionellen Sichtweisen „place women and men in different social positions, with gender-based definitions of work and family responsibilities, [and] play a large part in establishing the work environment“ (Lyman et al. 1996, 461), d. h. die Unternehmenskultur mit ihren genderunterlegten Substrukturen hat unmittelbaren Einfluss auf die Positionierung der Akteurinnen im System.

Vor diesem Hintergrund soll in der vorliegenden Arbeit untersucht werden, wie die eingeheirateten Ehefrauen ihren Arbeitsalltag im traditionsgeprägten familiengeführten Handwerksbetrieb erleben und wie die Familien- und Unternehmensstrukturen und die damit verknüpften sozialen Beziehungen sowie die eigene Identität der Frauen sich auf deren soziale Positionierung im Familienunternehmen auswirken. Das Konzept der sozialen Positionierung, also der „sinnkonstituierende[n], normative[n] und machtbezogene[n] Einordnung einer Person in ein Netzwerk sozialer Beziehungen“ (Auer 2000, 117), erlaubt es, Rückschlüsse auf das Zusammenspiel von sozialen Strukturen des Familienunternehmens als konkreten Bezugsrahmen, mit darin ablaufenden Interaktionen zu ziehen.

Im Mittelpunkt des Forschungsprojekts stehen dabei die folgenden drei Untersuchungsaspekte:

- Einen ersten thematischen Schwerpunkt stellen Fragen zum Eintritt der Ehefrauen in den familiengeführten Handwerksbetrieb dar. Dabei geht es darum, neben Erkenntnissen über die Auswirkungen der familiären Herkunft der Ehefrauen auf deren soziale Positionierung im Familienunternehmen auch Einblicke über deren Beweggründe für den Wechsel zu gewinnen, sowie herauszuarbeiten, wie die befragten Frauen ihre Anfangszeit in den Betrieben erlebt haben.

- Den zweiten Themenschwerpunkt stellen Aspekte zur gegenwärtigen betrieblichen Arbeitssituation der befragten Ehefrauen dar. Durch deren Analyse wird es möglich, Rückschlüsse über die soziale Positionierung der Ehefrau in der Unternehmensstruktur bzw. im Hierarchiegefüge zu ziehen.
- Im dritten Fragenkomplex steht die Zielsetzung im Mittelpunkt, mehr über die familiäre Sphäre und die dort vorherrschenden Strukturen in Erfahrung zu bringen. Hierbei stehen vor allem Fragen nach der Vereinbarkeit von Familie und Beruf bzw. zur Überschneidung von familiären und beruflichen Verpflichtungen im Fokus des Forschungsinteresses.

Das Zusammenspiel dieser verschiedenen Untersuchungsaspekte ermöglicht es, den Weg der eingeheirateten Ehefrauen ins und im Familienunternehmen nachzuzeichnen, um so ein tieferes Verständnis für deren soziale Positionierung bzw. deren Netzwerk an sozialen Beziehungen im familiengeführten Handwerksbetrieb zu entwickeln. Um die Komplexität der durch die Interdependenz von Familie und Unternehmen geprägten Organisationsform des Familienunternehmens in ihrer Vielschichtigkeit erfassen zu können, ist es notwendig, die Frauen selbst zu Wort kommen zu lassen.

1.2 Aufbau der Arbeit

Die vorliegende Arbeit ist folgendermaßen strukturiert: Nach den einleitenden Überlegungen widmet sich Kapitel 2 der Erörterung der für diese Arbeit zentralen Termini. Dabei erfolgt zunächst eine Auseinandersetzung mit dem Begriff des Familienunternehmens als deren Abschluss eine eigenständige Definition des Terminus entwickelt wird, die der Arbeit zugrunde gelegt werden soll. Im letzten Abschnitt des Kapitels wird der Handwerksbetrieb als klassischer Vertreter kleiner und mittelständischer Familienunternehmen erläutert.

Das dritte Kapitel befasst sich mit dem aktuellen Forschungsstand zum Thema „Frauen in Familienunternehmen“ bzw. „Frauen im Handwerk“. Da es sich bei diesen Themengebieten um bisher kaum untersuchte Forschungsbereiche handelt, kommt der Sichtung der bislang erschienenen Literatur eine besondere Bedeutung zu.

Gegenstand des vierten Kapitels sind Erläuterungen zum theoretischen Fundament der vorliegenden Arbeit. Als Bezugsrahmen dient hier die Theorie der Strukturation von Giddens. Erweitert und vertieft werden die Ausführungen um die theoretischen Konzepte des „doing gender“ von West/Zimmerman und der „gendered organization“ von Acker. Im letzten Abschnitt des Kapitels wird eine Art Fazit über die Anwendbarkeit des theoretischen Bezugsrahmens für die vorliegende Studie gezogen.

Im fünften Kapitel wird das qualitativ-interpretative Paradigma mit seinen wissenschaftstheoretischen Implikationen vorgestellt und dessen Relevanz für die vorliegende Untersuchung herausgearbeitet. Es folgen Ausführungen zur Rolle des interpretativen Forschers, wie auch zur qualitativen Fallstudie als Forschungsinstrumentarium. Im Anschluss daran werden die einzelnen Schritte des Erhebungs- und Auswertungsprozesses ausführlich dargelegt. Einige Erläuterungen zur Verifikation der erhobenen Forschungsergebnisse beschließen das Kapitel.

Im empirischen Teil der Arbeit – Kapitel 6 und 7 – werden die Ergebnisse der qualitativ erhobenen Daten präsentiert. Die acht Fallgeschichten werden in Kapitel 6 ausführlich dargestellt, dabei weist der Aufbau der einzelnen Fallgeschichten folgende Grundstruktur auf: Nach einleitenden Erläuterungen zur Interviewsituation und zur Person der Befragten erfolgt im Anschluss eine ausführliche Darstellung des Unternehmens- wie auch des Familiensystems. Dabei werden die Ausführungen zu diesen beiden Bereichen mit Gesprächpassagen aus den Interviewtranskripten ergänzt, um so die interviewten Ehefrauen selbst zu Wort kommen zu lassen, mit dem Ziel, dem Leser die Möglichkeit eines facettenreichen Einblicks in die soziale(n) Welt(en) der befragten Akteurinnen zu offerieren. In Kapitel 7 erfolgt die Darstellung der fallübergreifenden Analyse. Ziel dieser Analyse ist es, sowohl Gemeinsamkeiten wie auch Unterschiede aus den einzelnen Fällen herauszuarbeiten, in thematische Cluster zu gliedern, zu interpretieren und mit entsprechenden Verweisen auf den theoretischen Bezugsrahmen wie auch mit Erkenntnissen aus der Forschungsliteratur zu verknüpfen.

Kapitel 8 fasst die wesentlichen Ergebnisse der vorliegenden Studie nochmals zusammen. Eine Einordnung der Resultate hinsichtlich ihrer Reichweite und ein Ausblick auf wünschenswerte und zukünftige Entwicklungen beschließen die Arbeit.

2 Der familiengeführte Handwerksbetrieb

In diesem Kapitel werden die für diese Untersuchung zentralen Begriffe „Familienunternehmen“ und „Handwerksbetrieb“ ausführlich erläutert, um so eine terminologische Basis für die weiteren Ausführungen zu schaffen.

Abschnitt 2.1 befasst sich mit den Familienunternehmen, wobei im Verlauf der Erörterung eine für die in dieser Studie verfolgten Ziele geeignete Definition des Terminus entwickelt wird. Daran anschließend werden mithilfe des Drei-Kreis-Modells von Tagiuri/Davis die Besonderheiten dieser speziellen Organisationsform beleuchtet. In Abschnitt 2.2 wird der Handwerksbetrieb als klassischer Repräsentant kleiner und mittelständischer Familienunternehmen vorgestellt.

2.1 Das Familienunternehmen

„What is a family business?“, lautet die wohl zentralste Frage, wenn man sich mit der Thematik der Familienunternehmen näher beschäftigt.[1] Wer nun hofft, darauf eine eindeutige Antwort zu finden, wird enttäuscht werden. Denn bis heute herrscht in der FU-Forschung keine Einigkeit darüber, welche Parameter für die Begriffsbestimmung herangezogen werden sollten (vgl. Klein 2004, 12ff.; Sharma 2004, 3; Astrachan/ Shanker 2006, 56).[2] Deshalb lassen sich bei genauer Betrachtung eine Unmenge an verschiedensten Definitionen finden, die je nach Forschungsinteresse und Zielsetzung der jeweiligen Studien auf unterschiedlichsten Abgrenzungskriterien basieren.[3] Dies wiederum führt dazu, dass sich die jeweiligen Forschungsergebnisse nur sehr bedingt

---

1 Wie lange dieser Frage schon nachgegangen wird, lässt sich anhand der Literatur belegen: Bereits 1985 werfen Rosenblatt et al. (vgl. 1985, 3) diese Frage auf, die sich mehr als zwei Jahrzehnte später in der gleichen Weise bei Vallejo Martos wiederfindet (vgl. Martos Vallejo 2007, 473).

2 Die Tatsache, dass bis heute weder eine allgemein anerkannte Definition des Begriffs „Familienunternehmen“ noch eine Theorie entwickelt wurde (vgl. Chua et al. 1999, 19ff.; Klein 2004, 1), lässt Parallelen zu den Anfängen der Forschung zum Thema Entrepreneurship erkennen, die mit ähnlichen Problemen zu kämpfen hatte. Brockhaus schlägt deshalb vor, dass die FU-Forschung von den Irrtümern, die anfänglich in der Entrepreneurforschung begangen wurden, lernen solle, um ähnliche Fehler zu vermeiden (vgl. Brockhaus Sr. 1994, 25). Andere Forscher verweisen auf Unterschiede und auch auf Gemeinsamkeiten beider Forschungsfelder (vgl. Dyer Jr./Handler 1994; Hoy/Verser 1994; Rogoff/Heck 2003).

3 Ein guter Überblick über die bisherigen Definitionsversuche im angloamerikanischen Raum findet sich bei Flören (2002, 17ff.) und für den deutschsprachigen Bereich bei Pfannenschwarz (2004, 447ff.). Beide Autoren listen über 120 Definitionsvarianten auf.

miteinander vergleichen lassen (vgl. Lansberg et al. 1988, 2; Westhead/Cowling 1998, 50).

Zu den wichtigsten Kriterien, die bisher am häufigsten zur Bestimmung des Begriffs „Familienunternehmen" herangezogen wurden, zählen u. a. Inhaberführung, Managementbeteiligung der Familie, Mitarbeit von Familienangehörigen, Eigentumsverhältnisse, Generationenwechsel und Stimmanteile der Familie (vgl. Flören 2002, 23). Um Ordnung in diesen Definitionendschungel zu bringen, finden sich in der Fachliteratur immer wieder Versuche, die definierenden Kriterien zu systematisieren. Doch unterscheiden sich leider auch hier die zugrunde liegenden Klassifikationskriterien so stark voneinander, dass eine nähere Beleuchtung der einzelnen Ansätze an dieser Stelle der Arbeit eher zur Verwirrung als zur Erhellung der Situation beitragen würde.[4] Darüber hinaus konnte sich keiner dieser Klassifizierungsversuche in der Forschungsdiskussion durchsetzen (vgl. Sharma 2004, 3).

Warum es bis heute immer noch schwierig erscheint, sich auf eine allgemeingültige Definition zu einigen, hat sicherlich auch damit zu tun, dass es sich bei Familienunternehmen nicht um eine homogene Gruppe handelt, sondern diese in ihrer Struktur sehr stark variieren (vgl. Klein 2000, 158). So umfasst der Begriff sowohl den kleinen Tante-Emma-Laden um die Ecke als auch das börsennotierte Großunternehmen (vgl. Holland/ Boulton 1996, 407; Neubauer/Lank 1998, 9).

Vor dem Hintergrund der noch ausstehenden Beantwortung der Frage, was denn ein Familienunternehmen konstituiert, ist es für die Forschung oftmals sehr schwierig, diese Gruppe aus der Masse der Unternehmungen herauszufiltern, um sie dann zu analysieren. Erschwerend kommt hinzu, dass das Gros der Familienunternehmen zur Gruppe der KMUs (vgl. Bridge et al. 2003, 211; IfM 2007, VIII) zählt, die zum einen aufgrund ihrer eher geringen Unternehmensgröße nicht aus der Masse herausstechen und zum anderen durch die bei ihnen häufig anzutreffende Abschottungshaltung gegenüber Außenstehenden schwierig zu studieren sind (vgl. Kets de Vries 1996, 4).[5]

---

4 An dieser Stelle soll exemplarisch auf einige Klassifikationsversuche verwiesen werde. So diente im F-PEC Ansatz (Family influence on Power, Experience, and Culture) der familiäre Einfluss als Systematisierungskriterium (vgl. Astrachan et al. 2002; Klein et al. 2005). Daneben wurde versucht, die Definitionen zwischen theoretischen und operationalisierbaren zu unterscheiden (vgl. Chua et al. 1999). Ein eher pragmatischer Vorschlag findet sich in der Arbeit von Astrachan/ Shanker (2006), die den Begriff des Familienunternehmens nach weiteren, mittleren und engeren Definitionen einteilen. Vallejo Martos (2007, 481) zieht hingegen die Kriterien „desire for continuity" und Anteile am Kapital der Firma für die Bestimmung der Definition heran.

5 Möglicherweise ist dies der Grund dafür, dass die Vielzahl der in Deutschland veröffentlichten Studien wie auch der Dissertationsprojekte sich eher der größeren Familienunternehmen annimmt (vgl. z.B. Redlefsen 2004; Jaskiewicz 2006). Diese oftmals börsennotierten Unternehmen müssen aufgrund ihrer Veröffentlichungspflicht Informationen für Außenstehende zugänglich machen. Zudem

All dies hat zur Folge, dass bis heute kaum verlässliches Datenmaterial über diese Unternehmensform zu finden ist (vgl. Astrachan/Shanker 2006, 56).[6]

Doch trotz aller Unterschiede bezüglich Größenklasse, Rechtsform oder auch Branchenzugehörigkeit haben diese Unternehmen eines gemeinsam: den Einfluss der Familie auf die unternehmerischen Belange – wenngleich auch in unterschiedlich starker Ausprägung (vgl. Klein 2004, 3). Die Familie wird so zum entscheidenden Abgrenzungskriterium, wenn es darum geht, den Unterschied zu Nicht-Familienunternehmen aufzuzeigen. Doch genau dieses Bewusstsein, dass zwischen Familie und Unternehmen eine gewisse Dynamik vorherrscht, wurde in der Forschung lange Zeit übersehen. Dies hatte zur Folge, dass die Familie in vielen Untersuchungen lediglich als Störgröße wahrgenommen wurde, die es bei der Betrachtung von Familienunternehmen weitestgehend auszublenden galt (vgl. Kepner 1991, 446; Winter et al. 1998, 240).[7] So stellen Gersick et al. (1997, 4) zu Recht fest: „The influence of families on the businesses they own and manage is often invisible to management theorists and business schools."

Diese Vernachlässigung der familiären Komponente führte wiederum dazu, dass diese familiengeführten Unternehmen auf den ersten Blick keinerlei Besonderheiten aufwiesen, die es wert gewesen wären, von der Forschung näher betrachtet zu werden (vgl. Dyer Jr. 2003, 401f.). Dies könnte eine Erklärung dafür liefern, dass die Auseinandersetzung mit der Thematik so lange unterblieb. Doch genau in der Überschneidung der Systeme Familie und Unternehmen liegt die Besonderheit dieser Unternehmensform verborgen, die es notwendig macht, beide Bereiche gleichberechtigt in die Betrachtung einzubeziehen (vgl. Lansberg et al. 1988, 3).

Diesem Leitgedanken der Family Business-Forschung soll in der vorliegenden Arbeit gefolgt werden, d. h. es wird der Frage nachgegangen, wie sich die Unternehmens- und die Familienstruktur auf die soziale Positionierung der Ehefrau, die im familien-

soll an dieser Stelle auch nicht verschwiegen werden, dass die Wissenschaft sich gerne prestigeträchtigen Untersuchungsobjekten widmet – wie dies sicherlich große Familienunternehmen nun einmal sind – und die weniger öffentlichkeitswirksamen KMUs deshalb weniger Beachtung finden, und zwar unabhängig davon, ob diese nun familiengeführt sind oder nicht. So verwundert es in diesem Zusammenhang nicht, dass ein Buch, das sich mit besonders erfolgreichen kleinen und mittleren Unternehmen beschäftigt, den Titel „Hidden Champions" trägt (vgl. Simon 1996).

6 Auch wenn die Ausführungen von Astrachan/Shanker sich auf die USA beziehen, zeigt sich ein ähnliches Bild auch in Deutschland (vgl. Klein 2004, 1).

7 Um die Funktionsfähigkeit der Familienunternehmen zu gewährleisten, wurde immer wieder die Forderung laut, die beiden Systeme strikt voneinander zu trennen. Diese polarisierende Denkweise führte dazu, dass die Familie mit dem Label des nicht-rationalen Faktors versehen und dem Unternehmen, das als rationaler Faktor galt, gegenüberstellt wurde (vgl. Hollander/Elman 1988, 147).

geführten Handwerksbetrieb mitarbeitet, auswirken. Wie stark die Interdependenz von Unternehmen und Familie ist, bringt Müller-Tiberini (2001, 66) pointiert zum Ausdruck: „Die Familie ist nicht nur einfach Familie, sie ist auch ein gemeinsamer unternehmerischer Organismus."

Ähnlich wie der Begriff des Familienunternehmens ist auch der Begriff der Familie nicht klar definiert. Als klassisches Familienbild gilt in Deutschland die Kernfamilie, bestehend aus Vater, Mutter und deren minderjährigen Kindern (vgl. Nave-Herz 2004, 30). Legt man diese Definition der Familie dem Begriff des Familienunternehmens zugrunde, dann würden wichtige Familienmitglieder wie volljährige Kinder oder entfernte bzw. eingeheiratete Verwandtschaftsgrade (z. B. Schwiegertöchter) nicht zum Familienunternehmen zählen. Aus diesem Grund muss hier der Familienbegriff weiter gefasst werden, um auch diese Angehörigen mit in die Betrachtung einbeziehen zu können (vgl. Klein 2004, 10f.).

Unter dem Aspekt, dass in der Family Business-Forschung bis heute keine einheitliche Meinung darüber herrscht, welche Kriterien letztendlich bei der Definition berücksichtigt werden sollten, klingt die Äußerung von Handler, dass die Festlegung des Begriffs „Familienunternehmen" eine Herausforderung für den Forscher darstellt, der sich dieser zu Beginn der Untersuchung stellen muss (vgl. Handler 1989, 258), durchaus nachvollziehbar. Da also nicht auf eine verbindlich festgelegte Definition des Begriffs zurückgegriffen werden kann, soll für den Zweck der vorliegenden Studie die folgende Arbeitsdefinition als Grundlage dienen:

Ein Familienunternehmen ist ein Unternehmen, in dem

a) die Leitung und das Eigentum in der Hand einer Familie liegen,
b) mindestens ein Generationswechsel stattgefunden hat und
c) Familienangehörige auch in nicht leitender Funktion als Angestellte beschäftigt sind.

Doch ungeachtet dessen, dass diese Definition es ermöglicht, das Untersuchungsobjekt Familienunternehmen für die vorliegende Untersuchung grundlegend zu identifizieren, bleibt doch die Komplexität dieser durch die Interdependenz der Bereiche Familie und Arbeit geprägten Unternehmen noch weitgehend im Dunkeln verborgen. Deshalb ist es notwendig, sich den Familienunternehmen im Folgenden aus systemischer Sicht zu nähern.

Der Betrachtung des Familienunternehmens als System[8] lag anfänglich die Annahme zugrunde, dass es sich dabei um ein Konstrukt handelt, das sich aus den zwei einander überschneidenden Subsystemen Familie und Unternehmen konstituiert (vgl. Beckhard/ Dyer Jr. 1983, 6; Kepner 1991, 446). Diese dualistische Sichtweise wurde von Tagiuri/ Davis (1996)[9] später um die Dimension des Eigentums erweitert.[10] Das entsprechend entwickelte Drei-Kreis-Modell beschreibt das Familienunternehmen als ein System, das durch die Überschneidung der Subsysteme Familie, Unternehmen und Eigentum charakterisiert ist (siehe Abbildung 1) und gilt als anerkanntes Instrument, wenn es darum geht, die Komplexität dieser Familienunternehmen zu veranschaulichen.[11]

> „The reason that the three-circle model has met with such widespread acceptance is that it is both theoretically elegant and immediately applicable. It is a very useful tool for understanding the source of interpersonal conflicts, role dilemmas, priorities, and boundaries in family firms." (Gersick et al. 1997, 7)

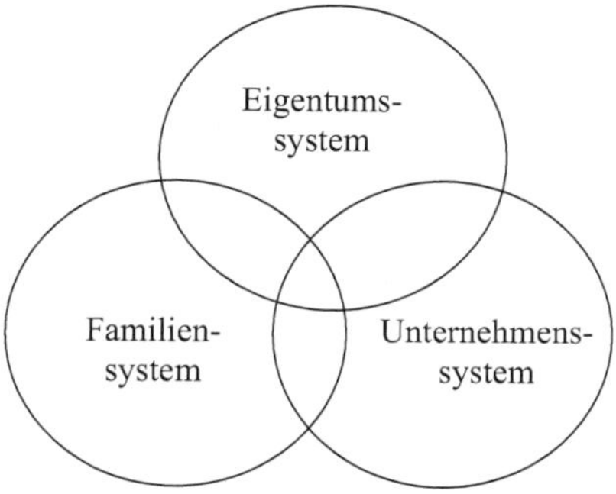

ABBILDUNG 1: *Drei-Kreis-Modell in Anlehnung an Tagiuri/Davis (1996)*

---

8 Der Begriff des Systems gilt als etabliert in der Familienunternehmensforschung, ohne in der Regel eine nähere Bestimmung erfahren zu haben. Ähnlich äußert sich auch Klett (2005, 12) in seiner Arbeit. Dennoch bietet die systemische Sichtweise einen grundsätzlichen Untersuchungsrahmen für die Analyse von Familienunternehmen (vgl. Davis 1983, 55).

9 Der Originalartikel erschien bereits im Jahr 1982.

10 In der Zwischenzeit erlebte das Drei-Kreis-Modell immer wieder Veränderungen. So wurde es beispielsweise um Komponenten wie Führung (vgl. Klein 2004, 5), Management (vgl. Neubauer/Lank 1998, 14f.) oder auch Kultur (vgl. Donckels/Fröhlich 1991, 151) ergänzt. Doch konnte sich keine dieser Modellvarianten in der Forschungsdiskussion nachhaltig durchsetzen.

11 Der Grad der Überschneidungen kann je nach Zusammensetzung der Subsysteme variieren. Simon geht sogar von der Möglichkeit aus, dass sich die drei Subsysteme vollkommen überdecken können. Dies ist dann der Fall, wenn ein Unternehmen nur von Familienmitgliedern geleitet wird, keine familienfremden Personen dort tätig sind und sich das Eigentum gemeinsam in der Hand der Familie befindet, wie dies beispielsweise in kleinen, familiengeführten Gastwirtschaften auf dem Land noch anzutreffen ist (vgl. Simon 2002, 10f.).

Wie komplex das System „Familienunternehmen" strukturiert ist, wird deutlich, wenn man sich bewusst macht, dass jedes der Subsysteme, aus denen es sich konstituiert, durch andere Wertvorstellungen, Normen und Zielsetzungen geprägt ist (vgl. Gersick et al. 1997, 5). Wie kontrastierend die Unterschiede in diesen Subsystemen sind, zeigt sich bereits anhand des Vergleichs von Familien- und Unternehmenssystem. So stützt sich das Subsystem „Familie" auf Nähe und Liebe, während das Subsystem „Unternehmen" durch Rationalität geprägt ist (vgl. Kepner 1991, 447).

Für die vorliegende Studie wurde das Drei-Kreis-Modell etwas modifiziert, um den branchenspezifischen Charakteristika der untersuchten familiengeführten Handwerksbetriebe gerecht zu werden. Beim Großteil dieser klein- und mittelständischen Handwerksbetriebe liegt sowohl die Leitung des Unternehmens als auch das Eigentum an diesem in der Hand *einer* Person, nämlich des Meisters (vgl. Marahrens 1978, 9). Dies hat zur Folge, dass das klassische Drei-Kreis-Modell in diesem Fall in einer etwas abgewandelten Form anwendbar ist, d. h., dass das Subsystem „Eigentum" dem Subsystem „Familie" zugeordnet wird. Auf den ersten Blick erinnert diese Systemzusammensetzung vermeintlich an das ursprüngliche Zwei-Kreis-Modell. Auf den zweiten Blick wird allerdings deutlich, dass das Eigentumssystem zwar im Subsystem „Familie" aufgeht, seine eigene Systemstruktur als solche jedoch erhalten bleibt.

Richtet man nun den Blick auf die im System „Familienunternehmen" befindlichen Akteure, so können diese gleichzeitig Mitglieder in den verschiedenen Subsystemen sein (siehe Abbildung 1, S. 11). In Bezug auf die im Familienunternehmen mitarbeitenden Ehefrauen lässt sich feststellen, dass diese zugleich Mitglied der Familie sind (Subsystem Familie), zudem im Familienunternehmen arbeiten (Subsystem Unternehmen) und dass sie möglicherweise auch finanziell an diesem beteiligt sind (Subsystem Eigentum). Somit können Akteure im System „Familienunternehmen" bis zu drei verschiedene Rollen gleichzeitig innehaben.

Dass die Übernahme dieser verschiedenen Rollen und der damit verbundenen unterschiedlichen Erwartungen nicht immer ohne Probleme bzw. Konflikte verläuft, ist nachvollziehbar (vgl. Lee/Rogoff 1996). Zumal aufgrund der Verwobenheit des Gesamtsystems Veränderungen, die sich in einem der Subsysteme ergeben, automatisch auch Auswirkungen auf die anderen Teilsysteme haben (vgl. Kepner 1991, 445).

Diese Interdependenzen der Subsysteme führen dazu, dass Familienunternehmen oftmals als ein kaum durchschaubares Phänomen wahrgenommen werden. Mithilfe der systemischen Annäherung gelingt es jedoch, die Komplexität dieses Metasystems aufzuspalten und aus verschiedenen Blickwinkeln heraus zu betrachten, auch wenn die dabei jeweils erkennbaren Strukturen gleichwohl nur als eine Art Schnappschuss (vgl. Gersick et al. 1997, 15) verstanden werden können, weil das System einem fortwährenden dynamischen Veränderungsprozess unterworfen ist.

2.2 Der Handwerksbetrieb

Das Handwerk zählt zu den wohl traditionsreichsten Wirtschaftszweigen in Deutschland, in dem historisch betrachtet auch die ersten Formen der Familienunternehmen ihren Ursprung hatten (vgl. Klein 2004, 22). Geprägt durch tief verwurzelte Traditionen einerseits, die unter anderem dazu führen, dass der Meister bis zum heutigen Tag als der wichtigste Akteur im Handwerksbetrieb gilt, sowie einer großen Innovationskraft andererseits, kommt dieser Branche bis heute eine bemerkenswerte gesamtwirtschaftliche Bedeutung zu (vgl. IfM 2008).

Doch bevor im weiteren Verlauf dieses Kapitels näher auf die Besonderheiten des wohl traditionsreichsten Wirtschaftszweiges in Deutschland eingegangen wird, soll der Begriff „Handwerk" zunächst mittels einer formal-juristischen Definition bestimmt werden.[12] Die juristische Definition basiert auf der Handwerksordnung.[13] Dort ist geregelt, welche Handwerkszweige sich laut Gesetz in die Handwerksrolle eintragen lassen müssen und welche Betriebe beispielsweise dem handwerksähnlichen bzw. zulassungsfreien Gewerbe zuzurechnen sind. Voraussetzung für die Eintragung in die Handwerksrolle ist der Abschluss der Meisterprüfung, auch großer Befähigungsnachweis genannt. Mithilfe dieser juristischen Definition lassen sich Handwerksbetriebe zwar ohne größere Probleme aus der Gesamtheit der Unternehmen herausfiltern (vgl. Rudolph 1997, 71), doch erhält man keinen Aufschluss darüber, welche spezifischen Merkmale diesen Wirtschaftszweig prägen.

Um die Besonderheiten von Handwerksbetrieben aufzuzeigen, wird in der Literatur häufig auf eine funktionale Umschreibung der Begrifflichkeit zurückgegriffen. Dabei fungiert oftmals der Industriebetrieb als Abgrenzungsgröße (vgl. Schweitzer 1990, 20ff.). Gekennzeichnet sind Handwerksbetriebe unter anderem durch Aspekte wie Einzelfertigung, lokal begrenzte Absatzmärkte[14] oder die Nähe zum Kunden (vgl.

[12] Ein Überblick zu den unterschiedlichsten Definitionsversuchen findet sich u. a. bei Pohl (1995, 9ff.).

[13] Auch Gesetz zur Ordnung des Handwerks genannt.

[14] Dieses Merkmal trifft jedoch nicht mehr bei allen Handwerkszweigen zu und so finden sich im Rahmen der Europäisierung zunehmend mehr Aktivitäten, die über die traditionellen Absatzgebiete von Handwerksbetrieben hinausgehen. Mehr Informationen dazu finden sich auf der Homepage www.handwerk-international.de.

Gutersohn 1985, 17).[15] Als die prominentesten Charakteristiken dieser Branche gelten jedoch zum einen die eher geringe Betriebsgröße (vgl. Strothmann 2006, 90), d. h. der überwiegende Teil der Handwerksbetriebe[16] zählt zum Größenklassement der KMUs und beschäftigt kaum mehr als 20 Mitarbeiter (vgl. Keese 1997, 206; Glasl 2003, 7), und zum anderen die oftmals personelle Einheit von Unternehmensleitung und Eigentum (vgl. Marahrens 1978, 9) (siehe hierzu Abschnitt 2.1). Ein weiteres Kennzeichen stellt die enge Verknüpfung von Familie und Unternehmen dar, die auch mit der geschichtlichen Entwicklung dieses Wirtschaftszweigs zusammenhängt. Historisch betrachtet galt im Handwerk – dessen Blütezeit mit der Städtebildung im Mittelalter einherging (vgl. Henning 1991, 224ff.) – die Verrichtung der handwerklichen Arbeit in der Wohnstätte der Familie als üblich. Diese Tatsache führte dazu, dass dort häufig auch Familienangehörige kleinere Aufgaben übernahmen (vgl. Fröhlich 1995, 116).

> „Zwischen Meister und Gesellen stehen in vielen Betrieben die mithelfenden Familienangehörigen, die einen ansehnlichen Kräfteposten in der Beschäftigtenbilanz des Handwerks stellen." (Sinz 1977, 379)

Zum größten Teil handelt es sich hierbei bis heute um weibliche Familienangehörige, genauer gesagt, überwiegend um die Ehefrau des Meisters (vgl. Ballarini/Keese 1995, 179ff.). Ein historischer Beleg dafür, dass Frauen im betrieblichen Geschehen des Handwerksbetrieb eingebunden waren, findet sich zum Beispiel bei Sinz, der auf eine im Jahr 1631 getroffene richterliche Entscheidung verweist, in der man dem Meister das Recht zusprach, „Weib und Tochter zu seinem Handwerke einzusetzen und wie einen andern Knappen arbeiten zu lassen" (Sinz 1977, 46).

[15] Eine Auflistung weiterer wichtiger Charakteristiken des Handwerks findet sich u. a. bei Marahrens (1978, 9f.).

[16] Bei der Auswahl der Interviewpartnerinnen wurde darauf geachtet, dass diese in einem durchschnittlichen Handwerksbetrieb arbeiten.

3 Stand der Forschung

Um die vorliegende Arbeit im Forschungsfeld zu verorten, ist es notwendig, die bisher zum Thema „Frauen im Familienunternehmen“ bzw. „Frauen im Handwerk“ erschienene Literatur in den Fokus der Betrachtung zu rücken. Ein Hinweis, der an dieser Stelle angebracht erscheint, betrifft die Eingrenzung der untersuchten Literatur. Soziologische Untersuchungen, die sich mit der Thematik der Frau zwischen Familie und Beruf beschäftigen, sind nicht Gegenstand dieses Kapitels.[17] Diese bewusste Aus- bzw. Eingrenzung liegt darin begründet, dass in diesen Untersuchungen die Frauen entweder isoliert im Bereich der Familie oder in der Unternehmenssphäre betrachtet wurden, jedoch die Verwobenheit beider Systeme, wie sie in Familienunternehmen anzutreffen ist, in ihren spezifischen Konsequenzen keine Berücksichtigung fand.

Das weitere Vorgehen bei der Erörterung der Forschungsliteratur ist wie folgt strukturiert: Abschnitt 3.1 setzt sich zunächst mit den Beiträgen auseinander, die sich im Allgemeinen mit der Thematik der „Frauen im Familienunternehmen“ befasst haben. Daran anschließend werden die Untersuchungen zum Thema der Copreneurs[18] erörtert. Die Gruppe der Copreneur- bzw. Ehepaarunternehmen[19] zählt zu den familiengeführten Unternehmen im weiteren Sinn und subsumiert jene Unternehmen, die von den Ehepartnern gemeinsam gegründet wurden, sich gemeinschaftlich in deren Besitz befinden und auch von diesen zusammen geleitet werden (vgl. Marshack 1994, 49). In Abschnitt 3.2 wird die Forschungsliteratur zum Thema „Frauen im Handwerk“ kritisch beleuchtet. Ein kurzes Fazit in Abschnitt 3.3 beschließt die Ausführungen zum Stand der Forschung.

[17] Exemplarisch soll hier auf die folgenden soziologischen Veröffentlichungen zum Thema „Frauen zwischen Familie und Beruf“ verwiesen werden: Beck-Gernsheim (1989), Lippe/Peters (2007), Notz (2001), Eichhorst et al. (2007).

[18] Der Begriff des Copreneurs wurde von Barnett/Barnett (1988) geprägt und setzt sich aus den Bezeichnungen „Couple“ und „Entrepreneurs“ zusammen.

[19] Klein spricht in diesem Zusammenhang auch von „Ehepartner-Unternehmen“ (Klein 2004, 169).

3.1 Frauen in Familienunternehmen

Bei den Untersuchungen, die sich allgemein mit den weiblichen Mitgliedern eines familiengeführten Unternehmens befassen, zeigt sich in den Vorgehensweisen, die diesen Beiträgen zugrunde liegen, dass die dort tätigen Frauen als eine Untersuchungseinheit betrachtet werden, als würde es sich um eine homogene Gruppe handeln. Obgleich die Annahme geäußert werden darf, dass die unterschiedlichen Verwandtschaftsgrade sicherlich Auswirkungen auf die soziale Positionierung der Frauen haben, unterbleibt in den meisten Fällen eine nähere Differenzierung (vgl. z.B. Cole 1993; Nunns/Cameron 2003).[20]

Im Rahmen dieser Arbeiten wird sich weitgehend mit der Thematik der sogenannten unsichtbaren Rolle der Frau im Familienunternehmen beschäftigt (vgl. Gillis-Donovan/Moynihan-Bradt 1990; Hollander/Bukowitz 1990, 143f.).[21] Dabei verweisen einige Autoren in diesem Zusammenhang immer wieder auf vermeintlich typisch weibliche Fähigkeiten, die den Frauen zugeschrieben werden und die dazu führen, dass diesen die Position einer Friedensstifterin, Vermittlerin oder auch Beraterin im Familienunternehmen zugesprochen wird (vgl. Gillis-Donovan/Moynihan-Bradt 1990, 155f.; Salganicoff 1990b, 132; Francis 1999, 3; Mulholland 2003, 17).

Obwohl die Forschung aufgrund ihres eher verhaltenen Interesses an den mitarbeitenden Frauen im Familienunternehmen den Eindruck erweckt, dass es sich hierbei für diese Frauen um eine eher uninteressante Wirkungsstätte handeln würde, betonen einige Autoren jedoch, wie vorteilhaft gerade eine Beschäftigung in diesen familiengeführten Unternehmen für die weiblichen Familienmitglieder wäre. Dabei werden in den Artikeln unter anderem Aspekte wie Arbeitsplatzsicherheit, flexible Arbeitszeitgestaltung und die Möglichkeit, in männerdominierten Wirtschaftszweigen arbeiten zu können, als positiv bewertet (vgl. Hollander/Bukowitz 1990, 139; Salganicoff 1990b, 128; Lyman et al. 1996, 460; Cromie/O' Sullivan 1999, 76).

Neben den erwähnten Vorteilen thematisieren die Beiträge auch die negativen Seiten, die sich durch eine Beschäftigung im Familienunternehmen für die weiblichen Ange-

---

20 Ein wichtiger Hinweis in diesem Zusammenhang stammt von Dumas (1998, 223), die in ihrem Artikel betont, dass der eingeheirateten Ehefrau des Chefs nicht die gleichen Möglichkeiten im familiengeführten Unternehmen offen stehen wie der im elterlichen Unternehmen aufgewachsenen Tochter.

21 Wie wichtig der Aspekt der „Invisibility“ für die Family Business-Forschung bisher ist, lässt sich bereits an den Überschriften der Artikel erkennen, die da beispielsweise lauten: „The power of invisible women in the family business“ (Gillis-Donovan/Moynihan-Bradt 1990), „Women behind the scenes in family businesses“ (Cappuyns 2007) oder „The invisible women: Behind the scenes in New Zealand smes“ (Massey/Lewis 2006).

hörigen ergeben können. Einige Autoren vermuten, dass Spannungen bzw. Konflikte oftmals damit zu tun haben, dass die Frauen mit unterschiedlichen Erwartungshaltungen und traditionellen Rollenzuweisungen konfrontiert werden (vgl. Hollander/ Bukowitz 1990, 141ff.; Salganicoff 1990b, 133ff.; Kaslow/Kaslow 1992, 322f.; Philbrick/Fitzgerald 2007, 630). In welcher zwiespältigen Situation sich die Frauen in familiengeführten Unternehmen aus Sicht dieser Studien befinden, bringt Salganicoff (1990b, 133) pointiert zum Ausdruck: „Dedicate yourself fully to the business, but give the family children."

Darüber hinaus finden sich weitere kleinere Einzelbeiträge, die sich mit den Akteurinnen im Familienunternehmen im Allgemeinen auseinandersetzen. Der Beitrag von Nunns/Cameron (2003) beschäftigt sich mit den Aktivitäten von Frauen in kleinen und mittleren Familienunternehmen in Neuseeland. In ihrer qualitativen Untersuchung fanden sie heraus, dass die befragten Frauen zum überwiegenden Teil freiwillig ins Unternehmen gewechselt sind (vgl. Nunns/Cameron 2003, 17). Im Fokus des Aufsatzes von Cappuyns (2007) steht die Frage, welche Bedeutung das familiengeführte Unternehmen unter anderem für die Frauen hat, die dort *nicht* beschäftigt sind. Mittels eines Fragebogens sollten hier nähere Aufschlüsse über deren Rolle als „Außenstehende" im familiengeführten Unternehmen in Erfahrung gebracht werden.

Eine der zwei recherchierbaren Dissertationen, die sich bisher mit den Akteurinnen im Familienunternehmen beschäftigt haben, ist die von Cole (1993), die in ihrer qualitativ angelegten Studie der Frage nachgeht, was es bedeutet, als Frau in einem Familienunternehmen zu arbeiten. Dazu werden neben den Akteurinnen wie z. B. Töchter, Schwägerinnen usw. auch andere Familienmitglieder bezüglich der Zusammenarbeit mit diesen interviewt. Die Ergebnisse der Studie zeigen unter anderem, dass über die Hälfte der befragten Familienmitglieder die dort arbeitenden Frauen nicht in der Rolle der Versorgerin und Friedensstifterin wahrnehmen (vgl. Cole 1993, 166).

Nachdem der Stand der Forschung zu allgemeinen Aspekten des Themas „Frauen in Familienunternehmen" beleuchtet wurde, richtet sich im folgenden Abschnitt der Blick auf die weiblichen Partner sogenannter Copreneur-Unternehmen. Wie erwähnt, handelt es sich dabei um Unternehmen, die von den Ehepartnern gemeinsam gegründet wurden, sich gemeinschaftlich in deren Besitz befinden und auch von diesen zusammen geleitet werden. Beiträge, die sich mit den Ehepaarunternehmungen beschäftigen, thematisieren unter anderem die Arbeitsbeziehung (vgl. Cox et al. 1984; Wicker/Burley 1991; Ponthieu/Caudill 1993) bzw. die eheliche Beziehung (vgl. Kadis/ McClendon 1991). Im Beitrag von Danes/Olsen (2003) liegt das Interesse der quantitativ angelegten Untersuchung darin, mehr über das mögliche Konfliktpotenzial, das sich durch die enge Arbeits- und Familienbeziehung zwischen den Partnern ergeben kann, herauszufinden. Die Autoren kommen hierbei zu dem Ergebnis, dass die Auslöser für Konflikte zwischen Frau und Mann unterschiedlicher Natur sind. Bei den Frauen führen oftmals unklare Rollenverteilungen zu Spannungen, wohingegen bei den Männern das auslösende Moment eher mit Autoritätsproblemen zusammenhängt (vgl. Danes/Olson 2003, 65).

Bei den Arbeiten von Marshack (1994), Baines/Wheelock (1998), Smith (2000) und Millman/Martin (2007) liegt das Augenmerk auf dem Aspekt der Vereinbarkeit von familiären und beruflichen Aufgaben. Auch wenn bei den Copreneur-Unternehmen aufgrund der gemeinsamen Gründung und Leitung der Firma die Vermutung nahe liegt, dass diese dem Ideal einer gleichberechtigten Unternehmens- wie auch Ehepartnerschaft entsprechen könnten und dies sich auch in der Übernahme der anfallenden Aufgaben zeige, offerieren die Ergebnisse dieser Arbeiten ein anderes Bild. Häufig finden sich die in diesen Unternehmen tätigen Akteurinnen in der Rolle einer „unsichtbaren Arbeitskraft“ wieder. Ein möglicher Grund hierfür könnte mit der Tatsache zusammenhängen, dass die eheliche Einheit, die ja identisch mit der Unternehmenspartnerschaft ist, dazu führt, dass die beiden Partner in den Studien nicht als zwei getrennte Akteure, sondern als ein gemeinsames Ganzes betrachtet wurden (vgl. Marshack 1994, 52). Dabei liegt das Hauptaugenmerk jedoch häufig auf der Person des männlichen Mitunternehmers. Insgesamt – so zeigen die Ergebnisse der Veröffentlichungen – herrscht in diesen Copreneurships eine eher klassische Rollenzuweisung vor, d. h. der Ehemann besitzt die Entscheidungsgewalt für den Bereich des Unternehmens, die Ehefrau für den Bereich der Familie – unabhängig davon, ob diese in Vollzeit oder in Teilzeit im Unternehmen tätig ist (vgl. Wicker/Burley 1991, 89; Marshack 1994, 62ff.; Smith 2000, 286). Selbst im Artikel von Millman/Martin (2007), die im Rahmen ihrer Untersuchung Ehepaarunternehmer interviewten, bei denen die Frauen die Hauptverantwortung für den geschäftlichen Bereich tragen, fanden die Autorinnen heraus, dass trotz der Unterstützung durch den Partner die Frauen weitgehend alleine für den familiären Bereich zuständig sind (vgl. Millman/ Martin 2007, 238). Auch Baines/Wheelock (1998) berichten in ihrer Abhandlung darüber, dass von insgesamt 21 untersuchten Ehepaarunternehmern in Großbritannien sich nur sechs als gleichberechtigte Partner sowohl im Unternehmen als auch in der Familie wahrnehmen (vgl. Baines/Wheelock 1998, 21). Trotz all der geschilderten Ungleichheiten finden sich auch Beiträge, in denen die weiblichen Mitglieder dieser Ehepaarunternehmen ihre Arbeitsleistung durchaus als gleichwertig zu der ihrer Partner ansehen (vgl. Cox et al. 1984, 26f.) und die gemeinsame Arbeit als beziehungsförderlich einstufen (vgl. Kadis/McClendon 1991, 413).

Im Folgenden sollen die Veröffentlichungen dargestellt werden, in denen die Thematik der Ehefrauen im familiengeführten Unternehmen behandelt wird.[22] Die wenigen Publikationen, die sich bisher mit dieser speziellen Gruppe von weiblichen Mitgliedern des Familienunternehmens auseinandergesetzt haben, sind überwiegend im englischen Sprachraum erschienen (vgl. Rodriquez-Cameron 1989; Gallo 1990; Nelton 1996; Chiu 1998; Rowe/Hong 2000; Lu 2001; Poza/Messer 2001; Hamilton 2006; Lee et al. 2006a; 2006b; Massey/Lewis 2006).[23]

Das inhaltliche Spektrum dieser Arbeiten ist so breit gefächert wie unsystematisch. So steht im Fokus einiger Untersuchungen z. B. die Frage nach der Rolle der Ehefrau im Gründungs- bzw. Nachfolgeprozess (vgl. Poza/Messer 2001; Hamilton 2006). Der Beitrag von Poza/Messer (2001) entwickelt basierend auf Interviews mit 11 Ehefrauen eine Typologie, in der die Ehefrau nach dem Grad ihrer „Invisibility" und ihres Einflusses auf die Nachfolgeplanung klassifiziert wird (vgl. Poza/Messer 2001, 28ff.). Dabei werden die Ehefrauen unter anderem mit dem Label des „chief trust officer" (Poza/Messer 2001, 29) oder des „free agent" (Poza/Messer 2001, 32) versehen. Im Forschungsbericht von Gallo (1990), der die Rolle der Ehefrau in spanischen Unternehmerfamilien mittels eines Fragenbogens untersucht, zeigt sich, dass der überwiegende Teil der Ehefrauen nicht über Anteile am familiengeführten Unternehmen verfügt und auch nur wenige dort einen Platz im Vorstand innehaben (vgl. Gallo 1990, 19).

In der quantitativen Untersuchung von Rowe/Hong (2000) rückt der finanzielle Beitrag, den die Ehefrau für das Wohlergehen der Familie erbringt, in den Mittelpunkt des Interesses. Hierbei zeigt sich – wie auch in den neueren Studien von Lee et al. (2006a; 2006b) –, dass die beruflichen Aktivitäten der Frauen stark variieren. So finden sich neben Ehefrauen, die ausschließlich für das Familienunternehmen tätig sind, auch einige, die bei familienfremden Arbeitgebern beschäftigt sind. Eine dritte Gruppe kombiniert beide Tätigkeiten miteinander; andere Ehefrauen wiederum gehen keinerlei Beschäftigung nach. Die Ehefrauen, die sowohl einer Beschäftigung im Familienunter-

[22] Aus Gründen der Vollständigkeit soll hier auf das Diskussionspapier von Abraham (2003) verwiesen werden, das auf den ersten Blick aufgrund seines Titels in die Literatur zum Thema „Ehepartner in Familienunternehmen" zu passen scheint. Auf den zweiten Blick zeigt sich, dass hier mathematische Ausführungen zum Thema „Governance" die Szenerie beherrschen, jedoch wenig über Familienunternehmen und die darin tätigen Frauen in Erfahrung gebracht werden konnte.

[23] Eine Ausnahme bildet hier die Arbeit von Gallo (1990), der sich mit Ehefrauen in spanischen Familienunternehmen beschäftigt.

nehmen wie auch einer Fremdanstellung nachgehen, tragen fast 30 % zum jährlichen Haushaltseinkommen der Familie bei (vgl. Rowe/Hong 2000, 10).

Einige Autoren thematisieren unter anderem die Bedeutung der Ehefrauen in Familienunternehmen in asiatischen Ländern (vgl. Chiu 1998; Lu 2001). Dabei zeigt sich, dass sich kulturelle Traditionen auf die Rolle der Ehefrauen auswirken und die Ehefrauen sich weitgehend in der Rolle einer „unsichtbaren“ Akteurin im Familienunternehmen wieder finden (vgl. Lu 2001). Wie weit sich dieses Phänomen auswirkt, wird besonders im Beitrag von Chiu (1998) deutlich. Ziel ihrer qualitativen Studie ist es, mehr über den Arbeitsplatz der Ehefrauen, die in kleinen familiengeführten Einzelhandelsgeschäften in Hongkong arbeiten, in Erfahrung zu bringen. Einige Beiträge befassen sich auch mit Ehefrauen in sogenannten ethnischen Familienunternehmen. Hierbei handelte es sich um Unternehmen, die sich im Besitz von Familien mit Migrationshintergrund befinden (vgl. Dhaliwal 1998; 2000; Massey/ Lewis 2006). Die Ergebnisse dieser Untersuchungen weisen deutliche Ähnlichkeiten mit den Studien aus dem asiatischen Raum auf.

Wie erwähnt, lassen sich bislang nur zwei Dissertationen recherchieren, in denen die in Familienunternehmen mitarbeitenden Frauen Gegenstand der Untersuchung sind. Neben der Arbeit von Cole (1993) soll hier die Dissertation von Rodriquez-Cameron (1989) Erwähnung finden, die in ihrer qualitativen Studie Ehefrauen und Mütter in familiengeführten Unternehmungen in den USA untersucht hat. Dabei liegt das Interesse unter anderem darin, mehr über die Aktivitäten der Frauen im Familienunternehmen zu erfahren und herauszufinden, wie die Frauen mögliche Konflikte, die durch ihre Doppelrolle entstehen, managen. Die Ergebnisse der Dissertation wurden anhand eines Lebensstufensmodell verortet, wobei neben dem Alter der Frau und den Ehejahren auch deren Berufsjahre im Familienunternehmen als Faktoren herangezogen wurden (vgl. Rodriquez-Cameron 1989, 66ff.).

3.2 Frauen im Handwerk

Der folgende Abschnitt beschäftigt sich mit den Beiträgen zum Thema „Frauen im Handwerk“. Auch in diesem Untersuchungsbereich zeigt sich, dass die Frauen bisher nur selten Mittelpunkt wissenschaftlicher Studien geworden sind (vgl. Rudolph 2000, 13; Wunderlich/Reize 2001, 11f.). Die bislang erschienenen Publikationen sind überwiegend eher der Gruppe der Ratgeberliteratur bzw. populärwissenschaftlichen Veröffentlichungen zuzuordnen (vgl. z.B. Brodmeier 1963; Mittelstandsinstitut Niedersachsen und Institut Frau und Gesellschaft 1983; Risse 1990; Westerholt 1998; Dornach/ Warrings 1999; ZDH 2002; Nagel 2003).

Die Anzahl der Beiträge, die sich eher wissenschaftlich mit der Thematik der Frauen ausschließlich im Handwerk beschäftigen, darf als überschaubar bezeichnet werden.[24] Dabei wird in diesem Zusammenhang immer wieder der als problematisch erachtete Begriff der Mittätigkeit zur Sprache gebracht. Unter diesem Begriff werden jene Erwerbstätigen subsumiert, die unentgeltlich im Unternehmen ihrer Partner tätig sind.[25] Diese Erwerbstätigengruppe wird im Mikrozensus gesondert erfasst und ist damit quantitativ bestimmbar – im Gegensatz zu denjenigen Frauen und Männern, die gegen Entgelt im Unternehmen ihrer Partner arbeiten und als unselbstständige Beschäftigte nicht gesondert in der Statistik erfasst werden. Dass der Forderung, auch diese letztgenannte Personengruppe extra im Mikrozensus zu erfassen, bis heute nicht nachgekommen wird, stellt die Forschung zu diesem Thema vor Probleme, da kaum verlässliche Statistiken über diese spezielle Gruppe der Erwerbstätigen vorliegen (vgl. Schlemper-Kubista/Wollrab 1980, 2; Europäische Kommission 1997, 10; Wunderlich/Reize 2001, 12).

Neben dem unzureichenden Zahlenmaterial liegt eine weitere Schwierigkeit der bisherigen Forschungsarbeiten darin begründet, dass der Begriff der Mittätigkeit[26] in der Literatur nicht eindeutig definiert ist (vgl. Europäische Kommission 1997, 37) und dieses wiederum zur Folge hat, dass die erhobenen Ergebnisse aufgrund der unterschiedlichen Definitionsansätze nahezu nicht miteinander vergleichbar sind.

Ein weiteres Thema, das neben den rechtlichen Aspekten der Mittätigkeit von Frauen bzw. Männern (vgl. HWK für München und Oberbayern 1994; Europäische Kommission 1997) untersucht wurde, ist die Qualifikation bzw. der Bedarf an Qualifikationsmaßnahmen (vgl. Rühl et al. 1991). Rühl et al. (1991, 73f.) fanden in ihrer quantitativen Studie heraus, dass die im Handwerk mitarbeitenden Frauen einen erhöhten Bedarf an Weiterbildungsmaßnahmen haben, da sie nur im begrenzten Umfang über

[24] Der Vollständigkeit halber soll hier auf die folgenden Publikationen hingewiesen werden, die thematisch zwar unter anderem auch die Gruppe der mitarbeitenden Frauen im Handwerk einschließen, jedoch häufig auch Frauen in anderen Branchen wie beispielsweise den freien Berufen, dem Dienstleistungsgewerbe usw. mit in die Betrachtung aufgenommen haben (vgl. Nötzel 1987; Kerkhoff 1991; Bartmann/Zierau 1995; Schuttenbach et al. 1996; Wunderlich/Reize 2001).

[25] In einigen Studien werden auch die mittätigen Ehemänner bzw. männlichen Partner in die Betrachtung mit eingeschlossen. Das Gros der mittätigen Helfer sind jedoch Frauen (vgl. Bartmann/Zierau 1995, 16).

[26] Ähnliches schreibt Rudolph (2000, 15): „In der Literatur findet sich keine einheitliche Definition [...]. Das Spektrum reicht von Unternehmerfrauen über mithelfende Ehefrauen/Partnerinnen bis hin zu Mitunternehmerinnen und Meisterfrauen."

die notwendigen Fähigkeiten verfügen, die im Unternehmen anfallenden Aufgabenbereiche hinreichend zu erfüllen.

In anderen Untersuchungen wie der von Jox/Schmitt (1988), Keese (1997) und Glasl (2003) wird der Frage nach der Arbeits- bzw. Lebenssituation der im Handwerk tätigen Frauen mittels eines überwiegend quantitativen Ansatzes nachgegangen.[27] In diesem Zusammenhang wird immer wieder die Doppelbelastung, die diese Frauen durch die Verwobenheit von Familie und Beruf erleben, thematisiert. Die Arbeit von Rudolph (2000) geht der Frage nach, welche sozio-ökonomische Bedeutung der Beitrag der mitarbeitenden Partnerinnen für das Handwerksunternehmen hat. Die Autorin kommt hierbei zu dem Ergebnis, dass die dort tätigen Frauen eine beachtliche Leistung zum Fortbestand des Handwerksunternehmens erbringen und fordert in diesem Zusammenhang, sich vom althergebrachten Bild der mithelfenden Partnerin, die ausschließlich als Kostensenkungsfaktor verstanden werde, zu lösen (vgl. Rudolph 2000, 99). Doch auch die Untersuchung von Rudolph – wie nahezu alle anderen genannten Studien – nähert sich dem zu untersuchenden Phänomen überwiegend nach quantitativ-konventioneller Art. Oder anders formuliert: Den betroffenen Frauen bleibt das Recht verwehrt, sich direkt zu ihren tatsächlichen Erfahrungen zu äußern. Diese standardisierte Vorgehensweise mag damit zusammenhängen, dass der Großteil der hier erwähnten Beiträge im Auftrag von öffentlichen Trägern wie z. B. Handwerkskammern erstellt wurde, die das Ziel verfolgten, eine möglichst große Anzahl an Untersuchungspersonen bzw. Kammermitglieder zu erfassen (vgl. z.B. Rühl et al. 1991; Glasl 2003).

3.3 Fazit

Aus den dargelegten Ausführungen ist zu ersehen, dass in beiden Forschungsbereichen nur eine begrenzte Anzahl an wissenschaftlichen Veröffentlichungen zu finden ist, die sich thematisch mit der hier im Vordergrund stehenden Akteurinnengruppe der Frauen in familiengeführten Unternehmen beschäftigt haben. Doch trotz der eher überschaubaren Anzahl an Publikationen ist es schwer gefallen, diese einer gewissen Systematik zu unterziehen, da sich die Beiträge bisweilen nicht nur in Bezug auf den Untersuchungsgegenstand, sondern auch im Hinblick auf die methodische Vorgehensweise bzw. Samplezusammensetzung stark voneinander unterscheiden, wobei sich eine

[27] Nur in der unveröffentlichten Diplomarbeit von Jox/Schmitt (1988) wurden neben der Datenerhebung mittels Fragebogen auch einige standardisierte Interviews geführt.

gewisse Tendenz hin zu einem quantitativ-konventionellen Ansatz feststellen lässt.[28] Erschwerend wirkt sich zudem der Sachverhalt aus, dass der Großteil der Untersuchungen, die sich der Frauen im familiengeführten Unternehmen angenommen haben, auf die Verhältnisse in den USA bzw. in anderen englischsprachigen Ländern beziehen,[29] was zur Folge hat, dass sich die Resultate auf die Verhältnisse im europäischen bzw. deutschsprachigen Raum aufgrund länderspezifischer Unterschiede nur begrenzt übertragen lassen.[30]

Zusammenfassend lässt sich mit einiger Berechtigung feststellen, dass zum Thema „Frauen in familiengeführten Unternehmen" – zumindest im deutschsprachigen Raum – der Forschungsstand erst etabliert werden muss.

Die vorliegende Arbeit, die erstmalig im deutschen Sprachraum die Thematik der in ein familiengeführtes Unternehmen eingeheirateten Ehefrau aufgreift, möchte dazu einen Beitrag leisten. Als Untersuchungsfeld dient dabei das Handwerk, da in diesem Wirtschaftszweig den kleinen und mittleren Familienunternehmen von jeher eine große Bedeutung zukommt. Um Erkenntnisse über dieses weitgehend unerforschte Thema zu erhalten, soll sich hier den Ehefrauen mittels eines qualitativ-interpretativen Ansatzes angenähert werden.

---

28 Das Thema der mangelnden Differenzierung trifft nicht nur die Literatur zum Thema der Ehefrauen im familiengeführten Unternehmen, sondern durchzieht die gesamten Veröffentlichungen zum Thema Frauen im Familienunternehmen wie ein roter Faden. So unterscheiden viele Studien nicht weiter, ob es sich bei der dort tätigen Ehefrau um die verheiratete Tochter oder die eingeheiratete Schwiegertochter handelt (vgl. z.B. Rodriquez-Cameron 1989; Lee et al. 2006a). Auch bei der Festlegung der Untersuchungsmerkmale zeigt sich ein uneinheitliches Bild: So reicht das Spektrum in einem Sample nicht selten von einem Zwei-Mann-Betrieb bis hin zu einem Unternehmen mit mehreren Tausend Angestellten (vgl. auch Rodriquez-Cameron 1989; Cole 1993). Auch eine Auswahl der Branchen bzw. eine Berücksichtigung von sektoralen Gegebenheiten erfolgt nicht, so wird z. B. der Landwirtschaftsbetrieb mit Unternehmen aus der Serviceindustrie zusammen in einem Sample untersucht (vgl. Gallo 1990; Massey/Lewis 2006). Auch die Tatsache, ob es sich bei dem Unternehmen um eine Neugründung handelt oder ob sich dieses bereits länger im Familienbesitz befindet, bleibt weitgehend unbeachtet (vgl. auch Rodriquez-Cameron 1989; Cole 1993; Nunns/Cameron 2003).

29 Insgesamt ist die Dominanz der Veröffentlichungen aus den USA auch in anderen Themenbereichen der Familienunternehmensforschung deutlich spürbar (vgl. Bird et al. 2002, 348).

30 So finden sich neben Publikationen aus den USA auch einige Veröffentlichungen aus Neuseeland (vgl. Nunns/Cameron 2003; Massey/Lewis 2006), Australien (vgl. Smith 2000) oder asiatischen Ländern (vgl. Chiu 1998; Lu 2001) wieder. Im europäischen Raum ließen sich hingegen nur zwei Arbeiten aus Spanien (vgl. Gallo 1990; Cappuyns 2007) und aus Großbritannien (vgl. Baines/Wheelock 1998; Dhaliwal 1998; 2000) recherchieren.

4 Theoretischer Bezugsrahmen

Den theoretischen Rahmen der Untersuchung zur sozialen Positionierung der Ehefrau im familiengeführten Handwerksbetrieb bildet die Theorie der Strukturation („structuration theory“)[31] von Anthony Giddens. Diese Theorie hat sich als Bezugsrahmen für die unterschiedlichsten wirtschafts- und sozialwissenschaftlichen Forschungsarbeiten[32] bewährt (vgl. Neuberger 1995, 288) und kann je nach Zielsetzung mit anderen theoretischen Konzepten ergänzt werden (vgl. Ortmann et al. 1997, 321; Layder 1998, 40).

In Abschnitt 4.1 werden zunächst die grundlegenden Implikationen der Theorie der Strukturation und des Begriffs der sozialen Positionierung von Akteuren eingehend erörtert. Im Anschluss daran werden in Abschnittt 4.2 die Theorieansätze des „doing gender“ von West/Zimmerman (1991) und der „gendered organization“ von Acker (1991; 1992) dargelegt. Die Einbeziehung dieser beiden theoretischen Konzepte dient dazu, den Theorierahmen von Giddens für die Zwecke der vorliegenden Untersuchung um die Gender-Perspektive zu erweitern.

Das abschließende Fazit in Abschnitt 4.3 gibt eine Einschätzung der Anwendbarkeit des theoretischen Rahmens auf den Untersuchungsbereich der in familiengeführten Unternehmen tätigen Ehefrauen.

4.1 Die soziale Positionierung des Akteurs

Mit der Theorie der Strukturierung schafft Giddens einen Ausgangspunkt für die soziologische Theoriebildung, basierend auf der Vereinigung von objektivistischen und subjektivistischen Sichtweisen (vgl. Neuberger 1995, 289).[33] Der Anstoß für die

---

31 Der Begriff „Strukturation“ als Übersetzung des englischen Terminus „structuration“ ist eine Zusammenfügung der Wörter „Struktur“ und „Interaktion“. In der deutschsprachigen Literatur wird synonym auch der Begriff „Strukturierung“ verwendet (vgl. Walgenbach 2002, 355). Da es keine einheitliche Übersetzung des englischen Terminus gibt, werden in dieser Arbeit beide Begriffe benutzt.

32 Ein Überblick über Forschungsarbeiten, die sich der Theorie der Strukturierung bedient haben, findet sich u. a. bei Bryant/Jary (2001, 46ff.).

33 Es gibt kaum einen zeitgenössischen Sozialwissenschaftler, mit dem sich Giddens in seinem Werk „Die Konstitution der Gesellschaft“ nicht beschäftigt hat. Von Max Weber, Schütz, Goffman als Vertreter der interpretativen Schule bis zu den psychoanalytischen Ansätzen von Freud. Auch mit der französischen Tradition der (Post)Strukturalisten wie Claude Levi-Strauss oder Michel Foucault setzte er sich auseinander. Hierauf begründet sich neben dem Vorwurf der Abstraktheit und Widersprüchlichkeit auch der angeprangerte Eklektizismus (vgl. unter anderem Archer 1988; Kießling 1988b; Walgenbach 2002). Craib (1992, 13) benennt aus diesem Grund den Teil seines

Entwicklung der Theorie lag in Giddens Idee, die in der zeitgenössischen Soziologie vorherrschende „Theoriekrise“ (Walgenbach 2002, 356) zu überwinden. Der Grund für die aufgetretenen Probleme hing nach seiner Ansicht mit der dualistischen Denkweise der meisten Sozialtheoretiker zusammen, für die das Objekt (Struktur) und das Subjekt (Handlung) zwei unvereinbare Gegenpole darstellen.[34] Giddens lehnt diese polarisierenden Sichtweisen, sowohl die des reinen Objektivismus wie auch die des Subjektivismus, ab. Er ist vielmehr der Ansicht, dass beide Grundpositionen – ähnlich der zwei Seiten einer Medaille – einander voraussetzen und bedingen.

Nach Giddens sind Handeln und Struktur untrennbar voneinander zu sehen. Der Akteur[35] wird nicht nur als Objekt sondern zugleich auch als Subjekt seiner sozialen Handlung angesehen, d. h. der Handelnde produziert und reproduziert durch sein Verhalten soziale Strukturen und erschafft dadurch wiederum die Bedingungen für sein weiteres Handeln. Hinter dieser Aussage verbirgt sich der zentrale Grundgedanke der Theorie der Strukturation: die Dualität der Struktur.

Mit dem Begriff der sozialen Positionierung rückt Giddens die Interaktion von Akteuren in sozialen Systemen in den Mittelpunkt der Betrachtung, um damit die Bezugsrahmen sozialer Handlungen konzeptionell zu erfassen (vgl. Giddens 1997, 140). Giddens definiert den Begriff der sozialen Positionierung wie folgt:

> „Eine soziale Identität, die um eine Reihe bestimmter Rechte und Pflichten (wie diffus diese auch immer gekennzeichnet sein mögen) herum organisiert ist. Diese Rechte und Pflichten kann der Akteur, dem die entsprechende Identität zugeschrieben wird (bzw. der 'Inhaber' der entsprechenden Position ist), fordern bzw. erfüllen: Sie konstituieren die mit der Position verbundenen Rollenerwartungen.“ (Giddens 1997, 138)

Als Bezugspunkte für die Positionierung der Akteure können beispielsweise das Heim der Familie, der Arbeitsplatz im Familienunternehmen usw. dienen (vgl. Giddens 1997, 138). Die soziale Positionierung ist eng mit „einer spezifischen 'Identität' innerhalb eines Netzwerkes sozialer Beziehungen“ (Giddens 1997, 137) verbunden. Die Identität eines Akteurs wird unter anderem durch persönliche, kulturelle und soziale Faktoren beeinflusst.

Buches, der sich mit der Entwicklung der Strukturationstheorie beschäftigt, als „theoretisches Omelette“.

34 Abhängig von der jeweiligen Grundposition lag das Augenmerk entweder auf der Struktur (soziale Systeme), der sich der Akteur bedingungslos unterzuordnen hat (Objektivismus), oder auf dem Akteur, der mit seinen Handlungen Erklärungen für menschliches Verhalten liefert, ohne dass strukturelle Gegebenheiten in die Betrachtung mit einbezogen wurden (Subjektivismus).

35 Der Begriff des Akteurs und der des Handelnden wird hier als gleichbedeutend benutzt (vgl. Giddens 1997, 36).

> „Identität ist ein Konzept zum Verständnis von Selbstbildern. Mit Hilfe des Identitätskonzepts werden sich ständig wandelnde Antworten auf die Frage ‚Wer bin ich?' gegeben. Identitäten werden in einem Wechselspiel von bestehenden sozialen Strukturen und verändernder Aneignung gebildet. Sie transportieren sowohl Reaktionen auf Vorgegebenes wie auch selbstgestaltete Definitionen." (Liebsch 2008, 74)

Ein Individuum verfügt über eine Vielzahl an Identitäten (vgl. West/Zimmerman 1991, 25), was damit begründet werden kann, dass sich Akteure im Laufe der Zeit in den unterschiedlichsten Lebensbereichen bewegen, was sich am folgenden Beispiel kurz aufzeigen lässt:

Eine Frau definiert ihre Identität zunächst über ihr soziales Geschlecht, doch stellt dieser Aspekt nur eine ihrer vielen Identitäten dar (vgl. Alvesson/Due Billing 2002, 76). So ist die Frau beispielsweise Mutter zweier schulpflichtiger Teenager und arbeitet daneben als kaufmännische Angestellte im familiengeführten Handwerksbetrieb ihres Mannes, wo sie Kollegin von zwei weiteren Mitarbeitern ist, und engagiert sich in ihrer Freizeit ehrenamtlich im Jugendtreff usw. – die Liste ließe sich beliebig fortführen.

In allen genannten Stationen trifft die Frau auf verschiedenste soziale Reglements, die Einfluss auf den Selbstentwurf ihrer Person haben. Die Identität einer Person entwickelt sich somit entlang eines Zeit-Raum-Pfades in der Interaktion mit anderen und unterliegt durch die fortwährende Reflexion einem aktiven Veränderungsprozess. Die soziale Positionierung „stellt sich für jedes Individuum auch als Positionierung innerhalb des 'Lebenszyklus' oder seiner Biographie dar" (Giddens 1997, 139).

Die Position eines Akteurs wird oftmals mit einem spezifischen Rollenbegriff[36] in Verbindung gebracht, von dem sich Giddens bewusst distanziert, da er der Ansicht ist, dass hier der Rollenbegriff mit fixierten Charaktermerkmalen verbunden ist. Giddens unterstreicht dies anhand des folgenden Beispiels: „Das Drehbuch ist geschrieben, die Bühne aufgebaut und die Schauspieler geben ihr Bestes, um die fix und fertig vorgeschriebenen Rollen zu spielen" (Giddens 1997, 138). Giddens vertritt hingegen die Meinung, dass nichts als unabänderlich betrachtet werden darf, da alles einer ständigen (Re-)Produktion unterworfen ist, die auch Raum für Veränderungen lässt.

Damit soziale Akteure überhaupt mit anderen in Interaktion treten können, müssen sie über ein gewisses Maß an Handlungswissen („knowledgeability") wie auch Handlungsvermögen („capability") verfügen. Das Handlungswissen eines Akteurs kann dabei in verschiedenen Bewusstseinsebenen verortet sein. Für Giddens sind soziale

---

[36] Siehe hierzu Vertreter wie z. B. Parsons (1964), Goffman (1969).

Akteure kompetente und absichtsvoll handelnde Individuen, die reflexiv den Verlauf ihrer eigenen Aktivitäten beobachten, steuern und kontrollieren können, denn „*every social actor knows a great deal about the conditions of reproduction of the society of which he or she is a member*“ (Giddens 1979, 5 – Hervorhebung im Original). Diese reflexive Handlungssteuerung beschränkt sich nicht nur darauf, sich fortwährend mit den eigenen Handlungen auseinanderzusetzen, sondern schließt auch das Verhalten der anderen Akteure mit ein, um so eine gemeinsame Handlungsbasis für den weiteren Interaktionsprozess sicherzustellen (vgl. Giddens 1997, 55f.). Mit anderen Worten: Die soziale Interaktion stellt eine wechselseitige Orientierung der Akteure entlang eines Zeit-Raum-Pfads sowie in Beziehung zueinander dar (vgl. Giddens 1984, 143).

Selbst wenn es sich bei sozialen Akteuren um wissensbegabte und einsichtsfähige Individuen handelt, kann man ihre Handlungen nicht nur auf ihr diskursives Wissen, also das Wissen, das dem Akteur eine lückenlose Offenlegung von Gründen in einem Gespräch ermöglicht, zurückführen, da der Großteil des Wissensvorrats „vorbewusster“ Natur ist. Giddens spricht in diesem Zusammenhang von „praktischem Bewusstsein“ oder auch „Regelwissen“.

> „Dieses praktische Bewußtsein [...] umfaßt all das, was Handelnde stillschweigend darüber wissen, wie in den Kontexten des gesellschaftlichen Lebens zu verfahren ist, ohne daß sie in der Lage sein müßten, all dem einen direkten diskursiven Ausdruck zu verleihen.“ (Giddens 1997, 36)

Das praktische Bewusstsein konstituiert sich aus den Erfahrungen und Erlebnissen, die diese „knowledgeable agents“ (Ortmann et al. 1997, 317) im Laufe der Zeit erworben haben (z. B. während der Sozialisation als Tochter einer Unternehmerfamilie), und gilt in der Strukturationstheorie als handlungsleitend (vgl. Giddens 1984, 138ff.). Eine klare Trennlinie zwischen diskursivem und praktischem Wissen lässt sich jedoch nicht ziehen, da sich die Unterscheidung nur damit begründen lässt, „was gesagt werden kann, und dem, was charakteristischerweise schlicht getan wird“ (Giddens 1997, 57). Zudem kann praktisches Wissen auch im Rahmen von Lernprozessen in diskursives Wissen übergehen (vgl. Walgenbach 2002, 359).

Der Großteil des Alltagslebens, in dem sich soziale Akteure bewegen, ist laut Giddens durch Routinehandlungen geprägt.

> „Routinen sind konstitutiv sowohl für die kontinuierliche Reproduktion der Persönlichkeitsstrukturen der Akteure in ihrem Alltagshandeln, wie auch für die sozialen Institutionen; Institutionen sind solche nämlich nur kraft ihrer fortwährenden Reproduktion.“ (Giddens 1997, 111f.)

Ein entscheidendes Merkmal des alltäglichen Handelns stellt die reflexive Steuerung des eigenen Verhaltens dar, d. h. kompetente Akteure können auch hier Intentionen und Gründe diskursiv thematisieren. Doch gerade bei immer wiederkehrenden Routinesituationen erscheint eine fortwährende Auseinandersetzung mit den Absichten und Motiven, die einer Handlung zugrunde liegen, oftmals als unangebracht, da die am Interaktionsprozess beteiligten Partner in den meisten Fällen auf ein gemeinsames Regelwissen bzw. ein gemeinsames Verständnis für die Handlungssituation zurückgreifen können, das eine nähere Begründung überflüssig erscheinen lässt. Lamla schreibt dazu Folgendes:

> „Das Bewusstsein ist im Routinehandeln nicht abwesend, sondern lediglich entlastet, weil das erworbene Wissen über die Konventionen der Alltagspraxis in ‚Fleisch und Blut' übergegangen [...] ist." (Lamla 2003, 48f.)

Erst wenn bei alltäglichen Handlungen Fehlleistungen zu erwarten sind, setzt sich der Akteur entweder aus eigenem Antrieb oder auf Nachfrage mit dem Getanen auseinander. Giddens spricht hier von Handlungsrationalisierung, die in der Regel jedoch nur verdeckte Rückschlüsse auf die Gründe des Handelns ermöglicht (vgl. Giddens 1997, 56f.). Es handelt sich hier mehr um ein theoretisches Grundverständnis in Bezug auf das Wissen, in der Alltagspraxis adäquat zu agieren. Oftmals geschieht es in diesem Zusammenhang, dass Motive bzw. Intentionen einer Handlung erst im Nachhinein konstruiert werden, um so für den Akteur rückwirkend nachvollziehbar zu erscheinen.

> „Aber weder Zwecke noch Entwürfe sollten mit *im Bewußtsein vorhandenen* Zielorientierungen gleichgesetzt werden – ein Handelnder muß sich nicht des Ziels bewußt sein, das er zu erreichen sucht. Das meiste des Handlungsstroms, der das Alltagsverhalten konstituiert, ist in diesem Sinne vor-reflektiert. Zweck setzt allerdings ‚Wissen' voraus." (Giddens 1984, 91 – Hervorhebung im Original)

Jeder Akteur benötigt somit ein gewisses Maß an Regelwissen respektive verinnerlichtem Wissen, um die Regeln der Strukturebene des sozialen Systems, in dem er sich bewegt, zu verstehen. Dieses hilft ihm, sich problemlos in dem jeweiligen sozialen Umfeld zurechtzufinden. Nimmt man diese Informationen als Basis, dann lässt sich die Vermutung äußern, dass Akteure, die aus einem gleichgearteten System stammen, aufgrund ähnlicher Erfahrungen über ein größeres geteiltes Wissen verfügen, auf das sie sich während des Interaktionsprozesses beziehen können und das ihnen hilft, im jeweiligen Interaktionskontext „richtig" zu handeln. Bezogen auf die hier im Vordergrund stehenden Akteurinnen kann davon ausgegangen werden, dass eine Frau, die selbst in einem familiengeführten Handwerksbetrieb aufgewachsen ist, über ein größeres Wissen darüber verfügt, dass beispielsweise nur wenig Freizeit mit dem Ehemann zusammen verbracht werden kann bzw. das Unternehmen einen besonderen Stellenwert im Leben der Familie eines Selbstständigen innehat.

Doch trotz aller Einsichtsfähigkeit und Steuerungskompetenz, die Giddens den Akteuren zubilligt, lassen sich soziale (Re-)Produktionsprozesse, oder anders ausgedrückt: der reflexive Bezug des Akteurs auf seine Handlungen, niemals vollständig kontrollieren, da Handlungen auch unbewusste Ursachen zugrunde liegen können. Giddens unterscheidet hier zwischen unerkannten Handlungsbedingungen und nichtintendierten Handlungsfolgen. Durch den fortwährenden iterativen Prozess stellen die unintendierten Handlungsfolgen die Basis für weitere Handlungsabfolgen dar, was wiederum dazu führt, dass nicht nur intendierte, sondern auch unerkannte Handlungsbedingungen den zukünftigen Handlungsrahmen strukturieren (vgl. Giddens 1997, 58).

Die Interaktionsfähigkeit eines Akteurs basiert auf seinem Handlungswissen und auf seinem Handlungsvermögen. Hinter dem Begriff des Handlungsvermögens[37] verbirgt sich die Möglichkeit des Akteurs, gegebenenfalls auch „anders handeln" zu können, als von ihm erwartet wird, um so beispielsweise auf Ergebnisabfolgen Einfluss zu nehmen. Die Einflussnahme kann dabei entweder durch Ausübung oder Unterlassung geschehen (vgl. Giddens 1997, 65), d. h. die Handlungen eines Akteurs sind gleichzeitig mit einem gewissen Grad an Autonomie bzw. Macht[38] verbunden. Die Handlungsmächtigkeit eines Akteurs leitet sich wiederum davon ab, auf welche Ressourcen dieser zurückgreifen kann, um auf den Verlauf eines Ergebnisses einwirken bzw. dieses gegebenenfalls auch verändern zu können. Folglich beinhaltet der Handlungsbegriff auch einen gewissen Raum für Veränderungen oder, wie Giddens es nennt, den „Keim des Wandels" (Giddens 1984, 124).

Macht auszuüben ist aber nicht gleichbedeutend mit Zwang bzw. Restriktion, sondern soll verstanden werden als „Vermögen der Akteure, beabsichtigte Handlungsergebnisse hervorbringen zu können" (Giddens 1997, 227). Ein Akteur, der über Ressourcen verfügt, kann Macht ausüben, doch stellt Macht selbst keine Ressource dar, sondern resultiert aus der Anwendung von Ressourcen (vgl. Giddens 1997, 67).

Für Giddens ist niemand völlig machtlos. Auch wenn die Verteilung von Autonomie und Abhängigkeit zwischen den Akteuren ungleich sein mag, so besitzen doch alle Akteure prinzipiell die Fähigkeit, anders zu handeln, als von ihnen erwartet wird (vgl.

---

[37] Bisweilen wird der Begriff „Handlungsvermögen" synonym mit dem Begriff „Handlungsmächtigkeit" verwendet (vgl. Neuberger 1995, 299).

[38] Crozier/Friedberg (1979, 18) schreibt in diesem Zusammenhang: „Macht zum Verschwinden bringen bedeutet aber letztlich nichts anderes, als dem Akteur die Möglichkeit, aber auch das Recht zu nehmen, etwas anderes zu tun, als das was von ihm erwartet wird".

Giddens 1997, 65ff.). Greift man in diesem Zusammenhang das Beispiel der Ehefrau im familiengeführten Handwerksbetrieb auf, wird erkennbar, dass diese Frauen in den Unternehmen auf vorgegebene Lebensbedingungen treffen, wie z. B. starke Arbeitsorientierung, keine geregelte Freizeit usw., die sie als Akteurinnen einschränken. Gleichzeitig haben die Frauen jedoch auch die Option der Einflussnahme, d. h. sie können sich bewusst der Erwartungshaltung, die ihnen entgegengebracht wird, entziehen und anders handeln. Giddens nennt diese Wahlfreiheit der sozialen Akteure auch „Dialektik der Herrschaft" (vgl. Giddens 1979, 149; 1997, 67).

Wie erwähnt, sind Handeln und Struktur in wechselseitiger Abhängigkeit miteinander verbunden.

> „Gemäß dem Begriff der Dualität von Struktur sind die Strukturmomente sozialer Systeme sowohl Medium wie Ergebnis der Praktiken, die sie rekursiv organisieren." (Giddens 1997, 77)

Akteure beziehen sich in ihrem Handeln auf gegebene Strukturen (Medium) und produzieren bzw. reproduzieren diese dadurch (Resultat). Struktur[39] wird in der Theorie der Strukturation „als eine Eigenschaft sozialer Systeme begriffen, die sich, in Zeit und Raum eingebettet, in reproduzierten Praktiken 'vollzieht'" (Giddens 1997, 223).

Strukturen dürfen nicht nur als Limitierung für Handlungen verstanden werden, sondern stellen auch die Bedingung für deren Ermöglichung dar (vgl. Giddens 1997, 78). Nach Giddens weisen Strukturen somit einen doppelten Charakter auf: sie sind zugleich Medium und Resultat wie auch Ermöglichung und Zwang. Durch die doppelte Entsprechung des Strukturbegriffs zeigt sich eine gewisse Ähnlichkeit mit dem von Bourdieu geprägten Begriff des Habitus.[40]

Nach Giddens sind Strukturen durch die „Absenz des Subjekts" (vgl. Giddens 1979, 66) gekennzeichnet. Doch trotz der Abwesenheit des Akteurs sind soziale Strukturen

---

[39] Den Begriff „Struktur", wie er im herkömmlichen Sinn verwendet wird, ersetzt Giddens durch den Terminus „Strukturmerkmale" („structural properties"). Diese stellen institutionalisierte Merkmale sozialer Systeme dar, auf die sich soziale Akteure mittels der dort verfügbaren Regeln und Ressourcen beziehen. Gleichzeitig schaffen Strukturmerkmale als eine Art Gerüst die Voraussetzung für die Stabilisierung von sozialen Beziehungen über Raum und Zeit (vgl. Giddens 1997, 75f.).

[40] Bourdieu definiert den Begriff wie folgt: *„Habitusformen,* d.h. Systeme dauerhafter *Dispositionen*, strukturierte Strukturen, die geeignet sind, als strukturierende Strukturen zu wirken, mit anderen Worten: als Erzeugungs- und Strukturierungsprinzip von Praxisformen und Repräsentationen, die objektiv ‚geregelt' und ‚regelmäßig' sein können, ohne im geringsten das Resultat einer gehorsamen Erfüllung von Regeln zu sein" (Bourdieu 1979, 165 – Hervorhebung im Original). Auch in den Ausführungen von Stones (2005, 84ff.) findet sich der Begriff des Habitus wieder. Stones verwendet den Begriff dazu, allgemeines verinnerlichtes Wissen der Akteure, das diese in verschiedenen Situationen anwenden können, von dem, wie er es nennt, „specific-conjunctural knowledge", also dem Wissen über strukturelle Besonderheiten bezüglich Kontext und spezifischen Gegebenheiten, zu unterscheiden.

nicht äußerlich, sondern als Gedächtnisspur, also auf virtueller Ebene, beim Akteur existent und werden erst in konkreten Handlungen Wirklichkeit (vgl. Giddens 1997, 77f.).

Bringt man den Strukturbegriff mit dem für die vorliegende Arbeit ebenfalls bedeutsamen Begriff des sozialen Systems in Verbindung, so zeigt sich, dass Systeme keine Strukturen sind, sondern sich aus eben diesen konstituieren (vgl. Giddens 1979, 66). Giddens definiert soziale Systeme als „reproduzierte Beziehungen zwischen Akteuren oder Kollektiven, organisiert als regelmäßige soziale Praktiken" (Giddens 1997, 77). Soziale Praktiken sind regelhafte Prozesse, Methoden oder Techniken, die von Akteuren in ihrem Handeln angewendet werden (vgl. Cohen 1989, 26). Soziale Systeme entstehen nicht durch Akteure, sondern werden durch deren Handlungen reproduziert und erneuert. Durch den immer wiederkehrenden Bezug auf den strukturellen Ausgangspunkt sind soziale Systeme auch Produkt ihrer Vergangenheit und können nur verstanden werden, wenn man das „Gestern" mitberücksichtigt.

Unter strukturellen Eigenschaften sozialer Systeme versteht Giddens ein Set von Regeln und Ressourcen. Diese Strukturmerkmale sollen in den nun folgenden Ausführungen nacheinander erläutert werden. Regeln stellen generalisierte Alltags- bzw. Verfahrensdirektiven dar, die in den handlungspraktischen Wissensbeständen der Akteure verankert sind (vgl. Giddens 1997, 73) und den Handelnden in der Alltagspraxis dabei helfen, „to know how to go on" (Giddens 1979, 67). Formalisierte Regeln hingegen, wie man sie beispielsweise in Form von schriftlich fixierten Leitfäden oder juristischen Gesetzeswerken findet, stellen für ihn keine Regeln dar. Giddens nennt sie deshalb auch „kodifizierte Interpretationsregeln" (Giddens 1997, 73), da diese, im Gegensatz zu den Regeln, wie sie Giddens versteht, im Zuge ihrer Formulierung, d.h. im Prozess ihrer Bewusstwerdung bereits einen Deutungsprozess durchlaufen.

Damit Handelnde überhaupt Regeln anwenden können, müssen diese ihnen auch bekannt bzw. zumindest „vorbewusst" verfügbar sein. Dieses Regelwissen hilft den Akteuren, sich im Interaktionskontext adäquat zu verhalten, d. h. durch diesen handlungspraktischen Wissensvorrats weiß der Akteur, wie er sich in einer bestimmten Situation verhalten soll und was er auch von seinen Interaktionspartnern erwarten kann bzw. könnte. Die Anwendung von Regeln darf jedoch nicht mit einer festgelegten Vorgabe verwechselt werden, sondern ist eher als Orientierungshilfe zu verstehen, die der kompetente Handelnde zu nutzen weiß. Anders ausgedrückt: „'rule-following' conduct can be identified with 'meaningful action'." (Giddens 1979, 82).

Nach Giddens gibt es zwei Arten von Regeln, nämlich die der Sinnkonstitution und die der Sanktionierung. Regeln der Sinnkonstitution, die die Strukturdimension der Signifikation bilden, umfassen Sinn- und Deutungsmuster der Akteure in Abhängigkeit ihres kulturellen und sozialen Kontextes. Diese Regeln fungieren als eine Art Übersetzungshilfe, die dabei helfen soll, Handlungen eines Akteurs nachvollziehbar bzw. interpretierbar zu machen, um so beispielsweise Rückschlüsse auf dessen Sicht der Welt zu erhalten, bzw. zu erfahren, welche Bedeutung er gewissen Sachverhalten beimisst. Dazu zählen beispielsweise Symbole, Artefakte usw.

Die Regeln der Sanktionierung bilden die Strukturdimension der Legitimation und bewerten mittels Normen die sozialen Verhaltensweisen von Akteuren, d. h. hier wird geregelt, welche Handlungen des Akteurs im Interaktionsprozess als legitim gelten und welche nicht. Regeln sollten jedoch nicht konzeptionalisiert werden, ohne auf Ressourcen Bezug zu nehmen, da erst durch diese Strukturelemente die Formen der Herrschaft und Macht konstituiert bzw. offenbar werden (vgl. Giddens 1997, 69f.).

Als zweite grundlegende Struktureigenschaft sozialer Systeme gelten für Giddens die Ressourcen, die neben den Regeln notwendig sind, diese zu produzieren und zu reproduzieren. Man kann sie auch als strukturelles Handlungsvermögen bezeichnen, das den Akteuren in der Situation ihrer Interaktion zur Verfügung steht, um auf Ereignisse einzuwirken bzw. diese zu verändern. Damit stellt der Zugang zu Ressourcen die Voraussetzung für Handlung bzw. Machtmobilisierung dar. In diesem Zusammenhang ist nochmals darauf hinzuweisen, dass Macht nach Giddens keine Ressource darstellt: „Resources are the media through which power is exercised, and structures of domination reproduced." (Giddens 1979, 91). In ähnlicher Weise äußert sich auch Crozier/ Friedberg:

> „Macht ist weder die einfache Widerspiegelung und das Produkt einer Autoritätsstruktur, sei diese nun organisatorisch oder sozial, noch ist sie eine Eigenschaft, ein Besitzstand, den man sich aneignen könnte, [...]. Sie ist im Grunde nichts weiter als das immer kontingente Ergebnis der Mobilisierung der von den Akteuren in einer gegebenen Spielstruktur kontrollierten Ungewißheitszonen für ihre Beziehungen und Verhandlungen mit den anderen Teilnehmern an diesem Spiel. Macht ist also eine *Beziehung,* die, als spezifische und autonome Vermittlung der widersprüchlichen Ziele der Akteure, immer an eine Spielstruktur gebunden ist." (Crozier/Friedberg 1979, 17 – Hervorhebung im Original)

Giddens unterscheidet zwischen zwei Arten von Ressourcen, nämlich allokative und autoritative Ressourcen (vgl. Giddens 1997, 86 und 429), die er in der Strukturdimension der Domination zusammenfasst. Die Einflussnahme mittels allokativer Ressourcen bezieht sich auf das Vermögen der Akteure, über materielle Faktoren wie Rohstoffe, Produktionsmittel, Güter oder auch Geld zu verfügen. Es ist in diesem Zusammenhang zu betonen, dass allokative Ressourcen trotz ihrer materiellen Beschaffenheit erst dann zu Ressourcen werden, wenn diese in den Strukturierungsprozess eingebunden sind (vgl. Giddens 1997, 86), d. h. als Ressource verwendet werden. Unter autoritativen Ressourcen versteht man die organisatorische Fähigkeit, Macht über andere Akteure auszuüben, die sich aus der ungleichen Verteilung von Abhängigkeit und Autonomie ergibt, wie z. B. bei der Zuweisung von Aufgabengebieten durch den Chef an die Angestellten bzw. durch den Ehemann an seine Ehefrau, die im Familienunternehmen arbeitet.

Trotz der klaren Trennung zwischen den beiden Arten von Ressourcen können diese auch zu einem Ressourcenbündel zusammengefasst werden. Wenn beispielsweise ein Akteur mithilfe der allokativen Ressource Geld – etwa in Form einer Prämienzahlung, die nur einer Gruppe von ausgewählten Mitarbeitern in Aussicht gestellt wird – Macht ausübt. Insgesamt sind Regeln und Ressourcen durch transformatorische Eigenschaften geprägt, da sie nur existent sind, insofern sie durch konkrete Handlungen der Akteure angewendet und aktualisiert werden. Somit spiegelt sich auch hier der Grundsatz der Dualität der Struktur wider. Eine symmetrische Verteilung von Regeln und Ressourcen im sozialen System ist jedoch nicht zwingend notwendig und auch in der Praxis kaum realistisch, da Akteure wohl niemals in gleichem Maße Ressourcen besitzen, wie sie über Regelwissen verfügen und umgekehrt.

Um den strukturellen Bezugsrahmen der sozialen Positionierung eines Akteurs näher zu betrachten, soll der Blick zunächst auf die Interaktionsebene gelenkt werden, die sich aus den drei analytischen Dimensionen, nämlich der Kommunikation, der Macht und der Sanktion, zusammensetzt (siehe Abbildung 2, S. 35).

Die drei Interaktionsdimensionen werden auf der Ebene der Struktur durch die Dimensionen der Signifikation, der Domination und der Legitimation gespiegelt. Nach Giddens lassen sich die Strukturdimensionen nur im Analyseprozess getrennt voneinander betrachten, in der Praxis sind sie jedoch miteinander verwoben (vgl. Giddens 1997, 86), d. h. die Kommunikation von Bedeutung im Interaktionsprozess kann nicht ohne Bezug auf Machtverhältnisse außerhalb des Kontexts normativer Sanktionen stattfinden (vgl. Giddens 1979, 81f.).

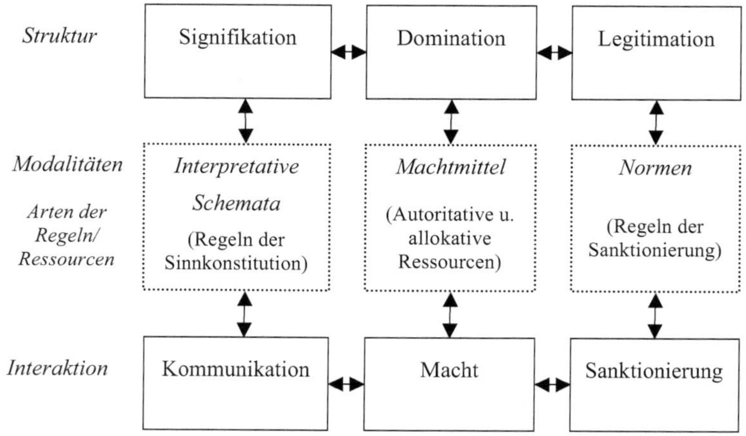

ABBILDUNG 2: *Dimensionen der Dualität von Struktur nach Giddens (1997, 81)*

Die Strukturdimension der Signifikation bezieht sich auf Deutungs- und Interpretationsschemata, die bei der Kommunikation von Akteuren in sozialen Systemen angewendet werden, um erfolgreich zu kommunizieren bzw. erfolgreich Bedeutungen zu vermitteln. Überträgt man diesen Punkt auf den Untersuchungsbereich der vorliegende Studie, dann liefern die in einem familiengeführten Handwerksbetrieb mitarbeitenden Ehefrauen im Zuge ihrer Interaktion Rückschlüsse darüber, wie bedeutend beispielsweise ihre Tätigkeit im Familienunternehmen für sie als Frau ist. Mithilfe dieser standardisierten Elemente generieren Handelnde ein gemeinsames Wissen („mutual knowledge").

Die Dimension der Legitimation verweist auf ein System an Normen, nämlich Rechte und Pflichten, anhand deren Akteure ihr Verhalten und das Anderer abgleichen und sanktionieren können (z. B. die Erwartungshaltung an die Frau, die Rolle der Vermittlerin im Familienunternehmen zu übernehmen). Die Strukturdimension der Domination bezieht sich auf Ressourcen, auf die Akteure während der Interaktion zurückgreifen, um so Einfluss auf Ergebnisse bzw. das Verhalten Anderer zu erzielen (z. B. Organisation der Entscheidungsstrukturen im Familienunternehmen).

Fasst man die geschilderten Aspekte des Begriffs der sozialen Positionierung zusammen, dann lässt sich Folgendes feststellen: die soziale Positionierung eines Akteurs im System konstituiert sich aus einem Beziehungsgeflecht von Signifikation, Domination und Legitimation (vgl. Giddens 1997, 137). Dabei kommt dem Begriff der Modalitäten[41] in diesem theoretischen Zusammenhang ein wichtige Bedeutung zu, da diese im Prozess der Strukturierung sozialer Systeme zwischen der Struktur- und der Interaktionsebene vermitteln (vgl. Giddens 1997, 81; Ortmann et al. 1997, 330).

> „The modalities of structuration are drawn upon by actors in the production of interaction, but at the same time are the media of the reproduction of the structural components of systems of interaction.“ (Giddens 1979, 81)

Wie aus Abbildung 2 (siehe Seite 35) zu ersehen ist, lassen sich Modalitäten in interpretative Schemata, Machtmittel und Normen unterteilen. Durch diese „Repräsentationen der Strukturelemente“ (Walgenbach 2002, 363), wie man Modalitäten auch nennt, wird erst die virtuelle Form der Strukturen deutlich.

Obgleich Giddens um den Einfluss des sozialen Geschlechts („gender“) auf die Positionierung eines Akteurs im System weiß und handelnde Individuen in der von ihm entwickelten Theorie der Strukturation keinesfalls als „geschlechtslose“ Wesen verstanden werden, unterblieb eine tiefere Auseinandersetzung mit dem Aspekt „Gender“ jedoch weitgehend. Giddens äußert sich in diesem Zusammenhang wie folgt:

> „Menschliche Subjekte sind immer geschlechtsspezifische Subjekte, entweder Männer oder Frauen. Wenn ich heute *The Constitution of Society* noch einmal zu schreiben hätte, würde ich diese Differenz mitsamt ihren gesellschaftstheoretischen Konsequenzen in stärkerem Maße berücksichtigen.“ (zit. nach Kießling 1988a, 294 – Hervorhebung im Original)

Das soziale Geschlecht eines Akteurs spielt in der alltäglichen Lebens- und Arbeitswelt aber eine bedeutsame Rolle. Aus diesem Grund soll Giddens Konzept der Strukturierung als theoretischer Rahmen der vorliegenden Untersuchung um den theoretischen Baustein „Gender“ erweitert werden. Die Arbeiten von West/Zimmerman (1991) und Acker (1991; 1992) dienen dazu als Grundlage.

4.2 „Doing gender“ – Konstruktion sozialer Geschlechterrollen in Organisationen

Anders als im deutschen Sprachraum, wo man vom Geschlecht eines Menschen spricht, ohne dass es zu einer weiteren Differenzierung kommt, unterscheidet die englische Sprache zwischen dem biologischen Geschlecht („sex“) und dem sozialen Geschlecht („gender“) einer Person.

---

[41] Cohen versteht unter dem Begriff Folgendes: „‘Modalities’ [...] should be understood to refer to the inherent association that occurs in the structuration of practices and relations between concrete *praxis* on the one hand and structural properties on the other.“ (Cohen 1989, 241 – Hervorhebung im Original)

West und Zimmerman differenzieren in ihrem Konzept des „doing gender“ die folgenden drei Ebenen von Geschlechtlichkeit: „sex“, „sex category“ und „gender“ (vgl. West/ Zimmerman 1991, 14f.). Unter dem Begriff „sex“ versteht man das biologische Geschlecht einer Person. „Sex category“ bezeichnet die Zuschreibung bestimmter Geschlechtercharakteristika im Alltagsleben. „Gender“ hingegen wird als „normative conceptions of attitudes and activities appropriate for one’s sex category“ (West/ Zimmerman 1991, 14) definiert.

Hinter dem Ansatz von „doing gender“ steht die Absicht, soziale Unterschiede in der Vorstellung von Mann und Frau bzw. von männlichem und weiblichem Verhalten, die als Eigenschaften einer Person unabhängig vom biologischen Geschlecht auftreten, aufzuzeigen (vgl. West/Zimmerman 1991, 24). Gemäß dem Zitat von Simone de Beauvoir (1951, 285): „Man kommt nicht als Frau zur Welt, man wird es“, ergeben sich die Geschlechterunterschiede nicht daraus, welchen Geschlechts eine Person ist, sondern was eine Person tut (vgl. West/Zimmerman 1991, 27).

Mit dem Begriff „doing gender“ soll zum Ausdruck gebracht werden, dass das soziale Geschlecht einem aktiven Schaffensprozess im Sinne einer Konstruktion gleicht.

> „Doing gender involves a complex of socially guided perceptual, interactional, and micropolitical activities that cast particular pursuits as expressions of masculine and feminine ‘natures’.“ (West/Zimmerman 1991, 14)

Gender wird im alltäglichen Interaktionsprozess konstituiert und reproduziert und ist gleichzeitig Medium wie Resultat sozialer Situationen und existiert nur innerhalb des Interaktionsprozesses (siehe hierzu auch Abschnitt 4.1). Demzufolge ist das soziale Geschlecht eines Akteurs keine statische Größe, sondern erlebt entlang eines Raum-Zeit-Pfades fortwährende Veränderung (vgl. Alvesson/Due Billing 2002, 74).

Ähnlich wie im Ansatz von West/Zimmerman (1991) sieht Joan Acker (1991; 1992) in ihrem Konzept der „gendered organization“ die Konstruktion des sozialen Geschlechts oder anders ausgedrückt, die Unterschiede zwischen Mann und Frau, nicht biologisch bedingt, sondern als Ergebnis soziokultureller Einflüsse einer Gesellschaft. Anders als im Ansatz des „doing gender“, wo die Einbettung des Gender-Aspekts auf der interaktionellen (zwischenmenschlichen) Ebene liegt, kommt es bei Acker zu einer Erweiterung der Perspektive auf die Strukturebene. Nach ihrer Meinung stellen Organisationen keine geschlechtsneutralen Gebilde dar, sondern Orte vergeschlechtlichter Prozesse und Strukturen.

Was aber versteht man genau unter „vergeschlechtlichten“ Organisationen? In eigene Worte gefasst, handelt es sich um Organisationen, in denen – mehr oder weniger bewusst – geschlechtsspezifische Ungleichheiten vorherrschen, d. h., die dort anzutreffenden vergeschlechtlichten Substrukturen führen dazu, dass zwischen den männlichen und den weiblichen Akteuren, die in diesen Organisationen tätig sind, eine gezielte Hierarchisierung stattfindet, in denen die Frauen die eher untergeordneten Positionen zugewiesen bekommen, wohingegen männliche Akteure in höheren hierarchischen Ebenen bzw. prestigeträchtiger Positionen tätig sind.

> „To say that an organization, or any other analytic unit, is gendered means that advantage and disadvantage, exploitation and control, action and emotion, meaning and identity, are patterned through and in terms of a distinction between male and female, masculine and feminine. Gender is not an addition to ongoing processes, conceived as gender neutral. Rather, it is an integral part of those processes, which cannot be properly understood without an analysis of gender." (Acker 1991, 167)

Das Konzept der vergeschlechtlichten Organisation basiert auf fünf miteinander verbundenen Prozessen, die zwar analytisch unterschieden werden können, aber als eine Einheit verstanden werden sollten (vgl. Acker 1991, 167f.; 1992, 252ff.):

1. Trennung entlang der Geschlechterlinien in Organisationen – Arbeitsteilungen aufgrund geschlechtertypischer Verhaltensweisen, räumliche Trennung, unterschiedliche Verteilung von Macht usw.
2. Trennungen (i. S. von Punkt 1) werden durch Symbole und Bilder repräsentiert, verstärkt und manchmal auch in Frage gestellt. Hierbei spielen verbale bzw. nonverbale Äußerungen, Kleidung, Sprache usw. eine Rolle für die Konstitution der Geschlechtersegregation.
3. Interaktion zwischen Individuen produziert vergeschlechtlichte soziale Strukturen in Organisationen und stellt den Ort des „doing gender" dar.
4. Gender-relevante Strukturen der Organisation und geschlechteradäquates Verhalten werden verinnerlicht.
5. Geschlecht als konstitutives Element wirkt sich auf soziale Strukturen, Prozesse, Grundannahmen und Praktiken, die der Arbeitsorganisation zugrunde liegen, aus.

Sämtliche der oben beschriebenen Prozesse und Strukturen sind mit vergeschlechtlichten Substrukturen unterlegt, die oftmals unbemerkt bleiben, jedoch fortwährend reproduziert werden (vgl. Acker 1992, 255).

> „The gendered substructure lies in the spatial and temporal arrangements of work, in the rules prescribing workplace behavior, and in the relations linking workplaces to living places." (Acker 1992, 255)

Verbindet man diese Erkenntnisse mit denen der Strukturationstheorie, wird deutlich, dass Akteure sich in ihren alltäglichen Handlungen auf „versteckte" vergeschlechtlichte Substrukturen, also auf ein Set von vergeschlechtlichten Regeln der Signifikation und Legitimation wie auch vergeschlechtlichte Ressourcen der Domination beziehen und diese reproduzieren. Gender wird somit zur Strukturkategorie von Organisationen.

Trotz der vergeschlechtlichten Organisationsrealität hält sich bis heute die Meinung von geschlechtsneutralen Organisationsgebilden,[42] was von Acker kritisiert wird (vgl. Acker 1991, 163ff.; 1992, 256ff.; 1998, 195). Als Begründung verweist sie auf die Fiktion der abstrakten, „geschlechtlosen" Arbeitskraft, die auf dem Leitbild einer „hegemonialen Männlichkeit" basiert (vgl. Acker 1991, 170ff.; 1992, 257f.). Diese „maskuline Ethik" (vgl. Kanter 1977, 22), die in Organisationen vorzufinden ist, führt zu Ungleichheiten zwischen den Geschlechtern in Bezug auf Zuständigkeitsbereiche, Entscheidungsbefugnisse, Machtverteilungen usw.

> „The worker with 'a job' is the same universal individual who in social reality is a man. The concept of a universal worker excludes and marginalizes women who cannot, almost by definition, achieve the qualities of a real worker because to do so is to become like a man." (Acker 1991, 171f.)

So bleibt den Frauen die Anerkennung als „tatsächliche" Arbeitskräfte weitgehend verwehrt, weil sie durch Beruf und Haushalt bzw. Familie die Erwartungen der Organisation, sich ausschließlich um berufliche Belange zu kümmern, nicht in der gleichen Weise wie ihre männlichen Kollegen erfüllen können (vgl. Acker 1992, 257).

Dies hat zur Folge, dass nicht nur Arbeitsbereiche, sondern auch Berufssparten mit einem Genderlabeling versehen werden und man von typisch weiblichen bzw. männlichen Metiers spricht (vgl. hierzu Wetterer 1995). In Bezug auf die Wertigkeiten zeigt sich jedoch, dass Bereiche, in denen überwiegend Frauen arbeiten, als weniger bedeutend gelten und wiederum geringere Aufstiegsmöglichkeiten und soziales Prestige mit sich bringen (vgl. Dietzen 1993, 37).

Somit werden Organisationen zu Produzenten wie auch Reproduzenten von Geschlechtersegregationen und Ungleichheiten in der Gesellschaft, „weil die unterschiedliche Verteilung von Einkommen, Aufgaben und Positionen zwischen Männern und Frauen nicht beliebig oder zufällig ist[,] sondern systematisch" (Wilz 2004, 446).

4.3 Relevanz des theoretischen Bezugsrahmens

Giddens versteht seine Theorie der Strukturation als eine allgemeine Sozialtheorie respektive als einen theoretischen Bezugsrahmen, mit dessen Hilfe soziale Praktiken von Akteuren innerhalb sozialer Systeme erfasst werden können. Die Strukturationstheorie

---

[42] Siehe hierzu u. a. die folgenden Vertreter: Taylor (1913), Weber (1980) oder auch Weick (1985).

ermöglicht es, „to grasp both structure and agency, constraint and choice, in the things people do“ (Bryant 1999, 12).

Auf der Grundlage dieses Ansatzes können die hier im Interesse stehenden Ehefrauen in familiengeführten Handwerksbetrieben im Netzwerk ihrer Beziehungen untersucht werden, ohne dabei die Strukturdimensionen zu vernachlässigen. Diese in Familienbetrieben mitarbeitenden Ehefrauen sind nach Giddens kompetente und wissensbegabte Akteurinnen, die sowohl über die Fähigkeit zu Handeln („capability“) wie auch über das Wissen um Handlungen („knowledgeability“) verfügen. Gerade dieser Aspekt spielt bei Forschungsvorhaben, die sich mit der Gender-Thematik beschäftigen, eine bedeutsame Rolle, denn hier trennt man sich von dem durch Stereotypen geprägten Bild der schwachen und hilflosen Handelnden, da den Akteurinnen das Recht der Einflussnahme zugestanden wird. Nach Giddens ist ein Akteur niemals völlig machtlos (vgl. Giddens 1997, 65ff.).

Die bisweilen vorherrschende Annahme, dass es sich bei Organisationen oder wie im vorliegenden Fall bei familiengeführten Handwerksbetrieben um Gebilde handelt, in denen Genderperspektiven keine maßgebliche Rolle spielen, ist nur schwer haltbar und muss sehr kritisch hinterfragt, wenn nicht sogar ganz abgelehnt werden. Im privaten wie auch im beruflichen Lebensbereich eines Akteurs spielt das soziale Geschlecht eine bedeutsame Rolle.

Dieser Sachverhalt macht es erforderlich, den theoretischen Rahmen der Untersuchung um den Aspekt „Gender“ zu erweitern, da dieser in der Strukturationstheorie nicht im gewünschten Umfang Beachtung findet (vgl. Kießling 1988a, 294). Nur unter Berücksichtigung von Gender-Konzepten lässt sich der Arbeitsalltag der Ehefrauen im familiengeführten Handwerksbetrieb in seiner Komplexität angemessen abbilden. Die Kompatibilität der Theorie der Strukturation mit den hier verwendeten Gender-Konzepten ist ebenfalls gegeben, da sich diese an der Maxime der Dualität der Struktur orientieren (vgl. Auer 2000, 107), d. h. Strukturen als Ermöglichung wie auch Limitierung verstehen. Entsprechend ist der hier skizzierte theoretische Rahmen als geeignet für die Untersuchungsbereich der vorliegenden Arbeit zu erachten.

5 Empirische Untersuchung – Methodisches Vorgehen

Im diesem Kapitel wird in den beiden ersten Abschnitten das qualitative-interpretative Paradigma mit seinen wissenschaftstheoretischen Implikationen vorgestellt und die Bedeutung für die vorliegende Studie herausgearbeitet.

Die folgenden Abschnitte 5.3 und 5.4 dienen der Erörterung der Rolle des interpretativen Forschers und der qualitativen Fallstudie als Forschungsinstrumentarium. Die Datenerhebung wird in Abschnitt 5.5 eingehend beschrieben. Daran anschließend werden in Abschnitt 5.6 die einzelnen Schritte des Auswertungsprozesses dargelegt.

Im abschließenden Abschnitt 5.7 wird anhand ausgewählter Kriterien sowohl die Qualität des erhobenen Datenmaterials wie auch die Qualität der aus dem Auswertungsprozess hervorgegangenen Ergebnisse überprüft.

5.1 Die qualitative Sozialforschung und das interpretative Paradigma

> „Qualitative Forschung hat den Anspruch, Lebenswelten ‚von innen heraus' aus der Sicht der handelnden Menschen zu beschreiben. Damit will sie zu einem besseren Verständnis sozialer Wirklichkeit(en) beitragen und auf Abläufe, Deutungsmuster und Strukturmerkmale aufmerksam machen." (Flick et al. 2005, 14)

Die qualitative Sozialforschung verfolgt das Ziel, komplexe soziale Phänomene im Kontext ihrer Alltagswelt zu erfassen bzw. verstehen zu wollen. Auf diesem Prinzip des Verstehens[43] basiert das interpretative Paradigma (vgl. Hoffmann-Riem 1980, 342f.), das „als die umfassendste und verbreiteteste Kennzeichnung des theoretischen Hintergrunds qualitativer Sozialforschung" gilt (Lamnek 2005, 34).[44]

Im Fokus einer am interpretativen Paradigma orientierten Sozialforschung steht das agierende Subjekt mit seiner Deutung der sozialen Welt(en), in denen es lebt (vgl. Hoffmann-Riem 1980, 342; Witzel 1982, 12; Lamnek 2005, 34). Damit diese subjek-

---

[43] Der quantitative Forschungsansatz versucht hingegen, Ereignisse zu erklären (vgl. Lamnek 2005, 243). Auf den ersten Blick mag es schwerfallen, beide Ansätze als entgegengesetzte Pole eines Kontinuums zu erkennen, doch verbergen sich dahinter zwei unterschiedliche Paradigmen bzw. Weltanschauungen (vgl. Lincoln/Guba 1985, 15), die sich sowohl durch ihre Sicht- als auch Vorgehensweise im Forschungsprozess stark voneinander unterscheiden.

[44] Der Begriff des interpretativen Paradigmas wurde ursprünglich von Wilson (1973) als Gegenpol zum normativen Paradigma geprägt (vgl. Witzel 1982, 12). Zu den Vertretern des interpretativen Paradigmas zählen z. B. Blumer, Berger/Luckmann und Schütz.

tiven Wirklichkeiten der handelnden Akteure erfasst werden können, ist es notwendig, sich offener Forschungsverfahren zu bedienen.[45]

> „All diese Verfahren verfolgen das Ziel, die Welt zunächst aus der Perspektive der Handelnden in der Alltagswelt [...] zu erfassen und die Praktiken sozialen Handelns in ihrer Komplexität im alltäglichen Kontext zu untersuchen." (Rosenthal 2005, 15)

Durch die Vorgehensweise des interpretativen Ansatzes ist es möglich, bisher kaum in der Forschung beachtete Phänomene (wie z. B. die in einem Familienunternehmen mitarbeitenden Ehefrauen) bzw. unerforschte soziale Welten in den Fokus der Betrachtung zu rücken (vgl. Kannonier-Finster/Ziegler 1998, 12; Rosenthal 2005, 18). In diesen Bereichen, in denen bisher auf keine bzw. nur wenige Erkenntnisse zurückgegriffen werden kann, ist es kaum zielführend, ein vorab fixiertes Forschungsdesign zu entwickeln, das den Anforderungen des quantitativen Paradigmas Folge leisten könnte.

Aber auch aus anderen Gründen erscheint der qualitativ-interpretative Forschungsansatz für die vorliegende Arbeit als geeignet.[46] Das Ziel dieser Studie ist es, mehr über die Alltagswelten der in einen familiengeführten Handwerksbetrieb eingeheirateten Ehefrauen in Erfahrung zu bringen. Dabei soll der Frage nachgegangen werden, wie diese Frauen ihren Arbeitsalltag im familiengeführten Unternehmen erleben. Um Antworten auf diese Frage zu erhalten, ist es notwendig, der jeweiligen spezifischen Logik des Entdeckens bzw. des Verstehens zu folgen, mit dem Ziel, die Individualität jeder einzelnen Frau bzw. ihrer erzählten Geschichte erfassen und interpretieren zu können. Nur mithilfe dieser Vorgehensweise lassen sich kontextsensible Daten und Bedeutungszuweisungen erfassbar machen und die sozialen Wirklichkeiten, in der die Befragten leben, in ihrer Komplexität abbilden. All dies führt letztendlich dazu, ein tieferes Verständnis über das zu untersuchende Phänomen zu erlangen. Durch die Anwendung eines auf Quantifizierung basierenden Verfahrens, dessen Vorgehensweise oftmals die Schaffung einer gewissermaßen künstlichen Welt voraussetzt, wäre dieses Ziel kaum zu erreichen. Silverman gibt in diesem Zusammenhang zu bedenken:

---

[45] Unter offenen Forschungsverfahren versteht man z. B. das narrative Interview, das leitfadengestützte Interview, die teilnehmende Beobachtung (vgl. Rosenthal 2005, 15).

[46] Hall et al. (2005, 3) verweisen in ihrem Konferenzbeitrag auf die zunehmende Bedeutung des interpretativen Paradigmas für zukünftige Forschungsvorhaben im Bereich Familienunternehmen, was sicherlich damit begründet werden kann, dass ein erheblicher Teil der Lebenswelt(en) in Familienunternehmen als weitgehend unerforscht gilt.

> „Quantitative research ignores the differences between the natural and social world by failing to understand the 'meanings' that are brought to social life.“ (Silverman 2002, 4f.)

Auch wenn die qualitative Sozialforschung einen eigenständigen Platz als Forschungsparadigma erlangt hat (vgl. Flick et al. 2005, 24), darf dies nicht darüber hinwegtäuschen, dass bis heute quantitativ-konventionelle Ansätze die Wissenschaft dominieren (vgl. Heinze 2001, 16). Auch in der Forschung zu Familienunternehmen spiegelt sich diese Dominanz der Operationalisierbarkeit von sozialen Phänomenen wider (vgl. Sharma et al. 1996, 87ff.; Dyer Jr./Sánchez 1998, 288; Bird et al. 2002, 342ff.).[47]

Auf die sonst üblichen Paradigmenstreitigkeiten soll an dieser Stelle verzichtet werden, es sei aber der Hinweis erlaubt, dass beide Forschungsansätze ihre Daseinsberechtigung haben. Die Entscheidung, welchem Paradigma man letztendlich in einer Erhebung folgt, sollte einzig und allein davon abhängig gemacht werden, was in einer Studie herausgefunden werden soll (vgl. Silverman 2002, 1). Man ist versucht, die beiden Paradigmen mit Scheinwerfern zu vergleichen, die das Untersuchungsfeld auf sehr verschiedene Art und Weise ausleuchten, was dazu führt, dass jeweils unterschiedliche Merkmale des ein und desselben zu untersuchenden Phänomens zutage gefördert bzw. sichtbar gemacht werden.[48]

5.2 Die zentralen Prinzipien der qualitativen Sozialforschung

Die nachfolgenden Ausführungen befassen sich im Einzelnen mit den zentralen Prinzipien der qualitativen Sozialforschung (vgl. Lamnek 2005, 20ff.).

5.2.1 Das Prinzip der Offenheit und das Prinzip der Kommunikation

Die beiden bedeutendsten Prinzipien der qualitativen Forschung sind die der Offenheit und der Kommunikation (vgl. Hoffmann-Riem 1980, 343ff.).

Das Prinzip der Offenheit resultiert aus der Kritik an der quantitativen Methodologie mit ihrer Hypothesenformulierung im Vorfeld und plädiert entsprechend dafür, eine offene Haltung gegenüber dem Forschungsgegenstand wie auch gegenüber der Forschungsmethode und der Forschungssituation einzunehmen. Das Prinzip der Offenheit

[47] Ein ähnliches Bild zeigt sich unter anderem auch im Forschungsbereich Handwerk (siehe hierzu auch Abschnitt 3.2) bzw. in der KMU- bzw. Entrepreneurforschung (vgl. z. B. Grant/Perren 2002).

[48] Ähnlich äußern sich auch Miles und Huberman: „Knowing what you want to find out leads inexorably to the question of *how* you will get that information.“ (Miles/Huberman 1984, 42 – Hervorhebung im Original)

fordert vom Forscher, „den Wahrnehmungstrichter [...] so weit wie möglich offen zu halten“ (Lamnek 2005, 21), um ein authentisches Bild von der Komplexität der sozialen Wirklichkeit des zu untersuchenden Phänomens zu erlangen. Diese Unvoreingenommenheit des Forschers eröffnet diesem einen großen Handlungsspielraum während des gesamten Forschungsprozesses und ermöglicht es ihm, unerwartete Informationen und Entwicklungen im Erkenntnisgenerierungsprozess zu berücksichtigen.

Es ist jedoch wichtig, darauf hinzuweisen, dass dieses Prinzip vom Forscher keineswegs verlangt, sich dem Forschungsgegenstand ohne Vorannahmen zu nähern. Vielmehr ist es von entscheidender Bedeutung, dass der Forscher sich sein eigenes Vorwissen und seine eigenen Vorerfahrungen zu Beginn seiner Arbeit bewusst macht und sich immer wieder damit auseinandersetzt. Meinefeld spricht in diesem Zusammenhang von der „Suspendierung“ (Meinefeld 2005, 266) des eigenen Wissens, die notwendig sei, um offen für das Neue und Unerwartete zu sein.

Zum zweiten grundlegenden Prinzip der qualitativen Sozialforschung, der Kommunikation, schreibt Hoffmann-Riem (1980, 347): „Die Datengewinnung ist eine kommunikative Leistung.“ Diese Aussage macht deutlich, dass Erkenntnisse über die soziale Wirklichkeit erst im Dialog zwischen Forscher und beforschtem Individuum erschlossen werden können. Anders ausgedrückt: Der Forscher versucht, basierend auf der Kommunikation mit dem Beforschten, die soziale(n) Wirklichkeit(en), in denen sich der Betreffende befindet, aus dessen Blickwinkel heraus zu rekonstruieren. Dabei hat die Interaktionsbeziehung zwischen den Beteiligten unmittelbare Auswirkungen auf das Untersuchungsergebnis und wird bei der qualitativen Forschung im Gegensatz zum quantitativen Ansatz nicht als Störgröße wahrgenommen, sondern stellt vielmehr einen Teil des Forschungsprozesses dar.

5.2.2 Das Prinzip der Prozessualität

Die soziale Wirklichkeit des beforschten Subjekts ist durch einen dynamischen (Re-) Konstruktionsprozess geprägt. Deshalb sind Aussagen des Untersuchungssubjekts nicht ein für alle Mal festgelegt, sondern durch die Interaktion mit dem Forscher einem fortwährenden Veränderungs- und (Re)Interpretationsprozess ausgesetzt (vgl. Flick et al. 2005, 20). Dieses iterative Vorgehen der qualitativen Sozialforschung wirkt sich also nicht nur auf den eigentlichen Erhebungsvorgang aus, sondern auch auf die am Forschungsprozess beteiligten Akteure. Alle Phasen des Erhebungsprozesses sind miteinander verwoben und können nicht isoliert voneinander betrachtet werden (siehe hierzu auch Abschnitt 5.5).

5.2.3 Das Prinzip der Explikation

Das Prinzip der Explikation besagt, dass alle im Erhebungsprozess beinhalteten Forschungsschritte aufgelistet werden. Dabei steht das Ziel im Mittelpunkt, „die Nachvollziehbarkeit der Interpretation und damit die Intersubjektivität des Forschungsergebnisses“ (Lamnek 2005, 24) zu gewährleisten. Diese Transparenz spielt besonders in der Analysephase eine bedeutende Rolle, denn nur so lässt sich die Qualität der Ergebnisse sicherstellen (siehe hierzu auch Abschnitt 5.5 und 5.6).

5.2.4 Das Prinzip der Reflexivität und das Prinzip der Flexibilität

Das Prinzip der Reflexivität fordert vom Forscher eine permanente Auseinandersetzung mit dem gesamten Erhebungsverlauf, um sicherzustellen, dass neue Gegebenheiten jederzeit in den Forschungsprozess aufgenommen werden können. Das Prinzip der Flexibilität steht in direktem Bezug zu den bisher genannten Prinzipien und erfordert, die bereits ermittelten Erkenntnisse in den weiteren Erhebungsprozess einfließen zu lassen (vgl. Lamnek 2005, 25). Sowohl die Wahl der Erhebungsmethode als auch die des Interpretationsverfahrens sollten durch eine große Flexibilität geprägt sein und nur durch das Forschungsziel bzw. Untersuchungsfeld determiniert werden.

5.3 Die Rolle des interpretativen Forschers

Die qualitativ-interpretative Vorgehensweise fordert vom Forscher, sich in die natürlichen Lebenswelten seiner Beforschten zu begeben, um diese aus der Perspektive der Betroffenen bzw. Beforschten zu studieren. Dabei übernimmt der Forscher hier nicht die Rolle des unsichtbaren Außenstehenden, sondern wird selbst ein Teil des zu untersuchenden Kontexts.

Nicht ohne Grund verweisen Miles/Huberman darauf, dass der Forscher eine bedeutsame Rolle während des gesamten Erhebungsprozesses einnimmt, und sprechen hier vom „main ‘measurement device’ in the study“ (Miles/Huberman 1994, 7). Andere Autoren sehen den interpretativen Forscher als einen „Bricoleur“[49] (Denzin/Lincoln 2000, 4) oder einen „Choreographen“ (vgl. Janesick 2000, 380). Doch unabhängig davon, welche Formulierungen im Einzelnen in diesem Zusammenhang angeführt werden, lässt sich aus all diesen Charakterisierungen ableiten, dass der Forscher einen aktiven Part im Erhebungsgeschehen einnimmt, d. h. er wird selbst ein Teil der Alltagswelt, die er erforscht, bzw. ein Teil der Geschichte, die ihm erzählt wird.

[49] Im Deutschen würde man von einem „Bastler“ sprechen.

Welche Rolle der Forscher[50] letztlich im Untersuchungsfeld einnimmt, wie sich die Interaktionsbeziehung zwischen Forscher und Beforschten gestaltet oder auch welche Präkonzepte ihn im Forschungsprozess leiten: All diese Faktoren wirken sich direkt auf den wissenschaftlichen Erkenntnisprozess aus und dürfen daher nicht ignoriert werden.

> „The interpretive *bricoleur* understands that research is an interactive process shaped by his or her personal history, biography, gender, social class, race, and ethnicity, and by those of the people in the setting." (Denzin/ Lincoln 2000, 6 – Hervorhebung im Original)

Deshalb ist es notwendig, dass der Forscher sich seiner eigenen Subjektivität bewusst wird, d. h. sein Vorwissen, seine Vorerfahrungen und auch seine Sicht der Welt offenlegt. Dadurch soll vermieden werden, dass die Wissenskonzepte des Forschers seine Wahrnehmung der ihm fremden Realitäten so eintrüben, dass er, anstatt Neues und Unbekanntes zu entdecken, nur zur Überprüfung der eigenen Präkonzepte gelangt (vgl. Kleining 1982, 232).

Die Subjektivität der menschlichen Erkenntnisse wird beim qualitativen Ansatz im Gegensatz zum normativen Paradigma nicht als Störgröße wahrgenommen, sondern es wird versucht, diese mithilfe der Selbstreflexion für den Forschungsprozess nutzbar zu machen. Zumal sich auch kaum ein Forscher finden lassen wird, der das von ihm untersuchte Feld ohne individuelle Vorprägung, sozusagen mit „leerem Kopf", betrachtet. Stattdessen hängt die Entscheidung, sich mit einer ganz bestimmten Materie bzw. Thematik näher zu beschäftigten, nicht selten „von lebenspraktischen Interessen des Forschers und seiner Einbindung in bestimmte soziale oder historische Kontexte ab" (Flick 2005, 78).

Gerade auf dem Gebiet der Familienunternehmensforschung bestätigt sich Flicks Vermutung, dass der Entschluss, sich mit einem bestimmten Bereich näher zu beschäftigen, häufig aus persönlichem Interesse geschieht: Der Großteil der Forscher stammt – wie dies auch bei der vorliegenden Arbeit der Fall ist – selbst aus einem Familienunternehmen.[51] Diese Tatsache bzw. dieses Vorwissen kann sich einerseits positiv auf den Erhebungsprozess auswirken, andererseits aber verbergen sich dahinter auch Gefahren. Patton betont in diesem Zusammenhang:

---

[50] Nach Stake (1995, 91ff.) kann ein Forscher die verschiedensten Rollen im Forschungsprozess einnehmen wie z. B. die Rolle des Lehrers, Beobachters bzw. Beraters.

[51] Hier ist auf die wohl renommierteste deutschsprachige Wissenschaftlerin auf diesem Gebiet zu verweisen: Frau Prof. Dr. Sabine B. Klein stammt aus einem familiengeführten Traditionsunternehmen. Auch die an anderer Stelle zitierten Herren Prof. Dr. Pfannenschwarz und Dr. Redlefsen stammen beide aus Familienunternehmen.

> „The person conducting the inquiry is the critical element in determining validity, meaningfulness of the findings, and credibility.“ (Patton 1987, 164)

Aus diesem Grund habe ich selbst während der Arbeit an der vorliegenden Studie begonnen, ein Logbuch zu schreiben, in dem ich neben Ideen und Anregungen für das Projekt auch die eigenen Präkonzepte und Ängste festgehalten habe. Besonders zu Beginn der Interviewphase haben mir diese Aufzeichnungen dabei geholfen, mir die eigene Vergangenheit bewusst vor Augen zu führen, um so den Gesprächspartnerinnen so unvoreingenommen wie nur möglich zu begegnen.

5.4 Qualitative Fallstudien als Forschungsinstrument

„Case study research has become extremely popular in sociology and also in many other areas of social inquiry“ (Hammersley/Gomm 2002, 1). Auch in anderen wissenschaftlichen Disziplinen gilt der Einsatz von Fallstudien als etablierter Forschungsansatz.[52] Eine besondere Bedeutung kommt der Fallstudie in der Praxisforschung zu, weil sich dadurch „komplexe soziale Phänomene in ihrer konkreten Funktions- und Arbeitsweise“ (Kannonier-Finster 1998, 45) untersuchen lassen.

Ausführliche Erläuterungen zur Fallstudienforschung finden sich bei Robert K. Yin (2003). Seiner Ansicht nach stellt die Fallstudie eine wissenschaftliche Forschungsstrategie dar, die gleichrangig zu Verfahren wie dem Experiment, der Umfrage, der Analyse von Archivmaterial oder der historischen Untersuchung zu bewerten ist (vgl. Yin 2003, 3). Die Entscheidung, welches der Forschungsverfahren für eine bestimmte Studie adäquat erscheint, hängt nach Yin von den folgenden drei Prämissen ab (vgl. Yin 2003, 5ff.):

- Form der Forschungsfrage
- Ausmaß an Kontrolle, die ein Forscher über Kontext bzw. Verhaltenssituationen ausüben kann
- Grad der Orientierung auf gegenwärtige bzw. vergangene Sachverhalte

Die Fallstudie gilt dann als ein geeignetes Instrumentarium, wenn die folgenden Bedingungen erfüllt sind:

> „Case studies are the preferred strategy when ‘how’ or ‘why’ questions are being posed, when the investigator has little control over events, and when the focus is on a contemporary phenomenon within some real-life context.“ (Yin 2003, 1)

[52] Vgl. hierzu exemplarisch Yin (1989, 13), Hartley (1994) als Beispiele für Fallstudien in der Organisationsforschung, Chetty (1996) für Fallstudien in der KMU-Forschung und Eisenhardt (1989) mit einer Übersicht von Beispielen aus der Managementforschung.

Die besondere Stärke der Fallstudienforschung liegt darin, dass die real existierenden Rahmenbedingungen, in denen sich das zu untersuchende Phänomen bewegt, bewusst erfasst werden.[53] Durch diese Kontextorientierung ist es möglich, bedeutungsvolle und oftmals versteckte bzw. unerwartete Dimensionen aufzudecken, die dazu beitragen, ein tiefgreifendes Verständnis für den Forschungsgegenstand zu entwickeln.

Aus diesen Gründen erscheint die Fallstudie als das geeignete Instrument für den hier vorliegenden Untersuchungsbereich. Mit ihrer Hilfe lässt sich erforschen, wie die in ein Familienunternehmen eingeheirateten Ehefrauen ihre Alltagswelt erleben. Dabei können die dort tätigen Frauen in ihrer natürlichen Lebenswelt untersucht werden und kontextsensitive Daten mit in die Betrachtung einfließen. Die Fallstudie ist das Mittel der Wahl, um ein tieferes Verständnis für ein bisher nur wenig beachtetes Gebiet der Family Business-Forschung zu entwickeln und die Rolle der Ehefrau im Familienunternehmen ganzheitlich in den Fokus der Betrachtung zu rücken.

Um die Komplexität der zu untersuchenden Phänomene erfassen zu können, stehen dem Fallstudienforscher eine Vielzahl verschiedenster Methoden zur Verfügung wie z. B. die Dokumentation, teilnehmende Beobachtung usw. (vgl. Yin 2003, 83ff.). Unter diesen gilt das Interview als eine der bedeutendsten Methoden (vgl. Yin 2003, 89), weil hierbei zum einen die notwendige Flexibilität und zum anderen die Offenheit, sich auf die subjektive Sichtweise der Akteure einzulassen, gegeben sind (siehe hierzu auch Abschnitt 5.5). Neben der genannten Auswahl an Erhebungsmethoden zeichnet sich die Fallstudie auch durch eine Vielzahl methodologischer Subvarianten aus. So brauchen Fallstudien sich weder auf qualitative Daten noch auf einen Einzelfall zu beschränken. Gegenstand einer Studie muss auch nicht unbedingt eine einzelne Person oder ein einzelnes Unternehmen sein, sondern es kann sich z. B. auch um eine soziale Gruppe oder eine Institution handeln (vgl. Stake 2002, 23).

Doch ungeachtet ihrer vielseitigen Einsatzmöglichkeiten und ihrer Variationsbreite soll an dieser Stelle nicht verschwiegen werden, dass nicht alle Forscher der Fallstudienforschung positiv gegenüberstehen. Einer der wohl am häufigsten angeführten Kritikpunkte dieses qualitativen Ansatzes ist die mangelnde Generalisierbarkeit der Ergebnisse.[54] Dieser Kritik ist entgegenzusetzen, dass es nicht das Ziel einer qualitativen Fallstudie sein kann, allgemeingültige Aussagen zu treffen, sondern

---

53 Als kontrastierend dazu gilt das Experiment, das ganz bewusst den Kontext aus der Betrachtungsweise ausblendet. Dort wird stattdessen das zu untersuchende Phänomen in einer künstlich geschaffenen bzw. kontrollierten Laborsituation betrachtet (vgl. z.B. Berekoven et al. 1991, 150ff.).

54 Dieser Kritikpunkt wird im Allgemeinen gerne im Zusammenhang mit der qualitativen Sozialforschung geäußert.

das Besondere bzw. das Individuelle im jeweiligen untersuchten Fall aufzuzeigen (vgl. Stake 2000, 439). Die von manchen Kritikern erhobene Forderung nach Verallgemeinerung stellt in diesem Zusammenhang einen klaren Widerspruch zum eigentlichen Ziel dieser Vorgehensweise dar, denn: „the trouble with generalizations is that they don't apply to particulars" (Lincoln/Guba 2002, 27).

5.5 Datenerhebung

Zu Beginn der Vorbereitung des Datenerhebungsprozesses war die Entscheidung zu treffen, wie der Zugang zum Untersuchungsfeld und zu möglichen Interviewpartnerinnen am besten geplant werden kann. Aufgrund meiner eigenen Erfahrungen als Mitglied eines kleinen familiengeführten Handwerksbetriebs kannte ich die Schwierigkeit, Zugang zu der Welt dieser „closed society" zu bekommen, und wusste, dass man dabei auf die Unterstützung sogenannter „Gatekeeper" (Froschauer/Lueger 2003, 26) angewiesen ist.[55] „Gatekeeper" sind selbst Mitglieder der zu untersuchenden Gruppe und verfügen aufgrund ihrer Insiderposition häufig über das notwendige Know-how, um den Forscher in seinem Anliegen zu unterstützen und ihn sozusagen in die Gesellschaft einzuführen (vgl. auch Fontana/Frey 2000, 655).

Von diesen Überlegungen geleitet habe ich zunächst telefonischen Kontakt zu zwei Regionalgruppenvorsitzenden der Unternehmerfrauen im Handwerk (UFH) aufgenommen und ihnen das Forschungsprojekt skizziert. Ich habe dabei auch erwähnt, dass der Grund für meine Beschäftigung mit dieser Thematik mit meinem eigenen familiären Hintergrund zusammenhängt. Diese Information wirkte sich auf den weiteren Verlauf des Gesprächs durchweg positiv aus. Beide Regionalgruppenvorsitzenden sicherten ihre Unterstützung zu und machten mir das Angebot, das Forschungsprojekt im Rahmen der monatlich stattfindenden Zusammenkünfte der Unternehmerfrauen vorzustellen, um so Kontakte zu möglichen Interviewpartnerinnen aufnehmen zu können.

Für den ersten direkten Kontakt wurde in beiden Gruppentreffen die folgende Vorgehensweise gewählt: Nach einigen Worten zu meiner Person habe ich das Forschungsprojekt überblickartig vorgestellt, wobei die Schilderungen bewusst umgangssprachlich und allgemein formuliert wurden. Ziel war es dabei, potenzielle Interviewpartnerinnen in diesem frühen Stadium der Kontaktaufnahme mit den grundlegenden Informationen zu versorgen. Gleichzeitig sollten die Ausführungen so allgemein wie

[55] Gerade weil mir das Untersuchungsfeld vertraut ist, habe ich bewusst darauf verzichtet, Interviews mit mir näher bekannten Personen zu führen, um so die notwendige Distanz gegenüber meinen Gesprächspartnerinnen sicherzustellen, die für einen unverfälschten Gesprächsverlauf unerlässlich ist (vgl. Hermanns 2005, 366f.).

möglich gehalten sein, um so zu vermeiden, dass sich zukünftige Gesprächspartnerinnen in der Zwischenzeit zu sehr mit der konkreten Themenstellung beschäftigen, dass sie im eigentlichen Gespräch eine vorformulierte Geschichte erzählen. In dieser Kennenlernphase war es zudem wichtig, den Gesprächspartnerinnen deutlich zu machen, dass sie als Expertinnen zu ihren Alltagserfahrungen als eingeheiratete Frauen im Familienunternehmen befragt werden sollen. Der Kurzvortrag endete mit dem Hinweis auf die Einhaltung des Datenschutzes[56] und dem Aufruf, sich bei Interesse entweder direkt an mich oder an die jeweiligen Regionalvorsitzenden zu wenden.[57]

Am Ende der beiden Abende wurde mit den interessierten Frauen ein telefonisches Vorgespräch vereinbart, bei dem die Möglichkeit bestand, weitere Fragen, unter anderem zum Ablauf des Interviewprozesses, zu stellen. In den folgenden Telefonkontakten konnten bereits einige Informationen über die Interviewpartnerinnen und das jeweilige Familienunternehmen in Erfahrung gebracht werden, die später bei der Auswahl der Fälle hilfreich waren. Neben den Gesprächspartnerinnen, die ich über die Verbandstreffen kennengelernt hatte, konnten auch vier Frauen befragt werden, die nicht im UFH organisiert sind. Der Kontakt zu Frau Ascher, Frau Däumler und Frau Dietz kam über Empfehlungen von Interviewpartnerinnen bzw. der Verbandsvorsitzenden zustande. Frau Keim lernte ich privat kennen. In diesem Zusammenhang ist jedoch zu erwähnen, dass die Idee, während des gesamten Auswahlprozesses mithilfe des Schneeballsystems an weitere Gesprächsteilnehmerinnen zu gelangen, sich nur bedingt umsetzen ließ.[58]

Nach Abschluss der Sondierungsgespräche stand die Auswahl des ersten Falls bzw. die Auswahl der ersten Gesprächspartnerin auf der Agenda. Auf den ersten Blick mag dieser Auswahlprozess als reine Routinetätigkeit anmuten, doch genau dies ist nicht

---

[56] Bei der Planung und Durchführung der gesamten Erhebung stand die Einhaltung von ethischen Grundsätzen im Mittelpunkt. Dabei orientiert sich die Studie an den Ausführungen von Patton (1990, 353ff.), Punch (1994, 83-97), Hopf (2005, 589-600), Miles/Huberman (1994, 288-297) und Helfferich (2005, 169ff.). Es war mir in diesem Zusammenhang bewusst, dass ich in gewisser Weise einen Balanceakt vollführen musste, da ich zwar das Ziel verfolgte, unerforschte Aspekte im Erhebungsprozess aufzeigen zu wollen, gleichzeitig jedoch den Persönlichkeitsschutz der Beforschten garantieren wollte.

[57] Es war mir wichtig, potenziellen Teilnehmerinnen an der Studie auch genügend Bedenkzeit einzuräumen. Dieses sensible Vorgehen wirkte sich auf den gesamten Verlauf der Erhebung durchweg positiv aus. So zog keine der Interessentinnen während der Studie ihre Teilnahmezusage zurück, auch wenn manche der Interviews erst nach einer längeren Planungsphase geführt werden konnten.

[58] Ohne ein Ergebnis der Studie vorwegnehmen zu wollen, lässt sich an dieser Stelle bereits feststellen, dass der Großteil der interviewten Ehefrauen über ein eher begrenztes Netzwerk an Außenkontakten verfügt. Weitere Erklärungen finden sich dazu unter anderem in Abschnitt 7.10.

der Fall. Wie viele vor mir empfand auch ich es in dieser Phase als äußerst anspruchsvoll, den Fall im Feld aufzuspüren, von dem man am besten lernen kann. Basierend auf dem „purposeful sampling“ (Patton 1990, 169), auch zielgerichtete Fallauswahl genannt, wurden so insgesamt acht Fälle erhoben.

> „The logic and power of purposeful sampling lies in selecting *information-rich cases* for study in depth. Information-rich cases are those from which one can learn a great deal about issues of central importance to the purpose of the research.“ (Patton 1990, 169 – Hervorhebung im Original)

Mithilfe dieser Vorgehensweise war es möglich, die Fälle „nach ihrer Relevanz statt nach ihrer Repräsentativität“ (Flick 2005, 106) auszuwählen.[59] Dabei war es wichtig, sowohl ähnliche als auch kontrastierende Fälle zur Analyse heranzuziehen, wobei darauf geachtet wurde, eine gewisse Balance bei der Fallauswahl sicherzustellen (vgl. hierzu auch Stake 2000, 447). Als Auswahlkriterium[60] für den ersten Fall war neben dem Alter der Befragten und deren familiärer Herkunft – stammen die Frauen aus einer Unternehmerfamilie oder nicht – auch die Frage, wie lange die Interviewpartnerinnen schon im Familienunternehmen mitarbeiten, von Belang. Darüber hinaus habe ich bei den Fallentscheidungen darauf geachtet, auch unterschiedliche Handwerkszweige zu berücksichtigen. Die Auswahl des nächsten Falls basierte auf einer bewusst gefällten Entscheidung, d. h. die Sampleauswahl wurde immer von den Ergebnissen des vorangegangen Falls abgeleitet, sodass das Falldesign sich während des gesamten Erhebungsprozesses weiterentwickelte.[61]

Wie viele Fälle letztlich erhoben werden müssen, um aussagekräftige Ergebnisse zu gewährleisten, kann im Rahmen einer qualitativen Studie im Gegensatz zur statistischen Fallauswahl nicht von vornherein festgelegt werden.[62] In der Literatur wird jedoch die Empfehlung ausgesprochen, den Auswahlprozess so lange fortzuführen

---

[59] Ähnlich äußert sich auch Stake (1995, 4): „Case study research is not sampling research“ und betont, dass es hier nicht darum geht, mithilfe von Ergebnissen einer Teilerhebung möglichst exakt auf die Verhältnisse einer Grundgesamtheit zu schließen.

[60] Im Vorfeld der Kontaktaufnahme wurde bereits darauf geachtet, dass die befragten Ehefrauen in einen bereits bestehenden familiengeführten Handwerksbetrieb eingeheiratet haben und dieser von der Größenklasse zu den klein- und mittelständischen Handwerksbetrieben zählt (siehe hierzu auch Abschnitt 2.2).

[61] An dieser Stelle ist darauf hinzuweisen, dass aufgrund der begrenzten Auswahlmöglichkeiten von Gesprächspartnerinnen das Ziel, eine gewisse Balance bei der Fallauswahl zu erreichen, jedoch in der Praxis nicht im vollen Umfang umsetzbar war. Silverman (2002, 102) betont in diesem Zusammenhang: „Very often a case will be chosen simply because it allows access.“

[62] Auch wenn sich keine verbindlichen Aussagen über die Anzahl der zu erhebenden Fälle machen lassen, bewegen sich Empfehlungen zwischen vier und zehn Fällen (vgl. Eisenhardt 1989, 545). Bei einer Fallzahl von mehr als zehn stößt der Forscher sehr schnell an einen Punkt, an dem es ihm nicht mehr möglich ist, die Datenmengen zu managen (vgl. Eisenhardt 1989, 545).

bzw. so lange neues Material in den Analyseprozess aufzunehmen, bis ein neuer Fall keine weiteren Erkenntnisse mehr liefert und der Punkt der theoretischen Sättigung erreicht ist. In der Praxis führt man diese Vorgehensweise jedoch nur selten bis zur letzten Konsequenz durch und so ist es keineswegs unüblich, dass die Entscheidung, die Datenerhebungsphase zu beenden, nicht zuletzt von Zeit- und Kostengründen abhängig ist (vgl. Eisenhardt 1989, 545). Auch in der vorliegenden Studie spielten diese Gesichtspunkte eine Rolle.

5.5.1 Das leitfadengestützte Interview

Dem qualitativen Forscher steht eine Vielzahl an Erhebungsmethoden zur Verfügung. Das wohl bekannteste und nützlichste Instrument, um in Erfahrung zu bringen, wie Akteure ihre Erlebnisse interpretieren, ist das Interview (vgl. Stake 1995, 64; Fontana/ Frey 2000, 645; Yin 2003, 92).

Das Grundprinzip dieser Erhebungsmethode basiert auf der Annahme, dass der Erzählende durch die Schilderung seiner Geschichte Erlebnisse verarbeitet und seine Erfahrungen dadurch bewertet. Schütz betont in diesem Zusammenhang, dass jeder Befragte befähigt ist, seine Geschichte reflektiert zu erzählen, da sie selbst Experten ihrer jeweiligen Lebenswelt(en) seien (vgl. Schütze 1983, 285).

Für die vorliegende Untersuchung erscheint die Erhebung der Daten mithilfe eines leitfadengestützten Interviews als zielführend. Dieses halbstandardisierte Interview zeichnet sich zum einen durch die Subjektbezogenheit aus, d. h. den Interviewten wird genügend Raum gelassen, ihre subjektive Sicht der Dinge darzustellen. Zum anderen gibt es dem Forscher durch den Leitfaden eine Art Orientierungshilfe an die Hand, die gewährleistet, dass die Aspekte im Interview angesprochen werden, die für die Beantwortung der erkenntnisleitenden Fragen notwendig sind. Der Vorteil dieser Interviewform liegt darin, dass die Balance zwischen der Fokussierung, etwas über ein bestimmtes Thema in Erfahrung bringen zu wollen, und der Offenheit, sich auf die Erzähllogik der Befragten einzulassen, gewahrt bleibt.

Der Interviewleitfaden für die vorliegende Studie umfasste die folgenden Themenblöcke:

- Einstieg ins Familienunternehmen – hier standen Fragen zu den Gründen, den Vorstellungen und auch zu den Befürchtungen, die die Frauen zu Beginn ihrer Tätigkeit im Familienunternehmen hatten, im Mittelpunkt. Ziel war es, sowohl Erkenntnisse über die Herkunft der Frauen und ihre Motivation, ins Unternehmen zu wechseln, zu gewinnen wie auch zu untersuchen, wie sie die Anfangszeit erlebt haben, um anschließend spätere Veränderungen in ihrer Wahrnehmung und Bewertung herausarbeiten zu können.

- Derzeitige Arbeitssituation im Familienunternehmen – hierbei wurden Fragen nach den Aufgabengebieten, den Entscheidungsbereichen, der Zusammenarbeit mit anderen, den Eigentumsverhältnissen usw. gestellt. Des Weiteren schlossen sich Fragen zur Arbeitsbelastung und den Bewältigungsstrategien an.
- „Familie – das Leben neben der Arbeit" – in diesem Themenblock war es von Interesse, etwas über die Familienstruktur, die Aufgabenverteilung im häuslichen Bereich usw. zu erfahren, um so Rückschlüsse über die familiäre Situation der Befragten zu erlangen.
- Bilanzierung der Erfahrungen – hier wurden die Frauen gebeten, Bilanz über ihr bisheriges Leben in einem Familienunternehmen zu ziehen.

Vor dem eigentlichen Erhebungsprozess wurde eine Pilotstudie[63] durchgeführt. In dieser Übungsphase lag das Augenmerk weniger auf der Auswahl der Fälle als vielmehr darauf, sich mit der Aufnahmetechnik vertraut zu machen und ein Gespür für den richtigen Umgang mit dem Interviewleitfaden zu entwickeln, um nicht dem Fehler der „Leitfadenbürokratie" (Hopf 1978, 101) zu verfallen, d. h. durch einen unsensiblen Umgang mit dem Leitfaden das Gespräch in ein vorgefertigtes Raster zu pressen, was dazu führt, dass der Gesprächsleitfaden „von einem Mittel der Informationsgewinnung zu einem Mittel der Blockierung von Informationen wird" (Hopf 1978, 102). Zudem war es so möglich, ein Gefühl für die Besonderheiten der spezifischen Form der Gesprächsführung bei einem Interview zu entwickeln, die sich von der sonst im Alltag üblichen Form aufgrund der asymmetrischen Kommunikationssituation unterscheidet (vgl. Lamnek 2005, 355).

Für die Interviewsituation bedeutet das konkret, dass der Befragte den Part des aktiv Erzählenden, der Interviewer hingegen die eher passive Rolle des „verstehenden Zuhörers" (vgl. Froschauer/Lueger 2003, 60) übernimmt, der durch interessensbekundende Gesten (z. B. Kopfnicken) den Befragten immer wieder zum weiteren Erzählen anregt. Auch konnte der Leitfaden in der Pilotphase daraufhin überprüft werden, wie viel Zeit für die Befragungen einzuplanen sein würde, um so den Interviewpartnerinnen bei der Terminplanung eine Orientierungsgröße nennen zu können.[64] Während der

[63] Janesick (2000, 386) nennt diese Phase auch „stretching exercises".

[64] Die drei Interviews in der Testphase dauerten durchschnittlich zwei Stunden. Es war mir von Anfang an bewusst, wie wichtig der Zeitfaktor für den erfolgreichen Verlauf der Erhebung sein würde. Fast alle Interviewpartnerinnen sind durch ihre Doppelrollen in Familie und Unternehmen

Testphase zeigte sich, dass der Interviewleitfaden hauptsächlich gestaltungstechnisch und weniger inhaltlich überarbeitet werden musste.[65] Alle Themengebiete des Leitfadens wurden daraufhin optisch abgesetzt. Dies ermöglichte es, während der Interviews einen schnelleren Überblick über noch offene bzw. bereits abgehandelte Themenbereiche zu erhalten. Die in dieser Phase aufgezeichneten drei Gespräche wurden nicht transkribiert und fanden auch im Auswertungsprozess keine Berücksichtigung.[66]

5.5.2 Ablauf des Interviewprozesses

Im direkten Anschluss an die Pilotstudie wurde mit dem eigentlichen Interviewprozess begonnen. Die Durchführung der Interviews erfolgte in einem Zeitraum von vier Monaten (März bis Juni 2006). Den Interviewpartnerinnen wurde bewusst die Entscheidung überlassen, an welchem Ort das Gespräch erfolgen sollte, und so fand der Großteil der Interviews auf deren Wunsch in den Geschäfts- bzw. Privaträumen statt. Nur zwei Gesprächsteilnehmerinnen wählten als Treffpunkt öffentliche Orte, wie ein Cafe bzw. ein Restaurant. Die durchschnittliche Gesprächsdauer lag bei einer Stunde und 47 Minuten, wobei das kürzeste Interview nach 55 Minuten und das längste nach zwei Stunden und 28 Minuten beendet war.

Das eigentliche Interview verlief in allen Fällen nach dem gleichen Prozedere: Nach einer kurzen Begrüßungs- und Aufwärmphase, in der den Teilnehmerinnen noch einmal der Grund des Interviews erklärt und auf die Einhaltung des Datenschutzes verwiesen wurde, bekam jede der Teilnehmerinnen eine Einwilligungserklärung ausgehändigt, in der unter anderem darauf hingewiesen wurde, dass zum Zweck der späteren schriftlichen Auswertung das Gespräch digital aufgezeichnet und die Ergebnisse im Rahmen einer Dissertation anonymisiert veröffentlicht werden. Alle Teilnehmerinnen zeigten sich mit der Vorgehensweise einverstanden und gaben ihr schriftliches Einverständnis.[67]

---

zeitlich stark belastet und so mussten sich viele die Zeit für den Gesprächstermin bewusst freinehmen.

65 Auch während des eigentlichen Erhebungsprozesses habe ich den Leitfaden immer wieder etwas modifiziert, denn wie Stake richtig bemerkt, entstehen die besten Forschungsfragen oftmals während der Erhebung (vgl. Stake 1995, 33).

66 An dieser Stelle möchte ich den drei Übungspartnerinnen danken. Da es in dieser Testphase weniger um die Auswahl relevanter Fälle ging, führte ich die Gespräche nicht mit mitarbeitenden Ehefrauen, sondern mit zwei mitarbeitenden Töchtern und einer Unternehmerin.

67 Die Einholung der schriftlichen Zustimmung entspricht der Einhaltung der ethischen Regeln, die dieser Arbeit zugrunde liegen (vgl. Fußnote 56).

Im Anschluss daran wurde das Aufzeichnungsgerät eingeschaltet und das eigentliche Gespräch begann mit der immer gleichlautenden gesprächsgenerierenden Frage: *„Erzählen Sie mir bitte, wie es dazu kam, dass Sie hier im Familienunternehmen zu arbeiten begonnen haben."* Dabei habe ich darauf geachtet, die Einstiegsfrage „*sorgfältig* zu wählen, weil sie den *generellen Gesprächsrahmen* absteckt und zu einer Erzählung über die Gesamtthematik des Interviews anregen soll" (Froschauer/Lueger 2003, 69 – Hervorhebung im Original). Der gewünschte Gesprächsstimulus konnte mit dieser Anfangsfrage ausgelöst werden, sodass es nicht selten vorkam, dass sich Teilnehmerinnen daraufhin mehr als 20 Minuten frei zu ihren Erfahrungen im Familienunternehmen äußerten.

Insgesamt herrschte bei fast allen Interviews eine offene und informelle Gesprächsatmosphäre, die sicherlich auch darauf zurückzuführen war, dass ich bewusst die Rolle der interessierten Zuhörerin einnahm, die sich auf die Geschichte der Befragten einließ.

Generell zeigte sich in den Gesprächen, dass der Großteil der interviewten Frauen ihre Alltagssituation und ihre Erfahrungen im Familienunternehmen häufig sehr detailliert reflektierten. All dies führte dazu, dass der Interviewleitfaden nur noch als „Hintergrundsfolie" (Witzel 1982, 90) wahrgenommen wurde, die dabei half, noch offene Themen durch geschicktes Nachfragen aufzugreifen, ohne jedoch den Gesprächsverlauf zu sehr zu beeinflussen. Insbesondere habe ich mich darum bemüht, die von den Befragten selbst verwendeten Begriffe in den Anschlussfragen aufzunehmen, um so den Redefluss aufrecht zu erhalten.

Zum Abschluss des Gespräch stellte ich jeweils die Frage, ob es nach Meinung der Gesprächspartnerinnen noch etwas Wichtiges zu ergänzen gäbe, das im Gespräch nicht oder nicht in ausreichendem Maße zur Sprache gekommen sei. Häufig fassten die Teilnehmerinnen an dieser Stelle die für sie relevanten Punkte des Gesprächs noch einmal überblickartig zusammen und gaben dadurch Hinweise auf die Bedeutung, die bestimmte Themenbereiche für sie persönlich haben. Jedes Gespräch endete mit den Worten des Dankes und dem Hinweis, dass das Aufnahmegerät jetzt abgeschaltet werde.

Im unmittelbaren Anschluss an das aufgezeichnete Interview wurden mittels eines „Kurzfragebogens" (Flick 2005, 137) sogenannte harte Fakten über die Befragten, ihre Familien und das Unternehmen erfasst. In diesem eher informellen Teil entwickelte sich häufig ein „Nachgespräch" (Froschauer/Lueger 2003, 73), das weitere interessante Informationen zutage förderte, die nach Verlassen des Interviewortes in einem gesonderten Formular erfasst wurden.

5.5.3 Dokumentation

Im „Postskriptum“ (Witzel 1982, 91), auch Gesprächsprotokoll genannt, notierte ich unmittelbar nach Ende des Gesprächs die Eindrücke, die ich vor, während und nach dem Interview hatte.[68] Diese „Zusatzinformationen ermöglichen zusammen mit [...] dem eigentlichen Interview die realitätsgerechte und lebensweltlich angemessene Verortung des Befragten“ (Lamnek 2005, 392) und tragen dazu bei, ein tieferes Verständnis für die Gesamtsituation zu entwickeln. Diese zusätzlichen Erkenntnisse sind für den späteren Analyse- bzw. Interpretationsprozess sehr nützlich (vgl. Flick 2005, 138). Silverman betont zu Recht, dass hinter all diesen Aktivitäten das Ziel verborgen liegt, die Reliabilität der Forschungsergebnisse zu verbessern.

> „How we record data is important because it is directly linked to the quality of data analysis. In this sense, fieldnotes and contact sheets are, of course, only means to an end – developing the analysis.“ (Silverman 2002, 142)

Zudem bewahrt der Forscher durch das gedankliche Nachbearbeiten der Interviewsituation eine „kritische Haltung gegenüber situativen Momenten“ (Witzel 1982, 92), die während des Interviewprozesses zwischen den Akteuren entstanden sind.

5.5.4 Transkription

Insgesamt lagen über 14 Stunden Aufnahmematerial vor, das es zu verschriftlichen galt. Für Froschauer/Lueger (2003, 82) stellen Transkriptionen „dauerhaft fixierte[n] Lebensäußerungen“ der Befragten dar. Die Erstellung von Transkripten sollte nicht als ein rein technischer Vorgang verstanden werden, bei dem lediglich jedes gesprochene Wort auf Papier übertragen wird. Vielmehr handelt es sich hierbei um einen wichtigen Schritt im Forschungsprozess (vgl. Silverman 2002, 150). Warum diese Phase von großer Bedeutung ist, wird im Zusammenhang mit den folgenden Ausführungen von Ziegler (1998, 80) deutlich: „Die soziale Realität ist auf einen Text reduziert und insoferne mit diesem identisch“, d. h. ein fehlerhaft erstelltes Interviewtranskript kann dazu führen, dass die sozialen Wirklichkeiten der Befragten falsch abgebildet bzw. missinterpretiert werden und dies unzutreffende Erkenntnisse zur Folge haben kann.

---

[68] Die folgenden Punkte wurden im Gesprächsprotokoll erfasst: Ort des Gesprächs, Beschreibung der Gesprächspartnerin, Gesprächsatmosphäre, Gesprächsverlauf, Störungen während des Interviews, auffallende Themen im Gespräch und was erzählt wurde, nachdem das Aufnahmegerät ausgeschaltet war (vgl. Froschauer/Lueger 2003, 74f.).

Bei der Entwicklung der Transkriptionsvorschriften folgte ich dem Hinweis von Flick, der bei der Gestaltung der Regeln zu einem maßvollen Umgang rät (vgl. Flick 2005, 252f.). Als Vorlage für die Verschriftlichung der aufgezeichneten Gespräche dienten die Transkriptionsregeln nach Hoffmann-Riem (vgl. 1985, 331), die an manchen Stellen modifiziert wurden.

Beim Transkriptionsprozesses ist folgendes Verfahren zur Anwendung gekommen: Zunächst wurde die digitalisierte Gesprächsaufnahme Wort für Wort verschriftlicht, wobei die Stellen, die Rückschlüsse auf die Identität der Frauen bzw. das Unternehmen geben konnten, sofort anonymisiert wurden, beispielsweise durch die Verwendung von Pseudonymen anstelle der Namen der Befragten.[69] In einem zweiten Durchgang wurden prosodische, parasprachliche bzw. außersprachliche Merkmale des Interviews wie z. B. Pausen, Betonungswechsel, Mimik, Gestik, Unterbrechungen usw. in den Text eingefügt. Der dritte und letzte Durchgang diente der Überprüfung des gesamten Texts auf Hör- und Tippfehler.[70]

5.6 Datenanalyse und Datenpräsentation

Die Stufen der Datensammlung und -analyse sind eng miteinander verknüpft und laufen häufig parallel zueinander ab. Für die vorliegende Studie hatte dies zur Folge, dass jeweils im Anschluss an ein geführtes Interview mit der Auswertung begonnen wurde. Aus den daraus gewonnenen Erkenntnissen leitete sich dann die Suche nach dem nächsten zu untersuchenden Fall ab. Je früher ein Forscher mit der Auswertung des erhobenen Textmaterials beginnt, desto größer sind die Möglichkeiten, das Forschungsdesign an die jeweiligen Gegebenheiten anzupassen. Diese Vorgehensweise garantiert insofern die in der qualitativen Sozialforschung geforderte Flexibilität und Offenheit (siehe hierzu auch Abschnitt 5.2).

Wie aber soll nun das erhobene Datenmaterial ausgewertet werden? Yin bemängelt, dass viele Forscher kaum eine Vorstellung davon hätten, mit welchen Auswertungsstrategien sie arbeiten wollen (vgl. Yin 2003, 109f.). Diese Kritik mag wohl teilweise

---

69 Die Pseudonyme leiten sich jeweils aus den Initialen der Vornamen der interviewten Frauen her. An dieser Stelle ist anzumerken, dass die Anonymisierung der Unternehmensmerkmale oftmals schwierig war, weil jeder dieser familiengeführten Handwerksbetriebe durch besondere Charakteristika – sei es durch ihr Leistungsangebot oder auch ihre historische Entwicklung – geprägt ist und diese Aspekte nicht einfach ausgeblendet werden dürfen. Dennoch wurde versucht, dem ethischen Forschungsgrundsatz der Anonymität Rechnung zu tragen.

70 Um eine Vorstellung über den zeitlichen Aufwand der Transkription zu bekommen, sei folgende Orientierungsgröße genannt: Für eine einstündige Interviewaufnahme benötigt ein erfahrener Übersetzer circa sieben bis neun Arbeitsstunden.

ihre Berechtigung haben, doch finden sich bis heute keine festgelegten respektive verbindlichen Direktiven, wie die erhobenen qualitativen Daten am besten zu analysieren seien, sodass diese Kritik zumindest diesen Aspekt betreffend ins Leere läuft (vgl. auch Janesick 2000, 389).

Bei der Wahl des Auswertungsverfahrens für diese Studie spielte es eine entscheidende Rolle, dass die gewählte Strategie nicht durch einen zu stark formalisierten Analyseprozess geprägt ist. Es war mir in diesem Zusammenhang wichtig, mich auf den Facettenreichtum der erzählten Geschichten einlassen zu können, ohne dass der Blick durch ein zu schablonisiertes Analyseprozedere von wichtigen Zusammenhängen, die aus dem Text emergieren, abgelenkt wird. Mit der Vorgehensweise von Miles und Huberman (1984; 1994) konnte eine Analysestrategie gefunden werden, die dieser Vorstellung entspricht. Neben einer Vielzahl von handwerklichen Empfehlungen ist es das Anliegen von Miles und Huberman, dass ein Fall durch ein maßvolles Kodieren in seiner Komplexität erhalten bleibt (vgl. Eisenhardt 1989, 534).

Nach Miles und Huberman (1984; 1994) setzt sich der Analyseprozess aus den folgenden drei Subprozessen zusammen:

- Datenreduzierung („data reduction“)
- Datenpräsentation („data display“)
- Schlussfolgerung und Verifikation („conclusion drawing and verification“)

Im ersten Schritt des Analyseprozesses ist es von entscheidender Bedeutung, das vorhandene Datenmaterial zusammenzufassen, d. h. zu abstrahieren, zu selektieren usw., um am Ende eine handhabbare Datenmenge als Basis für die weiteren Analyseschritte vorliegen zu haben.

> „*Data reduction* refers to the process of selecting, focusing, simplifying, abstracting, and transforming the data that appear in written-up field notes or transcriptions.“ (Miles/Huberman 1994, 10 – Hervorhebung im Original)

Eine bedeutende Funktion kommt in der Phase der Datenreduktion dem Kodierprozess zu. „Coding is analysis“ schreiben Miles/Huberman (1994, 56). Diese fast simpel anmutende Verallgemeinerung soll aber nicht darüber hinwegtäuschen, dass das Versehen von Textstellen mit Begriffsfragmenten bzw. Codes nicht mit dem eigentlichen Analyseprozess gleichgesetzt werden kann. Vielmehr verbirgt sich dahinter der Gedanke, dass die analytische Arbeit damit beginnt, Verbindungen zwischen den einzelnen Codes, Kategorien usw. im Text aufzuspüren, diese weiterzuentwickeln bzw. zu verdichten und gegebenenfalls auch wieder zu verwerfen.

> „*Codes* are tags or labels for assigning units of meaning to the descriptive or inferential information compiled during a study. Codes usually are attached to 'chunks' of varying size – words, phrases, sentences, or whole paragraphs, connected or unconnected to a specific setting." (Miles/Huberman 1994, 56 – Hervorhebung im Original)

Im zweiten Schritt des Analyseprozesses wird das komprimierte Datenmaterial mithilfe von Abbildungen grafisch aufbereitet, die es am Ende ermöglichen sollen, logische Schlussfolgerungen aus den gesammelten Informationen zu ziehen (vgl. Miles/Huberman 1984, 21). In diesem Zusammenhang sprechen Huberman und Miles auch von „matrices with text" (Huberman/Miles 1994, 429).

In der dritten und letzten Auswertungsphase steht die Interpretation der aus dem Datenmaterial gewonnenen Erkenntnisse und die Verifikation der daraus abgeleiteten Schlussfolgerungen im Mittelpunkt (vgl. Miles/Huberman 1994, 11). Dabei stehen dem Forscher eine Reihe von Empfehlungen zur Verfügung, denen die Funktion zukommt, die aus dem Datenmaterial gewonnenen Gesamterklärungsansätze für den unabhängigen Betrachter nachvollziehbar und schlüssig darzustellen (siehe hierzu auch Abschnitt 5.7).

Im Folgenden sollen die einzelnen Schritte des Analyseprozesses der vorliegenden Studie beschrieben werden. Um die Fülle des gesamten Datenmaterials[71] in eine handhabbare Form zu bringen, wurde die Software „MaxQda" verwendet. Mithilfe dieser Software war es unter anderem möglich, sowohl die während des Auswertungsprozesses erfassten Memos als auch die einzelnen kodierten Textpassagen schnell und übersichtlich zu verwalten bzw. zu visualisieren. Der Einsatz einer Software bedeutet aber nicht, dass diese auch den eigentlichen Auswertungsprozess übernimmt (vgl. Weitzman 2000, 805). Dieser kreative Part bleibt einzig und allein dem Forscher vorbehalten, denn: „No one can interpret your data but you" (Janesick 2000, 390).

Der Analyseprozess begann zunächst damit, den Einzelfall anhand des vorhandenen Datenmaterials genau zu studieren. Zu diesem Zweck wurde das Interviewtranskript mehrmals gelesen, um ein Gefühl für die erzählten Geschichten und den Kontext, in dem sich die Befragten bewegen, zu entwickeln. Zusätzlich zum Transkript wurde weiteres Datenmaterial wie z. B. Aufzeichnungen aus dem „Logbuch" und dem Postskriptum zum Analyseprozess herangezogen. In dieser Phase lag das Augenmerk auch darauf, mögliche Ideen bezüglich vorläufiger Codes sowie hinsichtlich der bereits sich herauskristallisierenden Besonderheiten in Fallmemos zu erfassen, die mithilfe von MaxQda verwaltet wurden.

---

71 Am Ende lagen 184 Seiten einzeilig transkribierter Text vor.

Der nächste Arbeitsgang befasste sich erneut mit dem Textmaterial. Dabei wurde jede einzelne Textpassage auf ihre inhaltliche Aussage hin beleuchtet und die ersten Textstellen wurden mit vorläufigen Codes versehen, wobei mit sogenannten in-vivo Codes gearbeitet wurde, d. h. mit Begriffen, die von den Befragten während des Interviews benutzt wurden, wie z. B. „Mutterseinmanagements“, „Fremdkörper“, „Selbstständigenhaushalt“ usw. Im nächsten Schritt wurden diese Codes in Gruppen bzw. Kategorien gebündelt, d. h. bei diesen weiteren Kodiervorgängen kam es zu einer zunehmenden Verdichtung des Datenmaterials. Parallel dazu wandelten sich die bisher verwendeten Codes von anfänglich rein deskriptiven zu mehr interpretativen Codes (vgl. auch Miles/ Huberman 1994, 57). Die ersten Verbindungen zwischen den Codes, Kategorien und den Textpassagen traten zu Tage.

In dieser Phase richtete sich die Aufmerksamkeit besonders auf diejenigen Textpassagen, die auf den ersten Blick keinem der bisherigen Codes bzw. Kategorien zugeordnet werden konnten, wie beispielsweise dem an manchen Stellen spürbaren Einstellungswandel der Befragten bezüglich der arbeitszentrierten Lebensführung, die in diesen familiengeführten Handwerksbetrieben oftmals vorherrscht. Diese unklaren Belegstellen führten dazu, dass ich gedanklich immer wieder Schritte im Analyseprozess zurückging, um die bisherigen Resultate erneut aus anderen Blickwinkeln zu beleuchten bzw. zu überprüfen. Insgesamt war der Auswertungsprozess durch diese repetitive Vorgehensweise geprägt und führte dazu, dass die aus den transkribierten Interviews emergierenden Erkenntnisse einem ständigen Überprüfungs- und Weiterentwicklungsprozess unterzogen waren, mit dem erklärten Ziel, Neues zu entdecken. Froschauer/Lueger (2003, 86) formulieren diesbezüglich: „Nur wenn man Vertrautes anzweifelt [...], ist eine Erweiterung der Erkenntnis möglich.“[72]

Im Anschluss an die Einzelfallanalyse erfolgte dann in einem weiteren Schritt ein fallübergreifender („cross-case“) Vergleich. Zu diesem Zweck wurden die verschriftlichten Interviews ein weiteres Mal gelesen.

> „The idea behind these cross-case searching tactics is to force investigators to go beyond initial impressions, especially through the use of structured and diverse lenses on the data.“ (Eisenhardt 1989, 541)

Im ersten Arbeitsschritt erfolgte der Vergleich zweier Fälle anhand der aus den einzelnen Interviews erkennbaren zentralen Aspekte (z. B. Vergleich der familiären Herkunft, Struktur der Familie usw.). Dabei entwickelten sich weitere Schlüsselkategorien

72 Das Einbeziehen von Unerwartetem wirkt sich zudem positiv auf die Güte bzw. Validität der Forschungsergebnisse aus.

bzw. Themen für den fortschreitenden Analyseprozess. Im nächsten Schritt wurde die Vergleichsgruppe sukzessive um einen neuen Fall erweitert, bis schließlich alle acht Fälle zueinander in Beziehung standen und die Gemeinsamkeiten wie auch die Unterschiede deutlich zum Vorschein kamen. Diese Vernetzung der Daten bzw. die entwickelten Schlüsselkategorien wurden mithilfe eines Baumdiagramms in eine hierarchische Ordnung gebracht.

Auch in dieser Phase kam es zu einem fortwährenden Hinterfragen der bisherigen Schlussfolgerungen, bis letztendlich ein finales interpretatives Konstrukt des untersuchten Phänomens vorlag, d. h. die einzelnen Datenteile, in Form thematisch geordneter Interviewausschnitte, gewissermaßen zu einem für sich selbst sprechenden Mosaik zusammengefügt waren. Zwischen dieser Phase und der eigentlichen Niederschrift der Ergebnisse wurde bewusst eine Auszeit von vier Monaten gewählt, um eine gewisse Distanz zum vorausgegangenen Auswertungsprozess zu gewährleisten (vgl. Wolcott 1990, 52). Nach diesem Zeitraum fand eine nochmalige Prüfung der Resultate statt. Dabei zeigte sich, dass nur an einigen wenigen Stellen kleine Diskrepanzen auftraten, die dazu führten, erneut zum Datenmaterial zurückzukehren. Im Anschluss an diese Phase erfolgte die schriftliche Ausarbeitung der Fallergebnisse. Ein wichtiges Ziel bei der Darstellung der Ergebnisse ist es, dem Leser die Möglichkeit zu geben, sich gedanklich in die sozialen Welten der Befragten zu begeben.

> „The aim of the case report is to so orient readers that if they could be magically transported to the inquiry site, they would experience a feeling of *déjà vu* – of having been there before and of being thoroughly familiar with all of its details.“ (Lincoln/Guba 1985, 214 – Hervorhebung im Original)

Aus diesem Grund wurde für jede Fallgeschichte basierend auf den Einzelfallmemos ein detailliertes Fallporträt formuliert und so den interviewten Frauen mithilfe von Interviewausschnitten ein Rederecht ermöglicht, das den Leser in die Lage versetzt, ein tieferes Verständnis für den jeweiligen Fall zu entwickeln. Die Ausformulierung der Schlüsselthemen, die sich aus den fallübergreifenden Vergleichen entwickelt hatten, schloss sich daran an. Dabei sollte insbesondere darauf geachtet werden, die Ausführungen sowohl unter Berücksichtigung von wichtigen theoretischen Aspekten als auch mit Verweis auf den Stand der Family Business-Forschung in einem wissenschaftlichen Gesamtkontext zu verorten.

5.7 Verifikation

Das Ziel des Verifikationsprozesses ist es, Ergebnisse einer Studie abzusichern und mögliche Verzerrungen, beispielsweise durch Missinterpretationen, zu vermeiden. Insbesondere Untersuchungen, die dem qualitativen Paradigma verpflichtet sind, werden immer wieder mit Vorwürfen in Bezug auf die mangelnde Generalisierbarkeit und Validität der Ergebnisse konfrontiert. Allerdings finden sich bis heute keine allgemein akzeptierten Standards bzw. Vorschläge, wie die Ergebnisse von qualitativen Studien zu validieren wären.[73]

Yin (2003, 33ff.), dessen Buch als Standardwerk der Fallstudienforschung angesehen wird, schlägt für die Beurteilung der Fallstudienergebnisse die folgenden vier Gütekriterien vor:

- Konstrukt-Validität
- Interne Validität
- Externe Validität
- Reliabilität

Im Folgenden sollen sowohl die Qualität des erhobenen Datenmaterials wie auch die im Verlauf des Auswertungsprozesses emergierenden Resultate anhand dieser Kriterien auf den Prüfstand gestellt werden.

5.7.1 Konstrukt-Validität

Um der Kritik der subjektiven Ergebnisverzerrung entgegenzutreten, wurde für diese Studie folgende Vorgehensweise gewählt: Die genaue Dokumentation der einzelnen Analyseschritte sollte es ermöglichen, sowohl den gesamten Forschungsprozess als solchen wie auch die Interpretationsleistung transparent und nachvollziehbar zu machen (siehe hierzu auch Abschnitt 5.6). Yin spricht in diesem Zusammenhang auch von der „chain of evidence“ (Yin 2003, 105).

Mithilfe der Daten-Triangulation[74] konnte die Interpretation der Daten bzw. der daraus resultierenden Ergebnisse durch das Heranziehen verschiedener Informationsquellen, wie z. B. Interviewtranskripte, Logbuch-Einträge, Feldnotizen, Memos, einer mehr-

[73] Mit der Frage, welche Gütekriterien für die Bewertung von qualitativen Forschungsergebnissen herangezogen werden sollten, beschäftigten sich u. a. Lincoln/Guba (1985, 293ff.), Steinke (1999), Lamnek (2005, 142ff.).

[74] Flick (2005, 330) erklärt den Begriff der Triangulation wie folgt: „Unter diesem Stichwort wird die Kombination verschiedener Methoden, verschiedener Forscher, Untersuchungsgruppen, lokaler und zeitlicher Settings sowie unterschiedlicher theoretischer Perspektiven in der Auseinandersetzung mit einem Phänomen verstanden.“

fachen Überprüfung unterzogen werden. Durch das Hinzuziehen der zusätzlichen Informationen war es möglich, ein tieferes Verständnis für das zu untersuchende Phänomen zu entwickeln, was für den Analyse- bzw. Interpretationsprozess sehr hilfreich war. Mit anderen Worten: Durch die Anwendung der Triangulation gelang es, die Angemessenheit einer Interpretation zu überprüfen, wie von Miles und Huberman gefordert:

> „Triangulation is supposed to support a finding by showing that independent measures of it agree with it or, at least, do not contradict it." (Miles/ Huberman 1994, 266)

Als weitere Verifikationsmethode bot sich die Forscher-Triangulation[75] an, da ich die Möglichkeit hatte, die gewonnen Erkenntnisse im Rahmen eines Forschungskolloquiums mit anderen Doktoranden zu diskutieren. So konnten auch andere Sichtweisen bzw. Deutungsmöglichkeiten mit in den Interpretationsprozess einfließen und die eigenen Interpretationsvorschläge kritisch hinterfragt werden.[76] Dieser Gedankenaustausch war besonders an den Stellen des Textmaterials wichtig, die auf den ersten Blick nur schwer zu interpretieren bzw. zuzuordnen waren.

5.7.2 Interne Validität

Für die Gewährleistung der internen Validität ist es wichtig, dass die Erklärungen bzw. Schlussfolgerungen über das zu untersuchende Phänomen für den Außenstehenden glaubwürdig und nachvollziehbar erscheinen, d. h., dass die kausalen Zusammenhänge, die den Schlussfolgerungen zugrunde liegen, begründet sind. Um dieser Anforderung zu genügen, wird die Empfehlung ausgesprochen, unterschiedliche Analyseschritte durchzuführen. Dementsprechend wurde neben einer Einzelfallanalyse auch eine fallübergreifende Analyse durchgeführt. Besonders wichtig war es hierbei, konkurrierende Erklärungsansätze zu berücksichtigen, was letztendlich dazu führte, die bis dahin gewonnenen Erkenntnisse bzw. Schlussfolgerungen noch einmal zu hinterfragen (vgl. Yin 2003, 112ff.).

[75] Lincoln/Guba sprechen auch von „peer debriefing" (Lincoln/Guba 1985, 308).

[76] An dieser Stelle sei das Forschungskolloquium des Lehrstuhls Pädagogik unter der Leitung von Prof. Dr. Liebau erwähnt, mit dessen Teilnehmern ich offene Fragen diskutieren konnte. Auch meine Mutter möchte ich hier nicht vergessen, die selbst in ein Familienunternehmen eingeheiratet hat und über ausreichenden Einblick in die Thematik verfügt. Sie stand mir während der Zeit des Analyseprozesses immer wieder als wichtige Diskussionspartnerin zur Verfügung.

5.7.3 Externe Validität

Bei der externen Validität geht es um Qualitätsmerkmale, die sich außerhalb der Untersuchung bewegen. Hier steht die Frage im Mittelpunkt, inwieweit sich kontextgebundene Ergebnisse auf andere Settings übertragen bzw. verallgemeinern lassen. Ruft man sich die Besonderheiten der qualitativen Fallstudienforschung und den zentralen Kritikpunkt der mangelnden Generalisierbarkeit der Ergebnisse in Erinnerung, wird die Bedeutung von Yin's Hinweis erkennbar:

> „Case studies [...] are generalizable to theoretical propositions and not to populations or universes. [...] your goal will be to expand and generalize theories (analytic generalization) and not to enumerate frequencies (statistical generalization)." (Yin 2003, 10)

In dieser Untersuchung war es möglich, mithilfe diverser Fallgeschichten emergierende Erklärungsmuster zu replizieren, die wiederum dazu führten, die theoretischen Schlussfolgerungen zu festigen.

5.7.4 Reliabilität

Das Ziel der Reliabilität gilt dann als erfüllt, wenn andere Forscher mithilfe der dokumentierten Untersuchungsschritte, die einer Studie zugrunde liegen, ähnliche Ergebnisse erheben würden. Zu diesem Zweck sind alle Unterlagen wie zum Beispiel Interviewtranskripte, Kurzfragebögen, Feldnotizen, Memos, Logbuch usw. archiviert worden (vgl. Yin 2003, 101ff.). Letztendlich geht es hier um die Qualität der Aufzeichnungen von Daten und Dokumenten, anhand derer es möglich ist, zu einem späteren Zeitpunkt eine Re-Interpretation der Ergebnisse durchführen zu können. Es ist darauf hinzuweisen, dass diese Vorgehensweise nicht mit der Replikation im üblichen Sinne verwechselt werden darf.

> „In fact, the value of the case study is its uniqueness; consequently, reliability in the traditional sense of replicability is pointless here." (Janesick 2000, 394)

6 Präsentation der Fallgeschichten

Die Darstellung der Untersuchungsergebnisse in diesem Kapitel ist der Sichtweise von Patton verpflichtet:

> „Detailed description and in-depth quotations are the essential qualities of qualitative reports." (Patton 1987, 163)

So wird bei der Darstellung der acht Fälle darauf Wert gelegt, die facettenreichen Geschichten der Befragten abzubilden. Mithilfe der aus den Interviewtranskripten entnommenen Gesprächspassagen sollen die interviewten Ehefrauen selbst zu Wort kommen.[77] Gerade in einem noch wenig erforschten Bereich, wie es die Ehefrauen im Familienunternehmen sind, ist es mir ein besonderes Anliegen, diesen bisher „unsichtbaren" Akteurinnen endlich ein „Rederecht" einzuräumen. Die einzelnen Fallgeschichten sollen dem Leser die Möglichkeit bieten, Einblick in ein sonst weitgehend den Blicken Fremder verschlossenes Untersuchungsfeld zu ermöglichen.

Bei der Gliederung der einzelnen Fälle wird darauf geachtet, dass die Besonderheiten der einzelnen Geschichten nicht einer zu straffen Strukturierung zum Opfer fallen. So ist es keinesfalls ein Versehen, dass sich bei der Präsentation der acht Fallgeschichten gewisse Unterschiede in der Darstellung der Ergebnisse finden lassen.

6.1 Fallgeschichte – Dagmar Dietz

6.1.1 Die Interviewsituation

Die Verbindung zu Dagmar Dietz kommt über eine gemeinsame Bekannte zustande. Beim ersten telefonischen Kontakt schlägt die Befragte nach Schilderung des Forschungsvorhabens spontan einen Termin in derselben Woche vor und so kommt es bereits zwei Tage später am frühen Vormittag in den Geschäftsräumen des Fliesen- und Natursteinbetriebs zum Gespräch. Nach einer Einladung zu einer Tasse Kaffee findet das Interview dann in den privaten Räumlichkeiten der Familie statt.

---

[77] Damit die Zitate aus den transkribierten Gesprächsprotokollen sich auch optisch vom restlichen Text abheben, sind diese kursiv dargestellt. Der Konvention für Zitate folgend sind Auslassungen und Hinzufügungen in eckige Klammern gesetzt („[ ]"). Unterstreichungen kennzeichnen Emphase. Anonymisierte Stellen sind mit „XX" bzw. „YY" etc. gekennzeichnet.

Die Gesprächspartnerin schildert ihr Leben in der Unternehmerfamilie vom ersten Moment an völlig offen und unbefangen. Dies ändert sich auch nicht, als sie auf schwierige Episoden, die sie insbesondere mit dem Schwiegervater erlebt hat, zu sprechen kommt.

6.1.2 Das Portrait

Dagmar Dietz, die zum Zeitpunkt des Gesprächs 43 Jahre alt ist, wächst in behüteten Verhältnissen auf. Ihre Kindheit und die Beziehung zu ihren Eltern beschreibt sie durchweg als harmonisch und liebevoll. Der Vater verdient den Lebensunterhalt der mehrköpfigen Familie als Beamter im öffentlichen Dienst, die Mutter ist für die häuslichen Belange zuständig.

Mit fünfzehn Jahren verlässt sie die Schule mit dem qualifizierten Hauptschulabschluss und dem klaren Ziel vor Augen, eine Ausbildung in ihrem *„Traumberuf"* als Masseurin und medizinische Bademeisterin zu beginnen. Da die Lehre erst mit der Erlangung der Volljährigkeit begonnen werden kann, überbrückt sie die Zeit bis dahin zunächst mit einer Fachschulausbildung zur Hauswirtschafterin. Im Anschluss daran ist sie zwei Jahre in der Buchhaltung einer Regionalzeitung tätig. Mit der Volljährigkeit beginnt sie, wie geplant, die Lehre zur Masseurin und Bademeisterin, die ihr insbesondere aufgrund des Kontakts zu Menschen viel Spaß bereitet. 1986 heiratet Dagmar Dietz. Als drei Jahre später die erste Tochter geboren wird, unterbricht sie nach acht Jahren ihre Berufstätigkeit. Die zweite Tochter des Ehepaars wird 1991 geboren.

Seitdem Frau Dietz in Vollzeit für den familiengeführten Handwerksbetrieb tätig ist (1996), zeigt sie an beruflicher Fortbildung großes Interesse. Sie besucht eine Vielzahl von Schulungen im kaufmännischen Bereich und schließt eine Weiterbildung zur Fachwirtin im Handwerk erfolgreich ab.

6.1.3 Die Unternehmenssphäre

Der Fliesen- und Natursteinbetrieb wurde 1964 von Dagmar Dietz Schwiegervater gegründet. Der Unternehmenssitz liegt in einem kleinen Dorf, das zum direkten Einzugsgebiet einer nahe gelegenen Universitätsstadt zählt. Als der Seniorchef 1990 plötzlich schwer erkrankt, verpachtet er den Betrieb zunächst an seinen Sohn, Dagmars Ehemann, der schließlich 1996 offiziell die Leitung des Einzelunternehmens übernimmt. Der auf exklusive Fliesen- und Natursteinarbeiten spezialisierte Betrieb beschäftigt in der Werkstatt fünf Gesellen und zwei Reinigungskräfte. Von der Gründerfamilie sind heute noch Dagmars Schwiegermutter als Teilzeitkraft im Büro und ein Bruder ihres Mannes als Geselle im Betrieb tätig. Dagmar Dietz ist seit 1996 als Vollzeitkraft im Büro beschäftigt, wo zum Zeitpunkt des Interviews auch der Freund der ältesten Tochter als Aushilfe arbeitet.

Als Frau Dietz 1986 den designierten Nachfolger des familiengeführten Handwerksbetriebs heiratet, gibt es zwischen ihr und ihrem Ehemann eine Absprache dahingehend, dass sie weiterhin ihrem eigenen Beruf nachgehen wird, auch dann, wenn ihr Ehemann das Unternehmen übernimmt. Ihre berufliche Unabhängigkeit, so betont sie, sei ihr sehr wichtig gewesen. *„Klar war, dass mein Mann den Betrieb übernimmt. [...] Bloß, dass ich da mitarbeite, das war für die ersten Jahre eigentlich nicht klar, denn ich bin gelernte Masseurin und medizinische Bademeisterin und das war mein Traumberuf und den wollte ich eigentlich nicht aufgeben."*

Dagmar Dietz geht nach der Eheschließung weiter ihrem Beruf nach, bis 1989 das erste Kind des Ehepaars geboren wird. Sie unterbricht ihre Tätigkeit als Masseurin, um sich der Kindererziehung zu widmen. Als 1990 der Schwiegervater ernstlich erkrankt, übernimmt Dagmar Dietz' Ehemann die gesamte Leitung des Unternehmens. Frau Dietz merkt in dieser Zeit, dass sich ihr Wunsch nach mehr Familienleben nur dann erfüllen lässt, wenn sie ihren Ehemann in der Firma unterstützt. Sie gibt ihre distanzierte Haltung gegenüber einer Beschäftigung im Familienunternehmen auf und übernimmt dort kleinere Bürotätigkeiten. Diesen Schritt begründet sie wie folgt: *„Wenn ich <u>meinem Mann</u> jetzt nicht helfe, dann haben wir überhaupt <u>keine</u> Zeit mehr füreinander. [...] Er müsste [das] Büro machen, er müsste die Baustellen koordinieren, er müsste sein Lager in Ordnung halten, das kann ein Mann alleine nicht. Und Handwerker wollen ungern jemanden Fremden einstellen, das ist so, die lassen sich nicht gerne in die Karten schauen. [...] Und da war das für mich einfach klar, je mehr ich meinem Mann abnehme, umso mehr Zeit können wir miteinander verbringen. [...] Das war eigentlich mein Grundgedanke."* Als ihrem Ehemann einige Jahre später die Firmenleitung offiziell übertragen wird, unterbreitet sie ihm den Vorschlag, voll in das Geschäft einzusteigen: *„Wenn wir zwei [als Ehepaar] das machen, bin ich zu hundert Prozent bereit, [mitzuarbeiten], aber wenn da eben jemand anders [von der Familie] noch dabei [ist], also dann kannst du mit mir nicht rechnen."*

Ihr Ehemann akzeptiert ihre Bedingung und mit der Auslagerung des Büros aus dem Wohnhaus in ein angrenzendes Gebäude nimmt Dagmar Dietz 1996 ihre Tätigkeit im Familienunternehmen auf und ist seitdem für die folgenden Bereiche verantwortlich: *„Ich kümmere mich grundsätzlich um den Verkauf und Beratung und er [Ehemann] um die Leistung."* Im weiteren Gesprächsverlauf ergänzt sie ihre Aussage: *„Also [...]*

alles, was mit Schreiben zu tun hat und mit Organisieren [...], mache ich." In ihrem Aufgabengebiet, so betont sie nachdrücklich, trage sie die Verantwortung alleine. „*Mein Mann lässt mir da freie Hand. Ich kann also im Bereich Büro und Ausstellung und auch zum Teil im Lager machen, was ich will, und organisieren und einteilen, wie ich will.*" Ihr Ehemann hingegen ist für die Belange des Personals zuständig. „*In die Personalführung mische ich mich nicht ein. Das macht mein Mann, und der macht das sehr gut, und ich selber [...] gebe keine Anweisungen [...] in irgendwelche Richtung, außer mein Mann ist jetzt im Urlaub.*"

Die Arbeit im Unternehmen bereitet ihr sehr viel Freude. Insbesondere der Umgang mit den Kunden mache ihr Spaß, wobei ihr die Erfahrungen helfen, die sie während ihrer Berufspraxis als Masseurin und Bademeisterin mit den Patienten sammeln konnte. „*Mein Beruf kommt mir dahingehend zugute, dass ich halt mit Menschen umgehen kann. Ich bin ein sehr offener Mensch und ich habe einfach Freude daran, den Kunden was Schönes zu verkaufen, und das muss ich sagen, das ist meine Art und das habe ich also nicht abgeben müssen. Wenn ich nur im Büro wäre und stur meine Arbeit verrichten müsste, dann wäre das was anderes. Aber so hat man mit Menschen zu tun, das macht mir wirklich ganz viel Spaß.*" In diesem Zusammenhang kommt Frau Dietz auf das Thema der Aufgabenverteilung im Unternehmen zu sprechen und erklärt, wie wichtig dies für eine reibungslose Zusammenarbeit zwischen den Ehepartnern sei. „*Ich [kann] [...] jeder Unternehmerfrau nur raten [...], dass in einem Geschäft [...] gleichwertige, gleichberechtigte Partnerschaft [...] laufen [muss]. [...] Wenn der Mann [seiner] Frau keinen eigenen Aufgabenbereich zuteilt, kann diese auch nie erkennen, wie gut sie darin sein kann [...]. Jeder [sollte] seinen Bereich und seine Eigenverantwortung haben und dann läuft der Laden. [...] Es gibt immer Gebiete, wo man ein bisschen mischen muss, aber trotzdem ist die eigene Verantwortung das A und O, denn sonst verlässt sich jeder auf den andern und dann war es keiner [wenn es zu Problemen kommt].*"

Trotz der positiven Aspekte einer klaren Kompetenzverteilung sieht Frau Dietz auch die damit verbundenen Probleme: „*[Die] Koordination mit den Gesellen, [...] da ist es oft einmal so, dass ich nicht weiß, wo die Gesellen im Moment eingesetzt sind. Also, das ist jetzt [...] eine Sache, die wir [Ehemann und Befragte] im Moment noch [...] am Bereden sind, dass das ein bisschen besser wird, weil oft einmal ein Kunde anruft und dann fragt: ‚Wann kommen denn die Gesellen zu uns?' [...] Das wäre halt schön, wenn man das eventuell etwas einvernehmlicher abstimmen könnte.*" Insgesamt ist sie mit der Aufgabenverteilung im Unternehmen jedoch sehr zufrieden: „*Bei uns ist wirklich alles gut aufgeteilt und strukturiert.*"

Ihre Arbeitsituation charakterisiert sie mit den Worten, dass sie ihren „*Schreibtisch irgendwo nie leer kriegt*" und begründet dies mit der Unplanbarkeit ihres durch unvorhersehbare Ereignisse geprägten Tagesablaufs: „*Weil dann wieder dazwischen jemand kommt, der was aus dem Lager braucht, dann muss ich auch einmal einen LKW abladen; und das sind alles so Sachen, die ich dann mitmache, Lager, Bestückung, Bestellungen, eine Beratung [...].*" Um die vielfältigen Aufgaben erledigen zu können, ist ihren Aussagen zufolge eine große Improvisationsgabe von Nöten. „*Du musst immer flexibel sein, du musst einspringen für das, was du jetzt einfach gar nicht wolltest, da musst du da sein.*" Anfänglich habe diese Unplanbarkeit ihres Tagespensums große Unzufriedenheit bei ihr ausgelöst, doch heute begegne sie diesen unstrukturierten Situationen mit großer Gelassenheit. „*Also ich komme damit klar, dann mache ich das halt morgen.*"

Im Rahmen der Beschreibung ihrer Beziehung zur Belegschaft äußert sie zunächst, dass sie kaum Kontakt zu den Gesellen habe, da diese hauptsächlich außer Haus beschäftigt seien. Lediglich bei Lohnfragen fungiere sie als Ansprechpartnerin: „*Wobei ich, wie gesagt, wenig mit [...] den Mitarbeitern zu tun hab. Außer das Kaufmännische, wenn es jetzt so um Löhne geht oder sonst was.*" Im weiteren Verlauf des Interviews stellt sich die Beziehung zu den Angestellten jedoch anders dar, indem sie erzählt, dass sie mit den Mitarbeitern Vereinbarungen treffe, wenn diese Fliesen bei ihr kaufen. „*Ich habe auch ein wenig meine Abmachungen mit den Mitarbeitern [...]. Dann gibt es halt ein bisschen eine Belohnung. [...] Ich habe unseren Mitarbeitern ganz einfach gesagt: ‚Wenn ihr Fliesen verlegt, egal wann und wo, und ihr kauft die eben bei uns, dann können wir darüber reden [über den Preis].‘ [...] Das ist eben das Geschäftsmännische, das habe ich jetzt ein wenig mehr als mein Mann. [...] Das ist einfach mein Ressort, wo ich jetzt sage, da könnte man jetzt einfach auch noch ein bisschen was absetzen.*" Sie empfindet der Belegschaft gegenüber, so macht sie in ihren Schilderungen deutlich, eine große soziale Verantwortung: „*Und das ist eigentlich [...] das Wichtigste, dass wir die [Mitarbeiter] versorgen können und dass die uns bleiben und auch ihre Familien wieder versorgen können. Das ist auch so eine Verantwortung, wo wir tragen [...].*" Sie merkt an dieser Stelle jedoch auch an, dass nur wenige Angestellte die Bemühungen ihrer Chefs zu schätzen wüssten, und spricht in diesem Zusammenhang von einer „*typische[n] Arbeitnehmer*"-Haltung. Ihre Mitarbeiter, so erklärt sie, seien hingegen „*selber ihre eigenen Chefs*", die ähnlich wie ein Unternehmer eigenverantwortlich Handeln und somit aus ihrer Sicht nicht der Gruppe der Arbeitnehmerschaft zuzuordnen sind.

Als am Ende des Interviews die Frage nach den Eigentumsverhältnissen angesprochen wird, kommt sie ohne Umschweife auf das Thema der eingeheirateten Ehefrau in einem Unternehmerhaushalt zu sprechen: „*In einem Geschäftshaushalt [...] gehört dir [als Ehefrau] ja nichts. [...] In einem Geschäft, wo Eltern da sind, die haben das schon alles so gut geschrieben, dass da also an die Frau eventuell nichts fließen kann, weil die [Schwiegertochter] könnte ja dann auf und davon [gehen]. Das sind auch so die Gedanken, da geht es ganz viel auch um das Finanzielle, da geht es nicht um die Arbeit oder um deine Art, sondern es geht drum, passt du da rein [in das Familienunternehmen], verdienst du genug Geld, bist du gut zu deinem Mann, das sind so die Gedanken der älteren Generation.*“ Wichtig, so sagt sie, sei es auch, seinem eigenen Arbeitsvermögen positiv gegenüberzustehen. „*Dass deine Arbeit wertvoll ist, die du leistet und nicht minderwertig, wie es oft einmal in der Familie dir gesagt wird: ‚Du machst ja nichts.‘ Sondern du musst daran glauben, dass deine Sache, wie du das machst, wertvoll ist [...]. Sich selber auch einmal ins rechte Licht rücken können, dass man sagt: ‚Das, was ich gemacht habe, war Klasse.‘ Sich selber loben, man stellt halt oft sein Licht unter den Scheffel. Man kann viel mehr, aber man tut immer: ‚Na ja, gehe zu, mach ich halt.‘ [...] Ich habe jetzt über zwanzig Jahre Lehrzeit gehabt.*“ Frau Dietz macht keinen Hehl daraus, dass sie sich für ihre Leistung im Familienunternehmen „*gut bezahlen lässt*“, um im Fall der Ehescheidung oder sonstiger unvorhersehbarer Ereignisse auch finanziell abgesichert zu sein. „*Das Geld, was ich verdiene, das fließt nicht in die Familie mit hinein, sondern fließt bei mir auf irgendwelche Konten, ganz einfach. Das ist so ein Rückhalt.*“

6.1.4 Die Familiensphäre

Dagmar Dietz wohnt mit ihrem Ehemann und den zum Zeitpunkt des Interviews 15 und 17 Jahre alten schulpflichtigen Töchtern in einem Zweifamilienhaus, in dem auch ihre Schwiegereltern leben. Das Wohnhaus der Familien Dietz grenzt direkt an die Firmengebäude des Fliesen- und Natursteinbetriebs an.

Auf die Frage nach den familiären Beziehungen beginnt Dagmar Dietz mit ihrer Schilderung an der Stelle, als sie ein Jahr nach der Hochzeit (1987) mit ihrem Ehemann auf Drängen der Schwiegereltern in deren Haus zog, in dem sich zu diesem Zeitpunkt auch die Büroräume des Unternehmens befanden. Die Entscheidung, mit den Schwiegereltern zusammenzuziehen, bewertet sie im Nachhinein als einen klaren Fehler.

Sie schildert ihre Anfänge in der Unternehmerfamilie als *„schlimme Zeit"* und spielt in diesem Zusammenhang auch einige Mal auf ihre Rolle als eingeheiratete Ehefrau an: *„Sie heiraten in was hinein, was schon da ist, und sie sind fremd, sie sind ein Fremdkörper."*

In der folgenden Darstellung des Familienlebens nehmen die Probleme, die sie mit ihrem Schwiegervater erlebt hat, eine zentrale Rolle ein. Der Schwiegervater, der, wie sie bemerkt, nach dem Motto *„Geld ist Macht"* lebe, erwarte von jedem Familienmitglied, so auch von Dagmar, dass diese sich seiner Lebensweise unterordnen und sich in ihrer Freizeit im Familienunternehmen engagieren. Nach Meinung des Seniors kann man sich Freizeit *„erst leisten, wenn du fünfzig bist. Zuerst musst du arbeiten, damit du was hast"*. Dagmar begegnet dem erwerbsorientierten Leben der Unternehmerfamilie mit Unverständnis: *„Wie mein Mann, der hat von Montag- bis Samstagabend <u>nur</u> gearbeitet, das war für mich undenkbar, ich war auch fleißig in meinem Masseurbetrieb, aber [...] du hast mal deine Freizeit gehabt und bei denen, da ist es mir immer so vorgekommen, am Samstag geht es erst einmal so richtig los im Betrieb."* In ihren weiteren Ausführungen wird deutlich, wie kontrastierend sie die Lebensumstände in der Familie ihres Mannes zu dem Leben in ihrer Herkunftsfamilie wahrnimmt: *„Also wir haben ein ruhiges Leben gehabt daheim – 17 Uhr war Feierabend für meinen Vater –, keinen Stress."*

Aus diesem Grund beschließt Dagmar Dietz ganz bewusst, sich aus dem Unternehmensgeschehen herauszuhalten. Ihr Ehemann hingegen muss dem Familienleitsatz folgen und kann durch sein starkes Engagement im Unternehmen nur sehr wenig Zeit mit ihr verbringen, was zu ersten Spannungen in der Beziehung des jungen Ehepaars führt. Sie fordert ihren Mann deshalb auf, sich gegen das Diktat seines Vaters zur Wehr zu setzen. Als sie merkt, dass dies nicht gelingt, beginnt sie, wie sie mit Nachdruck betont, sich *„auf die Hinterfüße zu stellen"* und gegen den Schwiegervater aufzubegehren. Dagmar Dietz äußert die Meinung, dass Frauen, die in ein Unternehmen einheiraten, im Allgemeinen mit *„harten Bandagen kämpfen"* müssten und dabei nur in wenigen Fällen die Unterstützung ihrer Ehemänner erhalten würden. So vergleicht Dagmar ihren Weg im Familienunternehmen mit dem Erklimmen einer Leiter und macht in ihren weiteren Ausführungen deutlich, dass der Aufstieg sich nur in kleinen Etappen vollziehe, *„das ist ganz schwer, bis sie oben sind, aber wenn sie oben sind, dürfen sie nie aufgeben [...], weil, man hat den Rückhalt nicht vom Partner, [...] auch wenn er sie noch so liebt, aber er ist der Sohn, der steckt mitten drinnen. Und da muss sie selber die Person sein, die sich da rauszieht oder die einfach den*

Weg nach oben geht, weil ihr Mann geht schon mit, aber er hilft ihr nicht beim Steigen."

In den nachfolgenden Jahren kommt es immer wieder zu Streitigkeiten zwischen ihr und dem Senior. Bis heute ist sie stolz auf das Durchsetzungsvermögen, das sie gegenüber dem Seniorchef bewiesen habe. *„Mein Mann konnte sich auch nicht so durchsetzen gegen seinen Vater, solang der noch Chef war. Mein Mann war immer mitten drinnen gestanden. Ich habe ihn angekeift und der Vater hat ihn angekeift, bis ich dann aufgegeben habe und mir gedacht habe, ich wehre mich jetzt selber. Und dann habe ich mich gegen meinen Schwiegervater gewehrt und ja, sehr gut gewehrt und habe ihm auch ein paar Mal gesagt, was los ist und dass ich eben nicht diejenige bin, mit der er umspringen kann, wie er meint. Ach Gott, da sind Fehden ausgefochten worden, richtig böse. [...] Also wo ich mir heute noch auf die Schulter klopfe, weil ich mir denke, ich kenne so viele Frauen, die sich das noch bieten lassen."*

1996 tritt der Unternehmensgründer gesundheitsbedingt in den Ruhestand. Seitdem herrscht zwischen Dagmar und dem Senior eine Art Waffenstillstand. *„Mein Schwiegervater hat dann auch gesehen, dass mein Mann das [Geschäft] gut im Griff hat und hat sich dann auch durch die Krankheit ein bisschen verändert und ist in sich gegangen und hat überlegt, was der Sinn des Lebens ist. [...] wir haben jetzt ein gutes Verhältnis [...], solange sich keiner in den anderen seine Sachen einmischt, und wenn es zum Brodeln kommt, dann geht jeder seinen Weg. Konflikte werden bei uns nicht mehr ausgetragen [...]."* Im weiteren Gesprächsverlauf fügt sie jedoch hinzu, dass es bis heute ein schwieriges Unterfangen sei, nicht mit dem Schwiegervater in einen Disput zu geraten – vor allem beim Mittagessen, das die Schwiegermutter werktags zubereitet und zu dem sich die gesamte Familie in der Wohnung der Senioren versammelt. *„Also beim Mittagessen, da muss man furchtbar aufpassen, was du sagst. Da darfst du über das Geschäft gar nicht reden."*

Im Vergleich zu ihrem Schwiegervater beschreibt Dagmar Dietz ihre Schwiegermutter, mit der sie ein sehr inniges Verhältnis verbindet, als die *„Seele eines Menschen"*. Die Seniorchefin, die auch heute noch kleinere Tätigkeiten im Büro des Unternehmens übernimmt, hilft Dagmar Dietz bei der täglichen Hausarbeit – *„kocht Mittag, die wäscht und bügelt"*. Zusätzlich beschäftigt Dagmar Dietz eine Zugehfrau, die einmal in der Woche die Wohnung der Familie reinigt. Sie schließt ihre Schilderungen mit den Worten, dass sie doch insgesamt ein *„schönes Leben"* habe, dabei vernimmt man in der Betonung der Worte eine gewisse Selbstironie.

Als Dagmar auf das Thema Kindererziehung zu sprechen kommt, wird deutlich, wie belastend sie die Verantwortung empfand, die ihr durch die Kinder und das Geschäft aufgebürdet wurde: *„Solange du kleine Kinder hast [...], da bist du als Mutter so arg gefordert [...], aber auch im Betrieb [...]. Du weißt nicht, wie du das alles unter einen Hut bringen sollst. Du bist halt in einem Zwiespalt als Person, du willst es ja überall gut machen, aber du kannst keine hundert Prozent bringen, in keinem Bereich. [...] Die Töchter sind [jetzt] groß und ich kann jetzt hundert Prozent geben, [...] ich brauche auf keinen mehr Rücksicht nehmen, die habe ich aber vor fünf, sechs Jahren nicht geben können."* In einem Nebensatz lässt sie in ihre Ausführungen einfließen, dass sie sich in der Zeit, als die Kinder noch jünger waren, mit dem Gedanken getragen habe, für deren Betreuung ein Au-pair-Mädchen einzustellen. *„Die Idee wäre gut gewesen, die Kinder wären versorgt und ich selber hätte kein schlechtes Gewissen haben müssen [...]."* Warum sie letztendlich die Idee nicht umgesetzt hat, erzählt sie jedoch nicht.

Ihre damalige Gefühlslage beschreibt Dagmar Dietz mit der Formulierung, *„immer unter Strom"* gestanden zu haben, da sie durch die zeitliche Überschneidung von familiären und beruflichen Verpflichtungen immer gezwungen gewesen sei, einen Balanceakt zu vollführen. Aus diesem Grund, so gibt sie offen zu, werde sie von den Töchtern heute mit deutlichen Vorwürfen konfrontiert. *„Von 12–14 Uhr hat man Mittagspause [in der Firma] gehabt, aber deine Kinder sind erst um 13.30 Uhr heimgekommen und mussten dann Hausaufgaben machen und dann war ich oft bis 16–16.30 Uhr in der Wohnung, aber immer unter Strom, weil das Telefon läutet, weil ein Kunde gekommen ist und weil mein Mann auch irgendwo mir das nicht abgenommen hat. Und jetzt, wenn deine Kinder größer sind, dann kriegst du irgendwo mal [gesagt]: ‚Ja, ich musste immer negativ lernen, weil du ja so nervös warst'. [...] Das muss ich jetzt auch zugeben, das war so. Du kannst dich jetzt nicht auf das Private konzentrieren, weil ja schon wieder das Geschäft geläutet hat [...] und das gibt es halt nicht mehr, weil die Kinder einfach groß sind [...]."* In diesem Zusammenhang betont sie, dass ihr Ehemann in Fragen der Kindererziehung lediglich die Rolle eines Statisten einnimmt: *„Die Entscheidung Kinder, Erziehung etc. treffen in Unternehmerhaushalten zu hundert Prozent die Frauen, weil die Männer so eingebunden in ihre Geschäfte [sind]. Aber wenn dann einmal Probleme auftauchen, dann ist die Mutter wieder diejenige, die der Buhmann [ist], weil der Vater ist immer der Herr Saubermann, der kriegt das ja nicht mit, der schimpft ja nie."*

Trotz der offenen Kritik, die sie an ihrem Ehemann hinsichtlich seiner aus ihrer Sicht peripheren Rolle in Erziehungsfragen übt, beschreibt sie ihre eheliche Beziehung als äußerst harmonisch. Ihrer Ansicht zufolge wirkt sich die gemeinsame Arbeit positiv auf den Verlauf der Ehe aus: *„Ja, ein Pluspunkt ist auch, dass ich mit meinem Mann zusammenarbeite, das ist auch schön, das gefällt mir auch gut."* Hin und wieder, so fügt sie hinzu, komme es zu kleineren Disputen, deren häufigster Auslöser die Kunden seien. *„Zu den größten Reiberein in einem Geschäftshaushalt, in einer Ehe [kommt es wegen] der Kunden und nicht um das Eigentliche. Mein Mann und ich hätten überhaupt keinen Streit, wenn nicht Kunden wären [...]."* Ein Grund dafür, so betont sie, hänge sicherlich damit zusammen, dass der familiäre und der unternehmerische Bereich zu eng verquickt seien und deshalb *„niemals Feierabend"* sei. *„Da kommen genug Leute, die läuten, die sehen von 12 bis 14 ist Mittag [...]. Da geht meine Schwiegermutter hinaus, dann mein Schwiegervater, mein Mann. Die drei, die sind aufgewachsen in einem Betrieb, die kennen das nicht anders, ich komme von außen und sage mir: ‚Ich habe das Recht dazu, mir die zwei Stunden Mittag zu nehmen und ich habe auch das Recht dazu, nach 18 Uhr keinen Kunden zu bedienen'. Vielleicht hört sich das arrogant an, aber das ist einfach in einem Geschäfthaushalt [so], [...]. Sie haben eine Sieben-Tage-Woche, so wie es dem Kunden gefällt, da habe ich gesagt: ‚Das mache ich im ganzen Leben nicht'."*

Aufgrund dieser räumlichen Nähe von „Arbeiten" und „Leben" ist es nach Ansicht von Frau Dietz erforderlich, die beiden Bereiche gedanklich klar voneinander abzugrenzen. Daher gibt es zwischen den Eheleuten eine Absprache, der zufolge nach Feierabend nicht mehr über das Geschäft gesprochen wird. *„Mein Mann kommt um 20 Uhr hinauf [in die Privatwohnung] [...] und dann wird nicht mehr über das Geschäft geredet und dann sind wir grundsätzlich privat. Und ab Samstagmittag um 12 Uhr ist es auch privat bis Montag früh."* Der Samstag gilt als Familientag, an dem sich die vierköpfige Familie zum gemeinsamen Abendessen einfindet. *„Wir haben einen festen Termin, Samstag [...] Abend, da sitzen wir um 18 Uhr alle am Tisch, da wird miteinander gekocht und da wird halt dann miteinander gesprochen, was so anfällt."* Obwohl Frau Dietz eingesteht, dass die Familie nur sehr wenig Zeit miteinander verbringe, betont sie, wie wichtig es für ein Unternehmerehepaar sei, dass die Partner gewisse Dinge auch allein unternehmen können: *„Wenn du Tag und Nacht in einem Betrieb ständig zusammenarbeitest, dann brauchst du auch einmal irgendwo ein bisschen einen Freiraum, wo du sagst: ‚Jetzt will ich mal komplett abschalten, vom Geschäft, vom Partner und von der Familie'. Man kommt halt heim und hat dann wieder viel Kraft und Energie getankt. Also mir geht es dann so, wenn ich ein paar*

Tage weg bin.“ So ist es für Dagmar und ihren Ehemann aber auch wichtig, ein paar Wochen des Jahres gemeinsam zu verreisen, um vom Betrieb Abstand zu nehmen. *„Wenn wir in Urlaub fahren, mein Mann und ich, wir sitzen im Auto, dann gibt es kein Geschäft mehr. Das ist komplett weg, und das ist 14 Tage weg. Wir rufen nicht an. Wir verlassen uns auf unsere Leute […].“* Die anfallenden Arbeiten im Bereich von Dagmar Dietz bleiben während dieser Zeit jedoch unbearbeitet.

6.2 Fallgeschichte – Hermine Häfner

6.2.1 Die Interviewsituation

Als Hermine Häfner von einer Verbandskollegin von diesem Forschungsprojekt erfährt, nimmt sie telefonisch Kontakt mit mir auf und erklärt sich für ein Interview bereit. Dieses findet eine Woche nach dem Telefonat am frühen Morgen im Besprechungszimmer des Familienunternehmens statt. Hermine Häfner erzählt ruhig und auf eine sehr sachliche Art und Weise aus ihrem Leben.

6.2.2 Das Porträt

Mit 54 Jahren ist Hermine Häfner die älteste meiner Gesprächspartnerinnen, die zudem auf die längste Arbeitszeit im Familienunternehmen zurückblicken kann.

Frau Häfner wächst in einem *„privaten Haushalt“* auf, in dem die Familienrollen traditionell verteilt sind. Als Hermine 15 Jahre alt ist, stirbt die Mutter. Da der Vater beruflich sehr viel verreist, führen sie und ihre ältere Schwester den Haushalt. Sie entwickelt sich in dieser Phase zu einer jungen Erwachsenen, die sehr schnell bereit ist, Verantwortung zu übernehmen, und dies auch genießt. Noch während ihrer Schulzeit lernt Hermine Häfner ihren späteren Ehemann kennen. Auf sein Bitten hin gibt sie ihren ursprünglichen Wunsch, Kinderkrankenschwester zu werden, auf, da er eine Frau für das Geschäft braucht. So beginnt sie nach bestandener mittlerer Reife, ohne eine Ausbildung zu absolvieren, in der Buchhaltung eines mittelständischen Pharmakonzerns zu arbeiten. Dort ist sie bis zu ihrer Eheschließung im Jahr 1973 drei Jahre lang tätig, bevor sie ins Familienunternehmen wechselt. Nach fast 30-jähriger Tätigkeit im Familienunternehmen nimmt Hermine Häfner im Jahr 2002 an einer kaufmännischen Fortbildungsmaßnahme der Handwerkskammer teil, die sie als Fachwirtin im Handwerk abschließt.

6.2.3 Die Unternehmenssphäre

Der alteingesessene Zimmereibetrieb, der 1928 durch die Eltern von Frau Häfners Schwiegermutter gegründet wurde, befindet sich seit 1980 unter der Leitung von Hermine Häfners Ehemann. Die momentane Situation der Zimmerei lässt sich in wirtschaftlicher Hinsicht als angespannt bezeichnen; so musste vor Kurzem im Zuge von Umstrukturierungsmaßnahmen ein Großteil der langjährigen Mitarbeiter entlassen werden. In der Werkstatt arbeiten momentan neben dem Chef, ein Altgeselle und zwei Auszubildende. Kurze Zeit vor dem Gespräch mit Frau Häfner begann auch ein Sohn, nach Beendigung seiner Meisterprüfung, im elterlichen Unternehmen mitzuarbeiten. Dieser hat sich bereit erklärt, die Firma später zu übernehmen. Hermine Häfner arbeitet seit 33 Jahren im Büro des Familienunternehmens.

Mit der Eheschließung (1973) wechselt Hermine Häfner in den Zimmereibetrieb. Motiviert durch die Vorstellung, selbstständig handeln zu können, beginnt sie dort zunächst, als Teilzeitkraft zu arbeiten. Aus ihren Ausführungen wird deutlich, wie eng ihr Wunsch nach eigenständigem Handeln mit ihrer Vorstellung von Selbstständigkeit verbunden ist: „*Und das war auch das, was mich auch gereizt hat an der ganzen Sache, wirklich dein <u>eigener Herr</u> zu sein. Jetzt nicht unbedingt die anderen zu bevormunden, sondern für <u>sich selber</u> zu entscheiden, mache ich das jetzt oder mache ich das erst nachher oder wie gehe ich vor.*“ In das Tätigkeitsfeld Büro wird sie von der Schwiegermutter eingewiesen. Sie kommt in diesem Zusammenhang mehrfach darauf zu sprechen, wie herzlich sie damals als neues Mitglied im Unternehmen wie auch in der Familie aufgenommen worden sei. So erzählt sie: „*Sie [die Schwiegermutter] hat mit nichts hinterm Berg gehalten. Sie hat also aus nichts ein Geheimnis gemacht. Oder auch die Finanzen, sie hat das alles dargelegt und gesagt: ‚Schau her, du gehörst zur Familie, das ist jetzt genauso deins wie unsers, und du musst darüber Bescheid wissen, weil sonst kannst du ja nichts damit anfangen.‘ [...] Ich hatte Einblick in die Buchhaltung, in die Kasse, [...] Lohnabrechnungen. Also das hat sie [die Schwiegermutter] mir alles so Schritt für Schritt nacheinander beigebracht. Ich habe angefangen mit Angeboten, Rechnungen zu schreiben und dann kam so ein Stück nach dem anderen [dazu].*“

Obgleich sie in ihrer Beschreibungen ein harmonisches und weitgehend spannungsfreies Leben im Familienunternehmen nachzeichnet, legt sie an einer Gesprächsstelle Wert darauf, keinen falschen Eindruck aufkommen zu lassen, und spricht davon, dass sie „*praktisch blauäugig*“ ins Unternehmen eingetreten sei. Ihre Unwissenheit, sagt sie, hätte sie dazu verleitet, immer wieder Zugeständnisse zu machen. *„Da nimmt man sich schon zurück und akzeptiert halt auch vieles [...]. Und das waren so Sachen, sowohl im geschäftlichen als auch im privaten Bereich, da hat [man] zwar nichts gesagt, aber geärgert hat man sich dann doch."*

1980 übernimmt Hermines Ehemann die Firmenleitung, woraufhin sich die Schwiegermutter schrittweise aus dem Geschäftsleben zurückzieht und von da an die Haushaltsführung der Großfamilie verantwortet. Etwas beiläufig erwähnt Frau Häfner in diesem Zusammenhang, dass ihre Schwiegermutter während der gesamten Zeit niemals vollkommen aus dem Geschäftsgeschehen ausgeschieden sei, was sie wie folgt begründet: *„Ich mein, das war ihr Leben, die Firma war ihr Leben, das war von ihrem Vater. Und da war sie immer auch bestrebt, Bescheid zu wissen. Und wir haben ihr auch immer alles gesagt und [...] irgendwo fehlt sie schon."*

Zu Frau Häfners heutigen Tätigkeitsbereichen, für die sie alleine die Verantwortung trägt, zählen unter anderem Aufgaben *„wie Buchhaltung, Lohnbuchhaltung, nach wie vor die Angebote, Abrechnungen zu schreiben und herauszuschicken, also ganz normal Korrespondenz zu machen. Auch selbstständige Entscheidungen, wie was gemacht werden soll, in welche Richtung der Betrieb gehen soll, also das ist ganz allein mit in meinen Händen"*. Sie kommt an dieser Stelle auf eine Episode mit den Hausbanken des Unternehmens zu sprechen und verdeutlicht in sehr anschaulicher Weise, wie weitreichend ihre Entscheidungsbefugnisse im Familienunternehmen sind: *„Ich bin also letztes Jahr so weit gegangen [und] hab mich beim Aufsichtsratsvorsitzenden von unserer XX [Bank] schriftlich beschwert über die Behandlung, die uns widerfährt als Kunden, und daraufhin kam das Ganze ins Rollen. [...] Seit der Betrieb besteht, also seit 1928 war YY [Bank] und XX [Bank], waren die zwei Banken [der Firma] und man hat ja auch Privates abgewickelt. Und seitdem dann die YY [Bank] mit der XX [Bank] fusioniert hat, was die Fehler begangen haben dadurch. Und dann dieses Basel II, die Banken sind ja so restriktiv geworden [...], einmal in der Schublade drinnen und aus der Schublade kommst du nicht mehr raus. [...] Und jetzt sind wir [...] mittlerweile wieder auf Konsens [...]. Jeder ist jetzt bemüht, seine Aufgaben zu machen und zu lösen. [...] Und das ist jetzt eigentlich das, was von mir ausging."*

Ihre Arbeitssituation im Betrieb ist geprägt durch ein ständig wechselndes Tätigkeitsfeld. *„Wenn man auch einmal einen Balken halten muss: ‚Komm mal schnell, halt mir mal das'. [...] früher habe ich dann noch an die Baustellen geliefert mit dem LKW."* Sie bringt zum Ausdruck, dass man als Frau in einem familiengeführten Handwerksbetrieb überall einsetzbar sein muss, und schließt mit der Bemerkung: *„Mein sehnlichster Wunsch wäre immer mal ein schön aufgeräumter Schreibtisch."*

Als sich Frau Häfner zum Thema ihrer Beziehung zu den Mitarbeiter äußert, beginnt sie ihre Erläuterungen mit dem folgenden Satz: *„Wenn ich Ihnen sage, wie lang unsere Leute [Mitarbeiter] da sind: ‚Von der Lehre an', da können sie sich vorstellen, das ist ein Familienunternehmen."* Aus dieser Aussage geht hervor, wie eng die Bindung zwischen Mitarbeitern und Unternehmerfamilie war. So darf die Vermutung geäußert werden, dass die Entlassung der altgedienten Angestellten nicht leicht fiel. Auch wenn Frau Häfner an dieser Stelle bewusst rational argumentiert, merkt man ihr doch eine gewisse Betroffenheit an, wobei sie auch versteckte Kritik an der zögerlichen Haltung ihres Ehemanns übt. *„Wir haben ganz schlimme Jahre jetzt hinter uns, und da hab ich schon immer meinen Mann gedrängt, wir müssen zumindest über Winter die Leute ausstellen, wir können es finanziell nicht mehr stemmen. Und das waren so Sachen, ich hab fast zwei Jahre hingearbeitet, bis mein Mann dann endlich auch diese Entscheidung mitgetragen hat. Und dann im letzten Jahr haben wir wirklich Tabula rasa gemacht und haben uns getrennt von den Leuten."*

Der Hauptakteur in dieser Entlassungsphase, so erzählt Frau Häfner, sei ihr Ehemann gewesen. Lediglich den anfallenden Schriftverkehr habe sie übernommen. *„[Das hat] eher so mein Mann gemacht und geregelt. Ich hab dann halt lediglich die Formalien [übernommen], dafür war dann ich wieder zuständig. Aber die Gespräche, die macht dann schon mein Mann mit den Männern, weil er direkter dran ist."* Im Allgemeinen habe sie nur wenig Kontakt zu den Gesellen in der Werkstatt, was sie damit begründet, dass sie die meiste Zeit im Büro sei, wo die Gesellen nur ab und zu erschienen. *„Ich hocke ja meistens da im Büro herinnen und wenn ich dann mal rausgehe, weil ich meinen Mann ans Telefon holen muss [...], dann versuche ich auch schon mal, eine Unterhaltung in Gang zu bringen oder mich zu erkundigen. Oder er [der Mitarbeiter] kommt rein: ‚Ist der Chef da?', und dann muss er [der Mitarbeiter] warten, weil mein Mann am Telefon ist, dann nehme ich ihn schon auch ins Gespräch. Also von daher gesehen ist schon Kommunikation da. Nur in erster Linie ist halt dann doch mein Mann derjenige, der mit den Leuten zu tun hat. Ich traue mich da schon auch direkter herangehen. Aber das kommt eher selten vor, dass ich da jetzt in den Vordergrund treten muss."*

Auf die Frage, ob sie am kapitalgeführten Zimmereibetrieb beteiligt sei, verneint Frau Häfner dies mit großem Nachdruck. Sie betont, dass sie durch die ihr zur Verfügung stehenden Machtmittel genügend Einfluss ausüben könne. *„Nein, eigentlich nicht. Ich hab also so viel Einfluss, um da was zu bewirken und auch meine Rechte zu wahren. Also ich brauch das nicht."* In ihren weiteren Ausführungen merkt sie an: *„Ich habe ja auch meine Unterschrift hergegeben schon für Sicherheiten und Darlehen. Also inso-*

fern bin ich da schon eingebunden und habe auch ein Stück Mitspracherecht mir dadurch erworben.“

Als Frau Häfner am Ende auf die zukünftige Entwicklung der Zimmerei zu sprechen kommt, bringt sie klar zum Ausdruck, wie glücklich sie ist, dass ihr Sohn die Nachfolge antreten möchte. Seine Zusage wird von Frau Häfner als Chance empfunden, dass ihr *„Lebenswerk“* weitergeführt wird. *„Ich freue mich schon sehr, dass eines der Kinder sich entschlossen hat, das weiterzumachen. Was ich früher eigentlich nicht so empfunden habe, aber was so im Laufe der Zeit und mit dem Alter bekommt man doch irgendwie ein Gefühl, eine Tradition weiterführen zu wollen. Das kommt wahrscheinlich aus der langen Arbeit, die man da hineinsetzt und irgendwie doch als Lebenswerk ansieht [...]. Und ein Stück Tradition bildet sich dann eigentlich da heraus, [...] dass jetzt der Betrieb in vierter Generation weitergeführt wird [...].“* Am Ende fügt sie lächelnd hinzu, sie hoffe, auch für ihren Bereich eine passende Kandidatin zu finden: *„Ich hätte schon gerne eine Nachfolgerin.“*

6.2.4 Die Familiensphäre

Das Ehepaar Häfner ist seit 33 Jahren verheiratet. In der Familie leben bis heute die beiden Söhne im Alter von 26 und 28 Jahren. Das älteste der Kinder, die 32-jährige Tochter, lebt mit ihrer Familie an einem anderen Ort. Einige Monate vor dem Interviewtermin verstarb die Seniorchefin, die bis zu ihrem Tod im Haus des Paares lebte. Obwohl diese nunmehr verstorben ist, räumt Frau Häfner ihrer Schwiegermutter eine zentrale Stellung in ihren Erzählungen ein. Sie beginnt ihre Schilderungen mit den folgenden Worten: *„Die Frau hat mich eigentlich das ganze Leben mehr oder weniger mit begleitet. Manchmal hat man sich überlegt: Bin ich jetzt mit der Schwiegermutter verheiratet oder mit meinem Mann?.“* Auch wenn einige Äußerungen von Frau Häfner den Schluss zulassen, dass die starke Bindung zu ihrer Schwiegermutter nicht immer spannungsfrei verlief, zeichnet sie am Ende ein positives Bild von ihr. *„Sie hat mich wirklich unterstützt, muss ich sagen, auch wenn sie sich manchmal privat zu viel eingemischt hat, aber das ist halt, wenn man in einem Haus wohnt [...], dann passiert es schon immer wieder mal.“* Sie genieße das Leben in einem Familienverband, der ihr besonders bei der Erziehung der Kinder große Vorteile geboten habe. *„Die Oma war ja im Haus [...] die hat immer zu mir gesagt: ‚Geh nur fort.‘ Die hat das auch unterstützt, also ich musste nicht meine drei Kinder alleine großziehen [...]. Da hatte ich schon große Vorteile und Vorzüge [...], dass man wie in einer Großfamilie gelebt hat.“*

Auf den Schwiegervater kommt sie nur beiläufig zu sprechen, indem sie erwähnt, dass dieser, ebenso wie sie selbst, aus Liebe seinen Beruf aufgegeben habe, um in den familiengeführten Zimmereibetrieb der Eltern seiner Frau einzusteigen. *„Als sie [die Schwiegermutter] ihren Mann kennengelernt hat, war der bei XX [Firma] Elektriker, [...]. Der hat erst im Nachhinein seinen Zimmermannmeister gemacht und auch total umgeschult aus Liebe, und das war für mich dann ein Vorbild, weil ich mir gedacht hab, wenn der das so gemacht und geschafft hat, dann kann ich das auch."*

Mit zunehmendem Alter der Kinder, so erzählt sie, habe sich eine Wandlung in ihrem Zuständigkeitsbereich dahingehend vollzogen, dass sie ihre Zeit im Familienunternehmen sukzessive ausgebaut habe. *„Früher war es mehr privat, jetzt ist [es] mehr geschäftlich. Es ist ja auch zwangsläufig, da hat man die Kinder noch gehabt, da konnte ich mich natürlich nicht voll einbringen. [...] Am Anfang war ich den ganzen Tag mitbeschäftigt und als die Kinder nacheinander kamen, dann habe ich halt halbtags vormittags oder nachmittags mal so stundenweise [gearbeitet]. [...] Je älter die Kinder geworden sind, [...] hat sich das immer mehr ausgeweitet aufs Geschäftliche. So ist das dann praktisch ins Gegenteil [...] umgeschlagen, dass man vom teilweisen Mitarbeiten im Betrieb [jetzt] voll mitarbeitet."*

Im Rahmen ihrer Schilderungen kommt sie auch auf ihren Ehemann und seine Rolle bei der Erziehung der Kinder zusprechen. Dabei betont sie, dass er durch die Arbeit nur sehr wenig Zeit mit diesen habe verbringen können. *„Die Kinder haben auch den Vater eigentlich mehr in der Arbeit gekannt, dass sie mit unten waren im Hof und mit auf die Baustelle durften oder wenn er Besorgungen machen musste. Ich meine, die Verbindung war schon da zum Vater, aber er hatte nicht so Zeit, dass er Stunden mit ihnen gespielt hat."*

Insgesamt beschreibt sie die Position ihres Ehemanns im familiären Bereich als die eines Außenstehenden. Frau Häfners Enttäuschung im Hinblick auf seine permanente Abwesenheit hört man jedoch nur in Zwischentönen heraus. So deutet sie ihre anfängliche Unzufriedenheit im Nachhinein als eine Chance um, die ihr die Möglichkeit eröffnet habe, sich als Person weiterzuentwickeln. Es wird klar erkennbar, wie sehr sich ihr Blick auf das Privatleben mit zunehmendem Alter verändert hat: *„Früher war ich weniger damit zufrieden, weil ich halt immer gedacht habe, wenn ich schon mal verheiratet bin, wenn ich schon mal einen Mann habe, dann will ich auch so viel wie möglich gemeinsam mit ihm machen. Das ist heute auch schon noch ab und zu. Aber auf der anderen Seite, die Freiräume, die ich dadurch habe, für mich persönlich, wo ich auch meine eigenen Interessen wahren kann. [...] Sicher hat man auch noch was gemeinsam, wir arbeiten gemeinsam, wir haben auch so verschiedene Dinge, die wir* *gemeinsam machen. Aber dann habe ich immer noch so viel Freiraum für mich, wo ich dann das, was mir Spaß macht, machen kann, ohne jetzt wieder anzuecken. Weil er dann selber auch sagt: ‚Na ja, jetzt muss er halt da noch hin, jetzt muss er halt das noch machen.' Wo ich dann die Zeit nicht für ihn zur Verfügung stehen muss, die habe ich dann doch schon wieder für mich! [...] Ich habe auch ab und zu ganz gern mal das Wohnzimmer für mich allein."*

Trotz ihrer Versuche, die familiäre Situation im Nachhinein positiv darzustellen, gibt sie zu, dass nicht alles zu ihrer vollsten Zufriedenheit verlaufen sei. *„Man muss einfach die Gegebenheiten akzeptieren. [...] Man kann schon einen gewissen Einfluss ausüben. Aber es kommen immer irgendwelche Dinge dazwischen, wo es einfach nicht geht. Wenn sie sich vorstellen, jetzt wartet man, was kommt als Nächstes an Aufträgen [herein]. Es ist nichts los, jetzt könnte man mal acht oder vierzehn Tage fortfahren [...]. Es sind gerade Ferien, die Kinder würden sich freuen. Jetzt kriegen sie einen Großauftrag herein, dann heißt es: ‚Ja du, ich kann nicht mit, Arbeitsvorbereitung [...].' Da hab ich schon mal meine Kinder gepackt und bin acht Tage allein gefahren."* Sie spricht davon, dass sie als Frau in dieser Situation einfach Rücksicht zu nehmen habe, *„weil das Wichtigste ist dann das Unternehmen, [...] davon wollen wir ja leben,"* und fügt hinzu, dass *„ein Geschäftshaushalt ganz anders als ein reiner Privathaushalt ist"*. Hermine Häfner schließt ihre Ausführungen mit folgenden Worten, die veranschaulichen, welche Rolle eine Frau ihrer Ansicht nach in einer Unternehmerehe einnehmen sollte: *„Ich kann nur jeder jungen Frau sagen, dass [sie] wirklich anpacken, [sich] einsetzen und die Partnerschaft echt ernsthaft betreiben und unterstützen soll. Es heißt nicht umsonst: ‚Hinter jedem erfolgreichen Mann steht eine sehr tüchtige Frau.' Es ist tatsächlich so."*

Die derzeitige Haushaltssituation illustriert Frau Häfner leicht ironisch mit den Worten: *„Also momentan, mit drei Männern im Haus, ist man ganz schön angeschmiert als Frau."* Diese Äußerung legt die Vermutung nahe, dass in dem Haushalt der Familie eine klare traditionelle Rollenverteilung vorherrscht, auch wenn Frau Häfner im weiteren Gespräch darüber berichtet, dass der ältere Sohn durchaus das Kochen übernimmt, wenn sie abwesend ist. *„Wobei ich aber sagen muss, übers Wochenende war ich jetzt nicht da und da hat der große Sohn [...] das Kochen übernommen. Aber ich muss halt immer dafür sorgen, dass der Kühlschrank voll ist [...] und dann läuft es."* Zu ihrer Unterstützung beschäftigt die Familie eine Haushälterin, die drei Tage in der Woche aushilft.

6.3 Fallgeschichte – Susanne Sommer

6.3.1 Die Interviewsituation

Der Kontakt zu Susanne Sommer entsteht während einer Verbandssitzung der Unternehmerfrauen im Handwerk. Trotz ihrer anfänglich geäußerten Bedenken, an der Studie teilzunehmen, erklärt sie sich am Ende des Abends unter der Bedingung zu einem Interview bereit, dass der Termin an einem Samstagnachmittag stattfindet. Sie begründet ihren Wunsch damit, dass ihr Ehemann nur zu diesem Zeitpunkt für die Betreuung der beiden kleinen Töchter zur Verfügung stehe. Wie vereinbart findet das Treffen einige Wochen später im Privathaus der jungen Familie statt. Frau Sommer ist in ihrer Art völlig ungezwungen und erzählt in sehr offener Weise über ihr Leben in der Unternehmerfamilie und über die problematische Beziehung zu ihren Schwiegereltern. Ihren Erzählstil ändert sie auch dann nicht, als ihr Ehemann zeitweise dem Interview beiwohnt.

6.3.2 Das Porträt

Frau Sommer, die zum Zeitpunkt des Gesprächs 38 Jahre alt ist, wächst in einem Unternehmerhaushalt auf. Ihre Eltern betreiben eine Metzgerei, in der die Verantwortungsbereiche paritätisch verteilt sind. Die Mutter von Susanne Sommer ist für den Verkauf, ihr Vater für die Produktion zuständig. Da für Frau Sommers Eltern feststeht, dass der familiengeführte Metzgereibetrieb an den ältesten Sohn übergeben wird, überlassen sie ihrer Tochter die Entscheidung, welchen Beruf sie nach Abschluss der mittleren Reife ergreifen will. Sie beschließt, eine Ausbildung zur Hotelfachfrau zu absolvieren und arbeitet im Anschluss daran auch für einige Zeit im Ausland. Nach zehn Jahren gibt sie ihren Beruf aus persönlichen Gründen auf und beginnt im direkten Anschluss daran als Marktleiterin in einem Lebensmittelgeschäft zu arbeiten, der sich im Besitz einer ihrer Brüder befindet. 1998 wechselt sie in die familiengeführte Möbelschreinerei ihrer Schwiegereltern, wo sie zunächst eine Ausbildung zur Schreinerin absolviert, die sie mit dem Gesellenbrief abschließt. Zwischenzeitlich hat sie auch eine Ausbildung zur Bürokauffrau erfolgreich abgeschlossen.

6.3.3 Die Unternehmenssphäre

Die in einem Hundert-Seelen-Dorf beheimatete Möbelschreinerei nahm 1927 ihren Betrieb auf. In der Werkstatt des auf hochwertige Innenausbauten spezialisierten Traditionsbetriebes arbeiten neben dem Seniorchef und Susannes Ehemann, der als

Meister fungiert, noch sechs weitere Mitarbeiter. Dem Büro steht die Seniorchefin vor. Susanne Sommer ist seit 1998 für das Unternehmen tätig, wobei sie zunächst in der Schreinerwerkstatt begann. Mit der Geburt der ersten Tochter (2002) wechselt sie ins Büro des Unternehmens und ist dort stundenweise für die Lohnbuchhaltung zuständig. Das Unternehmen wird zum Zeitpunkt des Interviews von Frau Sommers Schwiegereltern geführt und soll in naher Zukunft an ihren Ehemann übergeben werden. Details zur geplanten Firmenübergabe sind jedoch nicht in Erfahrung zu bringen.

Susanne Sommer begründet ihren Wechsel in den familiengeführten Betrieb damit, dass sie sich durch ihre Tätigkeit außerhalb des Unternehmens vom eigentlichen Familienleben ausgeschlossen fühlte, da sich die innerfamiliären Privatgespräche hauptsächlich um betriebliche Belange drehten. *„Also der Hauptfaktor war eigentlich der, wenn [...] wir familiär zusammen gesessen sind, dann ist sich unterhalten worden über die Kunden, über diese Aufgabe, über diesen Schrank, über dieses Holz und über alles Mögliche. Und ich war dann dagesessen und habe gedacht: ‚Schön, gut‘. Fachausdrücke hin und her geschmissen und [ich habe] keinen blassen Schimmer gehabt von irgendwas.“* Sie erzählt, dass in ihr der Wunsch aufgekommen sei, in der Werkstatt ein Praktikum zu beginnen, um endlich zu verstehen, um was es bei den Gesprächen der Familie geht. Ihr Mann reagierte auf ihren Vorschlag mit Ablehnung, da er von Beginn an gegen eine Beschäftigung seiner Frau im Familienunternehmen war. Dies habe, wie sie ausdrücklich betont, weniger mit ihrer Person zu tun gehabt als mit der Tatsache, dass er die Zusammenarbeit seiner Eltern als negatives Beispiel erlebt habe. *„Und dann habe ich zu meinem Mann gesagt: ‚Ich möchte mal ein Praktikum machen, dass ich mir das einfach mal anschaue.‘ Es war ja von vornherein klar, dass wir irgendwann die Schreinerei mal bekommen sollten und dann habe ich ein halbes Jahr in der Schreinerei mit meinem Mann zusammengearbeitet und dann ist mir irgendwann so die Idee gekommen, dass ich eigentlich eine Lehre machen könnte. Also, ich bin da eigentlich sehr leicht begeisterungsfähig für irgendwas Neues [...]. Und dann hab ich ihm [dem Ehemann] das vorgeschlagen, da war er ganz entsetzt.“*

Nach einigem Hin und Her gibt Susanne Sommers Ehemann seine ablehnende Haltung auf, und sie beginnt im Alter von 29 Jahren eine Schreinerlehre, die sie nach zweijähriger Ausbildungszeit als Gesellin erfolgreich abschließt. Wie wichtig ihr das hierdurch erworbene fundierte Fachwissen ist, wird an anderer Stelle deutlich. So spricht sie davon, dass man als Frau in einer Männerdomäne nur Anerkennung finde, wenn man auch über das notwendige Know-how verfüge. *„Und gerade als Frau ist es so, dass wenn du in der Männerwelt irgendwas erklären oder behaupten möchtest, dass es immer besser ist, wenn du irgendwie noch was in der Hand hast, wo du sagst:*

‚Ich habe Gesell gelernt, [...] nicht bloß ein bisschen so drin herumgeschnuppert.'" Dass sie diesen eher unüblichen Weg ins Familienunternehmen beschritten hat, begründet sie damit, dass die Bürotätigkeit, die traditionell eher *„typisch für eine Frau"* sei, noch durch die Schwiegermutter besetzt gewesen sei. *„Also das heißt, ins Büro reingekommen wäre ich so schnell sowieso nicht. Es war klar, dass, wenn ich irgendwann im Betrieb arbeite, dass es in der Werkstatt erst einmal sein wird, bis wir halt übernehmen."*

Neben dieser Begründung für ihren beruflichen Umstieg verweist Frau Sommer darauf, dass nach ihrer Meinung eine Ehefrau in den familiengeführten Handwerksbetrieb gehört. *„Ich finde, das ist wichtig, wenn ein Betrieb auf zwei Sachen basiert, also Büro und Produktion zum Beispiel [...], wenn überall einer [der Ehepartner] sitzt. [...] Und es ist einfach so, wenn ich im Büro bin und am Telefon, ist es ganz anders, als wenn irgendeine fremde Frau am Telefon ist, um irgendwelche Entscheidungen zu treffen. [...] Also ich bin der Meinung, das gehört sich so, dass die Frau einfach mit [...] in die Firma einsteigt."*

Die anfänglichen Befürchtungen ihres Ehemannes, dass sich die gemeinsame Arbeit negativ auf die Ehe auswirken könnte, bestätigten sich offenbar nicht. *„Er sagt heute nach wie vor, er ist überrascht, wie gut das eigentlich geklappt hat, dass wir uns 24 Stunden am Tag gesehen haben. Weil, es war wirklich so, ich hab zu neunzig Prozent an seinen Sachen mitgearbeitet und ganz selten mal bei einem andern Mitarbeiter."* Aus dieser und den nachfolgenden Schilderungen geht hervor, dass Susanne Sommer eine Sonderstellung einnahm, als sie noch als Gesellin in der Werkstatt tätig war. Sie spricht freimütig darüber, dass sie als Ehefrau des Juniorchefs von den Mitarbeitern anders behandelt wurde und auch mit gewissen Privilegien ausgestattet war. *„Weil es sind ja doch schwere Arbeiten, [...] du musst halt immer jemanden um Hilfe bitten, wenn du eine Tür umdrehst, was halt die Männer teilweise alleine machen. [...] Ich tue mich dann als sogenannte Juniorchefin schon einfacher [...], da schwänzeln sie [Mitarbeiter] dann um dich herum [...]. Wenn ich jetzt fremd [gewesen] wäre [...], wäre ich angemuffelt worden."* Über ihr heutiges Verhältnis zu den Mitarbeitern – seitdem sie ausschließlich im Büro tätig ist – äußert sie sich nicht weiter.

Ihre Arbeitsbeziehung zur Schwiegermutter beschreibt Susanne Sommer als äußert angespannt. Insbesondere seitdem sie die Lohnbuchhaltung für das Unternehmen übernommen habe, spitze sich die Lage zwischen den beiden Frauen zu. Wie ambivalent sich die Zusammenarbeit zwischen ihr und der Seniorchefin gestaltet, wird deutlich, als Susanne Sommer erzählt, dass ihre Schwiegermutter den Wunsch geäußert habe, sie mehr ins Büro einzubinden, aber ihr trotzdem keinen genauen Einblick in den kaufmännischen Bereich gewähre. „*Meine Schwiegermutter sagt auch: ‚Sie will, dass ich das weiterhin mache, weil sie einfach schon möchte, dass sie mich im Büro hat. Bloß mehr rückt sie* <u>*nicht*</u> *raus, an alles andere lässt sie mich noch nicht ran, habe ich so den Eindruck. Aber gut, [...] ich will ihr ja nicht den Eindruck geben, dass ich das jetzt machen muss. Früher oder später wird es so sein [...].*“ Frau Sommers abwartende Haltung macht deutlich, dass sie solche Entscheidungen auf den Zeitpunkt verschiebt, wenn das Unternehmen an ihren Ehemann übergeben ist.

Obwohl sie im Gespräch die bevorstehende Nachfolge als positiven Wendepunkt für sich und ihren Ehemann darstellt, spricht sie gleichzeitig von Unbehagen, wenn sie an ihre zukünftige Rolle im Unternehmen denke. „*Aber im Moment [...] sind jetzt wiederum meine Befürchtungen, wenn wir die Firma haben, dass es dann für mich anstrengender wird. Weil jetzt im Moment sag ich dann einfach: ‚Das Geschäft ist nicht meins, da halt ich mich raus.‘ Und wenn es dann unseres ist [...] dann kann ich mich ja nicht raushalten, dann muss ich mich ja der Auseinandersetzung stellen, und das wird [...] anstrengend.*“ In einem Nebensatz erwähnt sie, wie erfolgreich ihre Schwiegereltern die familiengeführte Möbelschreinerei führen, und äußert Selbstzweifel, dass sie das übertragene ‚Erbe‘ nicht in deren Sinn weiterführen könne: „*Sondern ich habe Angst, die Firma in den Sand zu setzen und das meinen Schwiegereltern so rechtfertigen zu müssen.*“ Ihre Unsicherheit lässt sich damit begründen, dass sie nicht wirklich ins Unternehmensgeschehen involviert und so auch nicht am Entscheidungsfindungsprozess beteiligt ist. Auch in ihrem Zuständigkeitsbereich im Büro akzeptiert sie die Entscheidungsmacht ihrer Schwiegermutter. „*Also durch das ich jetzt fast* <u>*nicht hinten*</u> *[im Büro] bin, [..] bin ich eigentlich wenig gefragt [...] auch nicht im Büro. Also wenn es jetzt zum Beispiel ums Lohnprogramm geht oder mit diesen Sachen, wo ich mit zu tun hab. [...] [...]. Also da bin ich eigentlich sehr kulant, denk ich mir, das soll sie [die Schwiegermutter] machen.*“

Die Frage, ob sie mit der Übergabe des Unternehmens an ihren Ehemann auch daran beteiligt wird, verneint sie und fügt mit Nachdruck hinzu, dass ihr Ehemann der alleinige Besitzer und Chef des Unternehmens werde. „*Ich muss jetzt auch nicht unbedingt für mich irgendwie das Gefühl haben, ich hätte jetzt da irgendeinen Anteil [an der Firma] für mich erworben. Also es wird nach wie vor* <u>*seine*</u> *Firma bleiben. [...] Ich muss mich jetzt nicht da an der Firma mitprofilieren, [...] dass die Schreinerei auf einmal XX [Vorname der Befragten] und YY [Vorname des Mannes] ZZ [Familienname] heißt, also das muss nicht sein.*“

6.3.4 Die Familiensphäre

Frau Sommer ist seit 1995 verheiratet und Mutter zweier kleiner Töchter, die zum Zeitpunkt des Interviews zwei und vier Jahre alt sind. Damit ist sie im Untersuchungssample die Mutter mit den jüngsten Kindern. Die vierköpfige Familie lebt in einem renovierten Bauernhaus, das direkt an das weitläufige Firmengelände der Möbelschreinerei angrenzt. Das Haus der Schwiegereltern befindet sich in unmittelbarer Nähe.

Frau Sommers Beschreibungen ihres Familienlebens sind geprägt durch Episoden von immer wieder aufkeimenden Streitigkeiten zwischen den Schwiegereltern und dem jungen Ehepaar. Ein Grund dafür liegt aus ihrer Sicht an der mangelnden Kommunikationsbereitschaft der Senioren, wichtige Entscheidungsfragen offen anzusprechen. So gelte auch die geplante Firmenübergabe als Tabuthema. *„Über so etwas reden wir nicht. Also ich habe zum XX [Ehemann] gesagt, ich weiß nicht, ob sie [die Schwiegereltern] jetzt von uns erwarten, dass wir uns darum kümmern. Aber es soll natürlich auch nicht den Eindruck machen, dass man sie hinaushauen möchte. Das ist schwierig [...], solche Gespräche mit meinen Schwiegereltern zu führen. Das artet dann oft sehr schnell in ein sehr persönliches kränkendes Gespräch aus."*

Susanne reagiert auf die wiederkehrenden Zwistigkeiten offenbar mit einer eher passiven Haltung dahingehend, jeglicher Konfrontation mit den Schwiegereltern aus dem Weg zu gehen. *„Es hat keinen Sinn, irgendeine Diskussion zu führen, denn der Schlauere gibt nach."* Einen weiteren Anlass für Diskussionen in der Familie, so erzählt Frau Sommer, biete die arbeitsorientierte Lebenseinstellung der Senioren, die sich auch in deren Freizeitgestaltung widerspiegelt. *„Meine Schwiegermutter, die hat also schon ein schlechtes Gewissen, wenn sie abends um neun vorm Fernseher sitzt und nicht strickt."* Auch von den Junioren erwarten die Schwiegereltern die gleiche erwerbsorientierte Lebensweise. *„Also, es geht wirklich nur um das Thema Arbeit, weil für meinen Schwiegervater war es wirklich so: arbeiten, arbeiten, arbeiten. Also, er arbeitet noch mehr wie mein Mann. Für ihn [den Schwiegervater] ist sein Hobby, in Urlaub zu fahren, mal fünf Tage mit dem Laster aufn Schrottplatz oder auf einen Holzplatz zu fahren, das ist für ihn Urlaub. Man selber muss lernen, zu sagen: ‚Nein, wir finden, das ist richtig, dass wir diesen Urlaub so machen'. Und wir finden richtig, dass wir den mindestens eine Woche machen. Und heuer sogar zwei Wochen, das erste Mal seit zehn Jahren, dass wir zwei Wochen am Stück Urlaub machen. Wobei ich jetzt auch kein Problem gehabt hätte, dass man mal eine Woche und dafür ein verlängertes Wochenende dranhängt. Ist also kein Thema für mich. Ich bin nicht der Typ, wo vier Wochen braucht, also das ist nicht meins. Aber solche Sachen lernt man, [...] das* *müssen sie [die Schwiegereltern] akzeptieren. Da kommt auch der größte Krach nicht dagegen an. Ist aber auch schwierig, dann dazu zu stehen, wenn man dieses Echo dann kriegt.“*

Obwohl Susanne Sommer die bereits als Kind gemachten Erfahrungen mit dem arbeitsreichen Leben ihrer Eltern als hilfreich bezeichnet, gibt es Momente, in denen sie diese Lebensform durchaus als Belastung empfindet. *„Also mein Mann fängt früh um halb sieben das Arbeiten an und wie wir noch keine Kinder gehabt haben, hat er bis Abends um halb zehn gearbeitet und das von Montag bis Donnerstag. Freitag meistens bis Nachmittag um fünf, Samstag früh dann wieder um halb acht in die Firma. Am Sonntag ruft der Schwiegervater an, er soll mal ins Büro, sie müssen noch was besprechen. Also ich glaub nicht, dass ich das so verkraftet hätte, wenn ich das nicht von vornherein gewohnt wäre [...]. Also ich denke, das ist einer von den wichtigsten Punkten, die mir von vornherein schon geholfen haben. Und einfach auch zu wissen, dass die Firma oben steht. Wenn was in der Firma ist, die Kinder zurückstecken müssen, ich zurückstecken muss und da wirklich zuerst mal die Firma ist, weil von der leben wir.“* Trotz der durch die Erwartungshaltung der Schwiegereltern ausgelösten Unstimmigkeiten gesteht Frau Sommer wenig später ein, dass auch sie der Meinung ist, dass sich das Familienleben den Belangen des Betriebs unterzuordnen habe: *„Also der Sonntag ist vielleicht der einzige Tag, wo man versuchen sollte [...], als Familientag zu lassen [...]. Aber so unter der Woche, das muss einfach sich dann ergeben. [...] So wie halt jeder andere seinen freien Tag planen muss, [...] so spontan läuft bei uns das Privatleben ab. [...] Ja, das Privatleben [...] steht einfach an zweiter Stelle.“*

Frau Sommer bringt in diesem Zusammenhang auch zur Sprache, dass soziale Kontakte nur sehr schwierig aufrechterhalten werden können, da die Freizeit nicht im Voraus planbar sei. Diese Tatsache führe häufig dazu, dass man die wenige freie Zeit, die man zur Verfügung habe, lieber mit dem Ehepartner allein verbringen möchte – was bei nicht Selbstständigen häufig auf Unverständnis stoße. *„Es ist dann auch so, dass er [der Ehemann] durch diese extreme Vereinnahmung in der Firma seine Freizeit ganz spontan und auch nur mit mir alleine gestalten will, nicht immer unbedingt jemanden dabei haben möchte. Was halt dann solche Menschen, die nicht selbstständig tätig sind, nicht verstehen, weil es ist ja klar, wenn der Mann um fünf daheim ist, [...] dann haben die [Eheleute] ja jeden Abend Zeit für einander, im Gegenteil die [Ehefrau] ist ja mal froh, wenn der [Ehemann] abends fortgeht.“*

Durch die arbeitsorientierte Denkweise, die in der Unternehmerfamilie vorherrscht, ist Susanne Sommer sowohl für die Erledigung der Hausarbeiten wie auch für die Erziehung der Kinder zu einem Großteil allein verantwortlich. Sie legt jedoch Wert darauf, zu erwähnen, dass ihr Ehemann durchaus zur Mithilfe bereit wäre, wenn er mehr Zeit zur Verfügung hätte. *„Also, es ist nicht so, dass er [der Ehemann] es nicht machen will [Haushaltstätigkeiten], sondern dass die Chance nicht gegeben ist von der Firma her. Und wir hätten auch ein Problem, wenn er um fünf Feierabend macht, weil er mir im Haushalt hilft."*

Ein ähnliches Bild zeigt sich auch bei der Kindererziehung. So charakterisiert Frau Sommer ihre momentane Lage mit den Worten: *„Ich bin alleinerziehende Mutter."* Doch stellt die Abwesenheit ihres Mannes, wie sie bereits im Rahmen der Verteilung der Hausarbeit feststellte, eine unumgängliche Tatsache dar, die sie keinesfalls negativ bewertet. Sie bringt jedoch zum Ausdruck, dass sie sich durch die beiden kleinen Kinder *„gehandicapt"* fühle, da sie immer auf Unterstützung von außen angewiesen sei. Auf die Hilfe der Schwiegermutter könne sie dabei nur in Ausnahmefällen zählen: *„Wenn ich Glück habe, nimmt meine Schwiegermutter sie [die beiden Kleinkinder] mal eine Stunde mit. Dann habe ich vielleicht auch mal Ruhe zum Lohn machen, aber im Normalfall ist es so, dass ich solche Sachen nicht machen kann."*

Trotz aller Widrigkeiten, der sie in der Unternehmerfamilie ausgesetzt ist, erscheint ihr ihre Lage als Frau mit Kindern vorteilhafter im Vergleich zu der einer Mutter, die im Angestelltenverhältnis steht. *„Es hat schon Vorteile für <u>mich</u> als Frau, der Familie gegenüber. [...] ich muss nicht nach XX [Ort] fahren, ich muss nicht um acht Uhr im Büro sein, ich muss nicht bis um 16 Uhr arbeiten und fahr dann wieder heim. Sondern ich kann sagen, ich muss meine Kinder in den Kindergarten fahren, entweder ich gehe vorher eine halbe Stunde ins Büro, dann fahre ich meine Kindern in den Kindergarten, dann mache ich meine Arbeiten, dann kann ich mal schnell vor [ins Haus] meinen Trockner ausleeren, und, also ich sehe das als Vorteil. Ich kann meine Kinder Mittag mal eine Stunde mit ins Büro nehmen und beaufsichtige sie bei den Hausaufgaben."*

Ein weiterer Pluspunkt im Hinblick auf die familiäre Gesamtsituation liegt ihrer Ansicht nach in der Zusammenarbeit mir ihrem Ehemann, die sich positiv auf die eheliche Beziehung auswirke. In diesem Zusammenhang spricht sie davon, dass man als Unternehmerehepaar darauf achten müsse, dass man ein partnerschaftliches Miteinander propagiert. *„Wichtig ist schon, dass man gleichgestellt ist irgendwo. Dass nicht der Mann meint, er ist da oben und die Frau kruschelt da unten herum."* Aus ihren weiteren Ausführungen wird deutlich, dass das Glück des Ehepaars eng mit dem des Unternehmens verbunden ist. *„Der Vorteil ist einfach, dass man was mit dem Mann* *zusammen teilt. Vor allen Dingen gerade bei einem Selbstständigen, der ja mit Leib und Seele in dem Betrieb mit drinsteckt. Und es ist schon wichtig, dass man sein Verhalten, wenn er dann abends heimkommt, versteht. Und wenn ich nicht dabei bin, wie soll ich dann wissen, was die ganze Zeit gelaufen ist. Und es ist ja nicht nur ein Job, wo er abends sagt: ‚Jetzt ist es mir egal, jetzt bin ich daheim, jetzt brauche ich nicht mehr drüber nachdenken.' Als Selbstständiger bist du ja eigentlich rund um die Uhr damit beschäftigt. Das ist ja dein Leben. [...] Es ist wichtig, dass du als Frau eine Ahnung davon hast, und außerdem ist es ein gutes Gefühl, ihm zu helfen [...].“* Abschließend stellt sie hinsichtlich der Beziehung zu ihrem Mann fest: *„Ich habe einen guten Griff gemacht [...].“*

6.4 Fallgeschichte – Johanna Jobst

6.4.1 Die Interviewsituation

Der Kontakt zu Johanna Jobst kommt bei einem Monatstreffen der Unternehmerfrauen im Handwerk zustande, wo sie jahrelang im Vorstand tätig war. Nach Vorstellung des Forschungsprojekts erklärt sie sich nach kurzer Überlegung zu einem Interview bereit. Sie übergibt ihre Visitenkarte und bittet um telefonische Vereinbarung eines Gesprächstermins. Vier Wochen später kommt es zu einem Treffen in den Geschäftsräumen des Stuckateurbetriebs. Das Interview findet in der Privatwohnung statt. Wie bei dem ersten Zusammentreffen begegnet sie mir zunächst sehr dezidiert in der Rolle der Geschäftsfrau und beginnt ihre Erlebnisse sehr kontrolliert zu schildern. Erst als sie auf die Problematik der Vereinbarkeit von Familie und Beruf zu sprechen kommt, ändert sich ihr Verhalten und ihr Unmut über die Doppelbelastung, der sie als Frau ausgesetzt ist, bricht förmlich aus ihr heraus.

6.4.2 Das Porträt

Johanna Jobst ist 45 Jahre alt und stammt aus einer Unternehmerfamilie. Ihre Großeltern betrieben eine Bäckerei und ihre Eltern einen Sanitärgroßhandel. Frau Jobsts Kindheitserinnerungen sind durch die Berufstätigkeit der Eltern bzw. Großeltern geprägt. Ihr wird bereits sehr früh bewusst, dass in einem Unternehmerhaushalt an erster Stelle der Betrieb steht. Da Johannas Vater ihren Bruder als Nachfolger wünscht, engagiert sie sich demonstrativ nicht im elterlichen Unternehmen und beginnt stattdessen nach bestandenem Abitur ein Studium an einer Verwaltungshochschule für den gehobenen Beamtendienst in einer Finanzbehörde. Sie arbeitet bis zur Geburt ihres ersten Kindes (1989) insgesamt zehn Jahre als Steuerprüferin im Außendienst. Danach lässt sie sich für zwölf Jahre beurlauben und beginnt im Stuckgeschäft unter anderem die Baulohnbuchhaltung zu übernehmen. Vor einigen Jahren gibt sie offiziell ihren Beamtenstatus auf und beginnt parallel zur ihrer Arbeit im Stuckgeschäft die Baulohnabrechnung für Fremdfirmen zu übernehmen.

6.4.3 Die Unternehmenssphäre

Der Stuckateurbetrieb wurde vor 74 Jahren von der Familie einer Tante ihres Schwiegervaters gegründet. Im Jahr 1993 übernahm Johanna Jobsts Ehemann das Familienunternehmen von seinem Vater, das in einem städtischen Vorort beheimatet ist. Zum Zeitpunkt des Interviews sind dort sieben Gesellen und drei Auszubildende im gewerblichen Bereich beschäftigt. Die Interviewte begann 1989 im Büro des Betriebs zu arbeiten, in dem bis heute die Seniorchefin für die Finanzbuchhaltung des Unternehmens zuständig ist.

Als ein Jahr nach der Hochzeit (1989) das erste Kind des Ehepaars geboren wird, unterbricht Johanna Jobst ihre Erwerbstätigkeit, um sich ausschließlich ihrer Mutterrolle zu widmen. Noch während ihres Erziehungsurlaubs wird sie von ihrer Schwiegermutter gebeten, kleinere Aufgaben im Büro des Unternehmens zu übernehmen, da nach deren Meinung eine *„Handwerkerfrau in den Betrieb"* gehört. Frau Jobsts nachfolgende Schilderungen machen deutlich, dass man sich als Frau eines selbstständigen Handwerksmeisters darüber im Klaren sein müsse, dass man irgendwann im Unternehmen mitarbeiten werde. *„Also wenn du einheiratest [in einen familiengeführten Handwerksbetrieb], musst du dich darauf gefasst machen, dass du irgendwann diese Tätigkeit im Büro mit übernehmen musst, weil es außen heißt [...]: ‚Ein Handwerksbetrieb ohne die Frau, das funktioniert nicht. Da muss die Frau dahinter stehen [und] muss das mittragen.' [...]. Das ist vielleicht diese Meisterin, wie es halt früher war. Der Mann im Handwerksbetrieb, der kann sein Handwerk, aber das Drumherum, da sieht er die Notwendigkeit nicht. [...] Also dass da erst eine Rechnung geschrieben werden muss, dass die Geld kriegen, das kennen viele kleine Handwerksunternehmer nicht. [...] Da sag ich mir, da muss der andere Teil [die Frau] dafür da sein, die dann sagt: ‚Schreib mal wieder eine Rechnung', oder ‚Ich brauche Geld auf dem Konto'. Das ist diese Zweiteilung."*

Als weiteren Grund, der für die Beschäftigung der Ehefrau im familiengeführten Handwerksbetrieb spricht, nennt sie die geringe Unternehmensgröße, die oftmals mit einer dünnen Finanzdecke einhergehe. *„Oder diese kleinen Firmen, die sich das auch nicht leisten können, sich einen Angestellten ins Büro zu setzen. Also ich werde ja* *schon bezahlt, aber das Geld, was ich verdiene, fließt ja wieder ins Privatleben rein. Mein Mann sagt: ‚Ich muss dich ja auch bezahlen, also könnte ich einen Fremden [im Büro] auch bezahlen, aber das fremde Geld ist ja dann weg und mein Mann sagt immer: ‚Das ist immer so ein unproduktives Geld'. Produktiv sind für ihn die Leute auf der Baustelle, die den Putz an die Fassade machen."*

Frau Jobst übernimmt unter der Anleitung der Schwiegermutter den Bereich der Baulohnbuchhaltung und findet sehr bald Gefallen an ihrer neuen Aufgabe, wenngleich sie sagt, dass sie sich zeitweise unterfordert fühlte. Von der Schwiegermutter unterstützt, nimmt sie an Weiterbildungsmaßnahmen zum Thema Baulohn teil und wird von der Seniorchefin als deren designierte Nachfolgerin in die „*Gesellschaft eingeführt*". „*Und meine Schwiegermutter hat mich dann immer auch zu Seminaren mitgenommen. Also hauptsächlich eben für diesen Baulohn [...] und hat mich auch in diese Gesellschaft eingeführt. Da kannte man sich dann schon, weil auch von den anderen Handwerksbetrieben die Meisterfrauen da waren. [...] Und da hat sie halt gesagt: ‚Das ist meine Schwiegertochter, die übernimmt das einmal'."*

Im Hinblick auf ihren Einstieg ins Familienunternehmen findet sie rückblickend nur positive Worte, doch gibt sie zu bedenken, dass ihre Beziehung zu ihrer Schwiegermutter sicherlich einen anderen Verlauf genommen hätte, wenn sie nicht aus dem gleichen Metier gekommen wäre. „*Wenn ich vielleicht dieses kaufmännische Wissen nicht gehabt hätte, dann wäre es vielleicht schon schwieriger gewesen, dann hätte sie [die Schwiegermutter] gesagt: ‚Die weiß das ja gar nicht.' [...] Aber für mich war diese Materie auch nicht untypisch [...]. Also ich bin nicht der typische Quereinsteiger."*

1993 übergibt der Seniorchef das Unternehmen an Johannas Ehemann, woraufhin sich die Seniorchefin weitgehend aus dem Firmengeschehen zurückzieht; lediglich für die Finanzbuchhaltung trägt sie bis heute die Verantwortung. *„Und meine Schwiegermutter macht immer noch die Finanzbuchhaltung und die macht sie noch im Durchschreibeverfahren ohne Computer. Und die Banker, die sind zwar entsetzt, weil sie keine BWAs von der DATEV kriegen. Aber ich sag, so lange sie das machen will, soll sie es machen. Und sie ist auch glücklich darüber, weil es eine geistige Anregung ist [...] und sie hat immer noch einen Einblick in die Firma, wie so die [Firma] läuft und kann uns dann immer noch ein wenig sagen: ‚Also, da müsst ihr noch ein bisschen sparen'."*

Für welche Aufgabenbereiche Johanna Jobst im Unternehmen heute zuständig ist, zeigt die folgende Textpassage: *„Ich mache diese reine Sekretärinnenarbeit. Und dann halt mit der Buchhaltung, [da] will er [der Ehemann] auch nichts zu tun haben und wie die Löhne am Ende bezahlt werden [...], das will er auch nicht wissen."* So sind die Aufgabengebiete und Entscheidungsbefugnisse zwischen den Ehepartnern verteilt, wie sie betont. *„[...] wenn der Kunde eventuell mal nicht zahlt, da bespreche ich das einfach mit meinem Mann und sag: ‚Soll ich dem schreiben oder rufst du lieber an?' Also, das Anrufen selber mit dem Kunden, das mache dann auch nicht ich, weil ich mit dem nichts persönlich zu tun habe. Mein Mann war ja immer draußen und hat das Objekt betreut, der hat also dann diesen persönlichen Kontakt [...]. Er hat seinen Bereich, wo ich dann aber auch nicht entscheiden kann, weil ich das Fachwissen eigentlich auch nicht hab oder die Informationen."*

Erstaunlich ist in diesem Zusammenhang Frau Jobsts Aussage, dass ihr Ehemann, der eigentlich, wie sie betont, mit der Buchhaltung *„nichts am Hut"* habe, jedoch die Verhandlungen mit der Bank führe, obwohl sie ihn dafür erst mit den notwendigen Informationen versorgen müsse. *„Zum Beispiel mit der Bank, die machen wir gemeinsam, aber da ist federführend mein Mann. Und ich gebe ihm halt dann die Daten, die er halt da braucht, er ist ja Geschäftsinhaber. Mein Mann will eigentlich von dem Ganzen nichts wissen, er will das bloß umrissen haben, wie stehen unsere Konten, das hat er selber nie im Blick gehabt."*

Ihre eher beiläufigen Ausführungen zu den Angestellten des Familienunternehmens beginnt sie damit, über das Verhältnis zu den Kollegen zu dem Zeitpunkt zu berichten, als ihr Ehemann selbst noch als Angestellter im elterlichen Betrieb tätig war und sie als Frau eines Kollegen angesehen wurde. Verändert habe sich die Situation erst, als ihr Ehemann die Firmenleitung übernommen habe. *„Ich kam in die Firma mit rein [und da war ich] die Frau vom Juniorchef, der aber noch auf der Baustelle war. Und eben die Gleichaltrigen, die haben mich da auch geduzt, also da war das nicht so Chefin, sondern da war ich eben noch [...] von einem Kollegen die Frau; und wie mein Mann dann das Geschäft übernommen hat, die Neuen [...], die mich also nur als Chefin sozusagen kennen gelernt, [...] die haben ein anderes Verhältnis zu mir, aber es ist nicht so mit Ehrfurcht, sondern auch ein kollegiales Verhältnis."*

Mit dem Großteil der langjährigen Mitarbeiter verbindet sie ihren Angaben zufolge ein freundschaftliches Verhältnis und sie fördert bewusst den Eindruck, dass diese fast schon zur Familie zählen. *„Zumal eben auch die Hälfte von der Belegschaft [...] bei uns schon gelernt [hat] und wir kennen eben die Ehepartner, die Kinder. Von dem einen ist jetzt sogar der Sohn [...] bei uns. Es ist eigentlich schon Familie [...]. Und* *auch dieses Nehmen und Geben ist nicht so, wie man es sich vielleicht zwischen Arbeitnehmer und Arbeitgeber vorstellt.“* Wie gut die Beziehung zwischen ihr und den Mitarbeitern ist, zeigt sich, als sie darauf zu sprechen kommt, dass sie auch im Zusammenhang mit privaten Angelegenheiten von den Mitarbeitern kontaktiert wird. *„Also was mit Behördensachen zu tun hat, da kommen sie schon auch. Einer, der wollte mal ein Darlehen aufnehmen, der hat dann gesagt, ich soll mir mal den Vertrag durchlesen, ob man das unterschreiben kann. Also, mit so Sachen kommen sie dann schon zu uns, weil durch, dass wir Stammleute haben, ist das auch familiär, mit Ehefrauen, mit den Kindern. Du hast da einen Bezug zu denen, und deswegen kommen die dann auch zu mir und fragen mich dann.“*

Die enge Bindung zu ihren Mitarbeitern führe, so Frau Jobst, dazu, dass sie als Unternehmerehepaar eine soziale Verantwortung zu tragen hätten, die zeitweise auch als Belastung empfunden werde. *„Du hast ja nicht nur Sorgen, dass du jetzt selber dein Einkommen hast, sondern du musst ja für deine Beschäftigten auch noch sorgen. Das ist jetzt bei uns, wir haben jetzt zehn Familien, die abhängig sind von der Arbeit meines Mann[es]. Bring ich genug Aufträge her, dass ich die zehn Leute beschäftigen kann, dass die ihr Einkommen haben. [...] Und diese Ängste, das verstehen die [im Angestelltenverhältnis tätigen] [...] nicht. Ein anderer [Selbstständiger], der das gleiche Problem hat, der weiß, was du meinst und das können teilweise abhängig Beschäftigte nicht sehen.“*

Obgleich sie zu den Mitarbeitern einen guten Kontakt pflege, verfüge sie über keinerlei Weisungs- und Entscheidungsbefugnisse in diesem Bereich, so Frau Jobst. Ihr Ehemann entscheide weitgehend allein, was sie damit rechtfertigt, dass dieser auch den meisten Arbeitskontakt mit diesen hätte. Bei kleineren Disputen, die zwischen den Mitarbeitern auftreten, übernimmt sie jedoch die Rolle der Schlichterin. *„Und da bin ich dann immer der Vermittler, dass ich sag: ‚Ja, Ehefrau, Frau oder Mutter, die sieht das in einem anderen Blickwinkel und da weise ich ihn [den Ehemann] dann drauf hin. Es sind diese Vermittlungen bei Konflikten.“* Sie erzählt weiter: *„Mit den Lehrlingen da tue ich auch manchmal schon reinreden. [...] Da habe ich auch einen anderen Draht. [...] Da habe ich gesagt: ‚Kommt und sagt mir das, [...] wenn es mal finanzielle Schwierigkeiten gibt oder sonst was ist‘.“*

Auf die Frage, wie die Besitzverhältnisse in der Firma geregelt sind, bringt sie zum Ausdruck, wie beängstigend die unklare Regelung der Eigentumsfrage für sie ist, und drückt ihr Unverständnis darüber aus, dass ihr Ehemann sich bis heute weigert, diesbezüglich eine klare Entscheidung zu treffen. Sie begründet dies damit, dass dies ein typisch männliches Verhaltensmerkmal sei. *„Da sind die Männer zum Beispiel auch* *ganz unflexibel, die wollen also keine Regelung [für das Unternehmen] haben. Wie testamentarisch, sag ich einmal, dass du mit minderjährigen Kindern ein unheimliches Problem hast, eine Firma fortzuführen, wenn da keine Erbschaftsfolge geregelt ist. [...] Aber die meisten Männer wehren sich da. [...] Diese Befürchtung von den Männern auch diese Macht ab[zu]geben [...].“* Diese ungelöste Eigentumsfrage war einer der Auslöser für Frau Jobst, ihr eigenes Unternehmen zu gründen, um damit eine gewisse Absicherung zu haben. *„Das ist vielleicht auch der Hintergedanke, dass ich mich noch mal selbstständig gemacht hab, dass ich sage, okay, eine gewisse Unabhängigkeit vom Mann.“*

6.4.4 Die Familiensphäre

Johanna Jobst, die vor achtzehn Jahren heiratete, ist Mutter einer 17-jährigen Tochter und eines 14-jährigen Sohns. Das Ehepaar bewohnt zusammen mit dem jüngsten Kind eine Etage in einer Wohnanlage, in der sich auch die Büroräume des Stuckgeschäfts befinden. Die Tochter lebt in einem Internat und verbringt nur die Ferien bei den Eltern.

Bereits zu Beginn des Gesprächs kommt Frau Jobst in ihren Erzählungen auf die Rolle der Schwiegertochter zu sprechen, die in einen Unternehmerhaushalt einheiratet: *„Das Typische ist einfach, wenn du als Eingeheiratete in einen Handwerksbetrieb kommst, dass du dich mit der Schwiegermutter auseinandersetzen musst. [...] Das ist das, wenn du neu hereinkommst in einem typischen Handwerksbetrieb, [...] wo schon eine Struktur vorhanden ist, dass du dich da anpassen musst.“*

Obgleich diese Äußerungen von Frau Jobst die Vermutung zulässt, dass sie einen schwierigen Start im Unternehmerhaushalt hatte, zeichnet sich wenig später ein anderes Bild ab. So beschreibt sie die Beziehung zu ihrer Schwiegermutter mit den Worten: *„[...] harmonisch, also es gibt bei uns keine Schwierigkeiten, Schwiegermutter – Schwiegertochter, das ist bei uns absolut kein Problem.“* Die Gründe für dieses harmonische Verhältnis liegen ihrer Ansicht zufolge an dem gemeinsamen Berufsethos. *„Wir haben ja wenigstens die gleiche Wellenlänge [...], dieses buchhalterische Denken. Dieses Auch-den-Pfennig-Suchen, das haben wir beide. Wenn da manche sagen: ‚Na, dann buchst du den Pfennig halt aus‘, dann sagen wir: ‚Den kannste nicht ausbuchen, den muss man finden!‘ Und so bin ich auch, dieses Penible, was die Buchhaltung halt braucht, das haben wir beide, und darum haben wir kein Problem miteinander.“* Bis heute, so gibt sie offen zu, freut sie sich über das Lob ihrer Schwiegermutter immer noch am meisten, da diese ihre Arbeitsleistung am besten beurteilen könnte, weil diese den meisten Einblick in ihr Tätigkeitsgebiet hätte. *„Ich sag mal, die Schwiegermutter ist immer das A und O, also das freut mich dann, wenn die [Schwiegermutter] nach außen auch sagt: ‚Die XX [Befragte] macht das gut'."*

Auf den Schwiegervater kommt Frau Jobst beiläufig zu sprechen und erzählt, dass er bei Meinungsverschiedenheiten, die sie zeitweise mit der Schwiegermutter hatte, immer auf ihrer Seite gestanden habe. *„Es war nicht nur immer Harmonie. Also es gab schon Sachen, wo Zwistigkeiten waren, aber da haben die Männer eigentlich eingelenkt. Da war mein Schwiegervater immer auf meiner Seite, der hat gesagt: ‚Lass sie halt'."*

Im gesamten familiären Kontext nimmt das Thema Vereinbarkeit von Familie und Beruf eine bedeutsame Rolle ein und durchzieht die Fallgeschichte wie ein roter Faden. Unabhängig davon, ob Frau Jobst auf die Bereiche Kinder, Haushalt oder Freizeit zu sprechen kommt, wird deutlich, wie sehr sie die fehlende Zeitressource als Belastung empfindet. *„Mich überfordert, dass ich die einzelnen Sachen nicht mehr so machen kann, wie ich sie für richtig [halte][...]. Oder das in Ruhe zu machen, nicht nur alles unter Zeitdruck. Also diese fehlende Zeit, was in Ruhe zu machen, das setzt mich unter Druck. Immer diese Kompromisse suchen [...] und immer eine Sache nicht endgültig fertig machen zu können, und das belastet mich eigentlich immer mehr."* Aus diesem Grund sei sie immer wieder gezwungen ihren Tagesablauf zu unterbrechen, um anfallende Aufgaben zu erledigen. *„Dann schreien sie [im Betrieb] auch wieder: ‚Die Rechnung muss raus!' Dann musst du wieder aufhören und musst das wieder machen. Also, du kannst dich da nicht auf irgendwas konzentrieren."*

Wie strapaziös sie die momentane Lebenssituation empfindet, untermauert ihre Feststellung, wie wenig realistisch die Vereinbarkeit von Familie und Beruf letztendlich sei. Sie verweist in diesem Zusammenhang auf ihre Identität als Buchhalterin, die von Berufswegen keine Zugeständnisse machen darf, was wiederum schwierig in Anbetracht der familiären Situation ist. *„Dieses alles, Familie, Kinder und Beruf, unter einen Hut zu kriegen, das ist immer gar nicht so einfach. Und ich denk mir, wenn ich in Zeitschriften lese, die ist wieder die Meisterfrau des Jahres, hat sechs Kinder und managt das alles und die Kinder sind so toll. Da denk ich mir: ‚Ja, also so kann es nicht sein', oder ich denk mir: ‚Bin ich blöd, warum schaffe ich das nicht, habe nur zwei Kinder und kriege das teilweise nicht unter einen Hut.' Also dieses Nicht-unter-einen-Hut heißt, du musst Kompromisse machen und Kompromisse sind für einen Buchhalter was Furchtbares, ist eben, diesen Pfennig ausbuchen und nicht suchen."*

Frau Jobst erzählt, wie schwierig sie das *„Muttersein-Management"* erlebe, obwohl die beiden Kinder bereits älter seien. Doch auch zur gegenwärtigen Zeit, so erzählt sie, komme es immer wieder zu Problemen mit den Kindern, denen sie sich als Mutter stellen müsse. *„Und deine Kinder beanspruchen dich auch, obwohl sie schon älter sind. Aber jetzt kommen andere Probleme auf dich zu, du musst mit ihnen diskutieren, welchen Freundeskreis haben sie oder wie die XX [Tochter], die sucht jetzt eine Lehrstelle. [...] Aber für mich ist diese [...] reine Kindererziehung eine ganz schwierige Sache, wo ich mir nie in meinem Leben so schwer vorgestellt habe, weil [...] in der heutigen Zeit die Einflüsse von außen groß [sind], dass du schauen musst, wo sie [die Kinder] hingehen können."*

Trotz ihrer Liebe, die sie, wie sie betont, für ihre Kinder empfindet, vertritt sie aus heutiger Sicht die Meinung, dass man sich entweder für Kinder und gegen den Beruf oder gegen Kinder und für die Karriere entscheiden muss. *„Wenn ich das jetzige Wissen zwanzig Jahre früher [gehabt] hätte, dann würde ich sagen, entweder – oder, [...] entweder Familie oder Firma. [...]. Also, ich sag mal, in der Größenklasse unserer Firma [...] wäre jetzt die Entscheidung, ich bleibe bei den Kindern oder [...] wir bauen unsere Existenz auf, wir bleiben zu zweit und machen das Geschäft, also die Karriere."*

Ihre Unzufriedenheit hängt damit zusammen, dass sie die Hauptlast in der Familie weitgehend alleine trägt. *„Du musst immer alles managen, Büro, Haushalt, Kinder. Der Mann macht zwar auch schon was, aber ich hab immer das Gefühl, es liegt doch noch immer mehr [...] an der Frau, hauptsächlich mit den Kindern."* Ihre unterschwellige Kritik schwächt sie wenig später ab, als sie darauf verweist, dass ihr Mann jederzeit für die Kinder erreichbar sei. Dabei zieht sie Parallelen zu ihrer eigenen Kindheit: *„Bei mir war zum Beispiel mein Papa auch immer erreichbar, das Geschäft von meinen Eltern, das war über die Straße herüber, wo wir gewohnt haben. Also ich konnte, wenn ich meinen Papa sehen wollte, immer herübergehen [in die Firma]. Bei meinen Kindern ist das auch so. Mein Mann ist in der Früh auf der Baustelle, [...] dann kommt er ins Büro. [...] Die Kinder kommen heim zum Mittagessen, da ist der Papa auch da. [...] also da können sie schnell runtergehen [ins Büro] und den Vater fragen. Es ist also nicht so, dass der Papa nicht erreichbar ist."* Auf ihren Ehemann kommt sie auch im Zusammenhang mit dem Thema Hausarbeit zu sprechen. Ihr Mann sei zwar durchaus bereit, kleinere Aufgaben im Haushalt zu übernehmen, doch die Hauptlast trage sie auch hier allein, weshalb sie sich *„auch den Luxus erlaubt [hat], eine Putzfrau zu nehmen"*.

Ähnlich wie bei ihren Ausführungen zum Thema Kindererziehung und Haushaltsführung fühlt sich Frau Jobst auch bei der Gestaltung ihrer Freizeit einem temporären Druck ausgesetzt, den sie als belastend wahrnimmt. *„Ich nehme mir die Zeit, weil ich sage, ich brauche zum Beispiel [das] Joggen oder das ich mit meiner Freundin ins Fitnessstudio gehe. [...] Ich geh dahin, aber ich sag mir: ‚Eigentlich müsste ich jetzt im Büro sitzen'. Ich nehme mir die Zeit und wenn ich dann dort bin [im Fitnessstudio] tut mir das gut und ich kann auch abschalten. Aber ich geh schon mit schwerem Herzen hin und sag: ‚Mein Gott, da liegt ja die Arbeit noch [im Büro], ich muss das ja eigentlich noch machen.' [...] Ich sag mal, dieses Kompromiss suchen, das fällt mir immer schwerer."*

Der Erwartung ihres Ehemannes, dass die Privaträume der Familie *„eine Oase der Ruhe"* bieten sollen, begegnet sie mit Unverständnis, da ihrer Ansicht nach eine Trennung von familiärem und beruflichem Bereich in ihrem Fall kaum möglich sei. *„Das hört nicht auf, wenn man da die Tür [zur Wohnung] aufmacht [...], weil bei uns auch diese räumliche Trennung nicht da ist zwischen Büro und privat."* So zieht sie am Ende ein pointiertes Resümee dahingehend, dass man eine *„Superfrau"* sein müsse, um alle an einen herangetragenen Anforderungen erfüllen zu können. *„Eine Frau, die in einen Unternehmerhaushalt mit reinkommt, das muss eine Superfrau sein. Du musst flexibel sein, du müsstest abwägen können: ‚Jetzt muss ich mal großzügig sein, ich muss einmal da bestimmend sein. Ich muss ein ausgeglichener Mensch sein.' Also diese Traumfrau musst du sein. Das ist so das Resümee. [...] Wir lachen immer drüber, wenn er [der Ehemann] das sagt, aber ich denk mir, die Männer, die wollen das schon."*

6.5 Fallgeschichte – Desiree Danzer

6.5.1 Die Interviewsituation

Auch der Kontakt zu Desiree Danzer kommt beim monatlich stattfindenden Stammtisch der Unternehmerfrauen im Handwerk zustande. Bei diesem Treffen hinterlässt sie ihre Geschäftsnummer, unter der sie nur mittwochs erreichbar sei.[78] Beim verabredeten Telefongespräch, schlägt sie ein Treffen in der Firma vor. Die erste Verabredung sagt sie jedoch ohne Nennung von Gründen kurzfristig ab. Der zweite vereinbarte Termin findet am Vormittag in den Geschäftsräumen des Familienunter-

[78] Wie sich später herausstellt ist Frau Danzer nur einmal die Woche im Familienunternehmen tätig und das an dem besagten Mittwoch. Die restlichen Tage ist sie als Sachbearbeiterin bei einer Krankenkasse beschäftigt.

nehmens statt. Auf dem Weg in ihr Büro teilt sie beiläufig mit, dass sie nur eine Stunde Zeit eingeplant habe, und so beginnt das Gespräch ohne große Vorreden. Desiree Danzer gibt sich betont nonchalant und antwortet auf meine Fragen eher einsilbig. So entsteht nach kurzer Zeit der Eindruck, dass sie nicht wirklich offenlegen will, was sie bewegt. Nur an den Interviewstellen, an denen sie von ihrem positiven Verhältnis zu ihrer Schwiegermutter erzählt, wird sie gesprächiger. Mit 55 Minuten ist das Interview mit ihr das kürzeste der vorliegenden Untersuchung.

6.5.2 Das Porträt

Die 30-jährige Desiree Danzer ist die jüngste der Interviewpartnerinnen. Sie verlässt die Schule mit der mittleren Reife und beginnt danach eine Ausbildung zur Optikerin. In ihrem erlernten Beruf ist sie einige Jahre tätig, bis sie diesen aufgrund eines Unfalls nicht mehr ausüben kann und ihren Arbeitsplatz verliert. Wenig später nimmt sie eine Anstellung bei einer ortsansässigen Krankenkasse auf, bei der sie seit dem Jahr 2000 als Sachbearbeiterin tätig ist. Sie arbeitet dort zunächst als Vollzeitkraft, reduziert im Jahr 2003 jedoch ihre Arbeitszeit. Parallel dazu beginnt sie im Unternehmen ihres späteren Ehemanns stundenweise als geringfügig Beschäftigte zu arbeiten. Momentan besucht sie eine Fortbildungsmaßnahme der Handwerkskammer, um sich als Bürokauffrau ausbilden zu lassen, die sie kurz nach dem Interview beenden wird. Zu ihrem sozialen Hintergrund äußert sie sich nicht.

6.5.3 Die Unternehmenssphäre

Der Heizungsbaubetrieb wurde vor 40 Jahren von Desiree Danzers Schwiegereltern gegründet und im Jahr 2000 an deren Sohn, Desiree Danzers späteren Ehemann, übergeben. Der Geschäftssitz des modernen Handwerksbetriebs liegt im Industriegebiet einer Kleinstadt. Der Betrieb beschäftigt insgesamt acht Mitarbeiter und Mitarbeiterinnen, wobei fünf Monteure und eine Putzfrau im gewerblichen Bereich und der Chef, ein Techniker und eine Halbtagskraft in der kaufmännischen Abteilung tätig sind. Desiree Danzer ist seit Anfang 2003 als geringfügig Beschäftigte einmal in der Woche im Büro der Firma tätig und verantwortet dort den Bereich der Buchhaltung.

Auf die Frage, mit welcher Motivation sie im Familienunternehmen ihres damals noch Verlobten begann, macht sie unmissverständlich klar, dass der Hauptgrund darin lag, ihrer schwer kranken Schwiegermutter beistehen zu wollen. Desiree Danzer erzählt in diesem Zusammenhang, dass die Schwiegereltern nach Übergabe des Unternehmens an den Sohn ihren Alterswohnsitz in einen mehrere hundert Kilometer entfernten Ort verlegt hätten. Die Seniorchefin sei danach nur noch für die anfallende Buchhaltung an den Ort ihrer früheren Wirkungsstätte gereist. Als sie, durch die schwere Krankheit gezeichnet, ihren Part im Unternehmen nicht mehr hätte ausüben können, sei die Buchhaltung fremdvergeben worden. Dies, so Desiree Danzer, hätte sie dazu veranlasst, ihre Mithilfe im Familienunternehmen anzubieten. *„Und dann habe ich halt den XX [Ehemann] [...] gefragt, ob ich das [die Buchhaltung] nicht machen soll, und ich habe halt ein supergutes Verhältnis zu meiner Schwiegermama gehabt und dann haben wir sie halt gefragt, ob sie mich einlernen würde."*

Desiree Danzer lässt keinen Zweifel daran aufkommen, dass sie freiwillig ins Unternehmen wechselte, geht jedoch davon aus, dass ihr Einstieg im Sinne der Schwiegermutter war: *„Also ich denk, meine Schwiegermama hat schon gehofft, dass ich das mache. [...], sie war dann einfach froh, [...] dass es halt nicht irgendwer anders tut. Es sind halt einfach Daten mit den Kontoauszügen und so, ich denke, es war ihr schon recht, dass das jemand aus der Familie macht."*

Mit der Schwiegermutter sei vereinbart worden, dass diese Desiree in ihr neues Aufgabengebiet einweise. Noch in der Einarbeitungsphase verschlechtert sich der Gesundheitszustand der Seniorchefin jedoch so rapide, dass eine weitere Unterweisung nicht mehr möglich gewesen ist. Wie kräftezehrend Desiree die Anfangszeit im Unternehmen empfunden hat, wird an mehreren Gesprächsstellen deutlich. Als Grund dafür führt sie ihre eigene fachliche Unkenntnis an, die ihr die Verrichtung der anfallenden Büroarbeiten sehr erschwert habe. *„Ich war halt hier drinnen gesessen [im eigenen Büro] und wieder ist ein Brief vom Finanzamt gekommen. Ich habe gedacht: ‚Das macht mich krank.' [...] Ich hab gedacht: ‚Das kannst du nicht.' Das hat mich teilweise einfach überfordert, [...] weil ich halt kein Hintergrundwissen gehabt habe."* Sie reflektiert die damalige Zeit als einen einsamen Kampf, da sie keinerlei fachliche Unterstützung im Unternehmen fand. *„Mein Mann, der ist halt Geschäftsführer, aber der hat mit der Buchführung nichts am Hut. Also das Einzige, was er halt noch vielleicht aus der Meisterschule [über die Buchführung] weiß, aber so richtig helfen konnte mir da eigentlich dann keiner."* Lediglich der Steuerberater des Handwerksbetriebs habe ihr bei Problemen zur Seite gestanden und sei bis heute ihr einziger Ansprechpartner.

Auf das Thema der beruflichen Zusammenarbeit mit ihrem Ehemann angesprochen, stellt sie fest, dass nicht jedes Ehepaar dafür geschaffen sei, 24 Stunden am Tag miteinander zu verbringen. *„Also ich denk, viele [Frauen] fürchten sich vielleicht davor, mit dem Ehemann zusammenzuarbeiten, weil man hockt halt doch aufeinander. Aber ich muss sagen, ich sitz halt hier [im Büro] und mache meine Buchführung. Mein*

Mann hat halt Termine. Ich meine, man unterhält sich schon mal oder er sitzt auch mal da und wir trinken Kaffee. Aber viele sagen: ‚Ah, wie hältst du das aus, den ganzen Tag mit dem XX [Ehemann] zusammen?' Dann sag ich: ‚Ich sehe den manchmal zwei Stunden gar nicht [...]'." Sie stellt damit richtig, dass sie nicht den ganzen Tag miteinander verbringen, da jeder seiner Arbeit nachgeht. *„Ich bin ja auf der Arbeit, ich sitz ja nicht hier und drehe Däumchen, sondern ich hab ja was zu arbeiten."*

Als sie auf ihr heutiges Tätigkeitsfeld zu sprechen kommt, ist ein gewisser ironischer Unterton in ihrer Stimme zu vernehmen. *„Ich mach die Buchhaltung und alle Fragebögen, die so kommen."* Was sich hinter dieser Aussage verbirgt, wird wenig später klarer, als sie erzählt, dass sie häufig ungeliebte Aufgaben übertragen bekommt, was sie darauf zurückführt, dass sie nur wenige Stunden im familiengeführten Unternehmen verbringt. *„Oder dann krieg ich halt, wenn draußen für den Laden was bestellt werden muss, das wird mir dann auch alles hereingegeben. Oder alles, was draußen nicht gemacht werden will, wo man mir vielleicht ins Kästchen legen könnte. Ich bin ja nur einmal die Woche da. Es fällt ja nicht gleich auf, dass was draußen liegt, ich schlepp es dann mit rein und denk mir dann: ‚Hallo?'."*

Auch wenn sie den Eindruck vermitteln will, dass sie in den Bereichen, die die Männer im Büro nicht übernehmen wollen, entscheiden kann, wie sie will, hört man durchaus negative Zwischentöne aus ihren Schilderungen heraus. *„Also wenn jetzt jemand zum Beispiel Handtücher will und man hat jetzt nichts da, dann kriege ich halt einen Zettel und dann kann ich damit machen, was ich mag. Am besten, ich bestelle dann irgendwas oder melde mich dann bei der Kundin. Das ist dann mein Problem, wie ich das regele. [...] Oder Geschenke einpacken oder irgend so was, das muss ich dann halt machen. Oder wenn irgendwelche Fragebögen kommen oder so was, das krieg ich dann halt einfach, da befassen sich meine Männer nicht damit."* Trotz der leichten Verstimmung, die man aus der Art und Weise vernehmen kann, wie sie sich darüber äußert, zeichnet sich im weiteren Gesprächsverlauf ein anderes Bild ab. So zeigt sie durchaus Verständnis dafür, dass sie die eher untergeordneten Tätigkeiten im Familienunternehmen erledigt. *„Man muss halt schon bereit sein, den ganzen Krusch mitzumachen [...]."*

Als Begründung für die Übernahme der ihr übertragenen Arbeiten – seien diese auch noch so nebensächlich – nennt sie in diesem Zusammenhang die *„Liebe fürs Geschäft"*, ohne die es nach ihrer Meinung gar nicht möglich wäre, dort zu arbeiten. *„Wenn einem das Geschäft, denke ich, nicht so wichtig ist, dann weiß ich nicht, ob man dann das alles so richtig machen kann. [...] Es ist halt anders, wie wenn man* *jeden Tag in der Früh in die XX [Krankenkasse] geht, wenn hinter mir die Tür zufällt, dann können die mich mal kreuzweise. Und hier ist es halt anders. Wenn da halt abends um acht Uhr noch jemand anruft, dann schlappe ich halt auch noch mit vor [in die Firma], oder wenn ein Kunde was braucht. Das ist einfach so und wenn man das nicht will, dann kann man das auch nicht."*

Ihre weiteren Entscheidungsbefugnisse im Unternehmen beschreibt sie so, dass sie allein in ihrem Arbeitsgebiet entscheiden kann, „*weil keiner eine Ahnung davon hat*". Ansonsten würden anfallende Betriebsentscheidungen gemeinsam besprochen. „*Und wenn irgendwelche Entscheidungen anstehen, machen wir [Ehemann und Befragte] die dann zusammen – was weiß ich, Kredit, Autokauf.*" Sie sieht sich als eine Art „*Mitläufer*" im Unternehmen, die aufgrund der geringen Arbeitszeit, die sie dort verbringt, nicht wirklich eigene Akzente setzen kann, sondern sich den Gegebenheiten anpassen bzw. folgen muss.

Desiree Danzer, die mit dem Gedanken spielt, ihre Arbeitszeit in der Heizungsfirma auszubauen, um, wie sie sagt, „*mehr vom Innenleben*" mitzubekommen, macht ihre Entscheidung davon abhängig, ob sich auch neue Tätigkeitsfelder für sie finden lassen. „*Und ich hab auch schon gedacht, dass ich mein Mann irgendwie mit Aufgaben noch entlasten kann, dass er halt mehr Freiraum hat. Aber das wird man dann sehen, wenn ich dann zwei Tage da bin. Da werd ich mich schon aufdrängen.*" Anderenfalls möchte sie die bisherige Regelung beibehalten, was sie wie folgt ausführt: „*Und wenn ich das einigermaßen ausfüllen kann mit diversen neuen Aufgaben, [...] weil ich dann mehr Zeit habe, werde ich es beibehalten. Und wenn ich sehe, dass das Quatsch ist, dass es im Prinzip nur vergeudetes Geld ist, das ich bei der XX [Krankenkasse] ja verdienen könnte, dann werde ich auch bloß nur noch einen Tag in der Woche wieder hier [im Familienunternehmen] sein. Also, es wird jetzt nicht auf Biegen und Brechen daraus hinauslaufen, dass ich dann fünf Tage hier bin, weil, das wäre Quatsch, ich würde mich zu Tode langweilen.*" Dem widerspricht eine zu einem späteren Zeitpunkt getroffene Äußerung, dass sie niemals ganz in den Familienbetrieb wechseln würde, weil sie sonst nichts mehr von der Außenwelt mitbekäme. „*Ich möchte halt nicht jeden Tag hier drinnen sein, weil man halt gar nichts mehr anderes sieht. Man ist halt nur noch im Prinzip daheim.*"

Als weiteren Grund, der gegen einen Vollzeitwechsel ins Familienunternehmen spricht, gibt sie an, wie bedeutsam es für sie sei, persönlich unabhängig zu sein. „*Also mir ist es wichtig [...], dass ich meinen eigenen Job und mein eigenes Geld auch außerhalb des Geschäfts verdiene. Weil sonst, denk ich, es mir keinen Spaß machen würde, wenn ich nur hier sitz und keine anderen Leute mehr sehe.*"

Im weiteren Verlauf des Interviews kommt Desiree Danzer auch auf ihre Beziehung zu den Mitarbeitern zu sprechen. Sie zählt die einzelnen Beschäftigten auf und führt dabei jeweils deren zeitliche Verweildauer in der Firma an. So spricht sie in diesem Zusammenhang von einer *„Dreiviertelkraft"* oder einer *„Halbtageskraft"*. Besonders der Umgang mit den Mitarbeitern des familiengeführten Heizungsbauunternehmens ist für sie ungewohnt, da sie sich einerseits als Angestellte sieht und andererseits nicht genau weiß, ob sie nun die Frau des Chefs oder die Chefin ist. *„Am Anfang war ich also von meinen Gedanken aus immer die Angestellte, weil ich es halt immer so gewohnt bin. [...]. Ja und ich habe schon ein paar Mal zu meinem Mann gesagt: ‚Ich glaube, ich bin kein guter Chef', weil ich kann das nicht, ich bin halt überall immer nur angestellt gewesen und jetzt auf einmal soll ich der Chef sein oder die Chefin oder wenigstens die Frau vom Chef. Da habe ich mich schon reinfühlen müssen. Weil, wenn ich was gesagt habe, also wenn was angegeben worden ist von mir, dann ist das auch ausgeführt worden. Und das ist halt manchmal komisch gewesen."*

Diese beiden unterschiedlichen Perspektiven beeinflussen auch ihre Ansichten, wenn sich ihr Ehemann über Probleme mit den Mitarbeitern äußert. In diesem Zusammenhang gesteht sie ein, dass sie sich in solchen Situationen mehr in die Lage der Mitarbeiter hineindenken könne. *„Und oft ist es halt auch so, wenn der XX [Ehemann] sich über irgendeinen Angestellten aufregt, weil halt irgendwas schiefgelaufen ist, dann bin ich dann oft mehr auf der Arbeitnehmerseite, weil ich denke mir dann immer, wie wäre das, wenn ich jetzt das gemacht hätte. Das ist manchmal so ganz gut, aber manchmal ist es für den XX [Ehemann] auch ein bisschen lästig. Ja, weil es halt immer mit einem finanziellen Schaden oft verbunden ist und das sieht man als Arbeitnehmer nicht. Und ich denke, der Unterschied ist immer noch ein bisschen schwierig für mich."*

Mit der Belegschaft verbindet sie ein positives Verhältnis, da sie den Großteil bereits vor ihrer Heirat kannte und von diesen nicht als Führungskraft gesehen wird. *„Also, es war eigentlich von Anfang an schon gut, durch dass man mich einfach nicht als Chefin behandelt hat in dem Sinn und ich ja ganz normal im Prinzip mitarbeiten muss."* Frau Danzer hat jedoch nicht zu allen Mitarbeitern Kontakt, insbesondere mit den Monteuren gibt es kaum Berührungspunkte. Ferner verfügt sie auch nicht über Weisungsbefugnisse. *„Also, bei den Monteuren kriege ich das meistens erst hinterher mit, wenn mir das XX [Ehemann] erzählt."* Den intensivsten Kontakt hat sie zu einer kaufmännischen Mitarbeiterin. *„Wir haben noch eine Angestellte im Büro, die ist viermal die Woche Vormittag da, und mit der habe ich öfter was zu tun, weil die auch*

Zahlungen macht. Und halt im Prinzip kommt von der die Arbeit an mich. Mit der habe ich eigentlich am meisten Arbeitskontakt.“

Als sie am Ende des Gesprächs danach befragt wird, ob sie in irgendeiner Weise am Unternehmen beteiligt sei, vermeidet sie zunächst eine Antwort darauf. Nachdem das Tonbandgerät abgeschaltet ist, kommt sie beiläufig auf die Frage zurück und erzählt dabei, dass sie durch einen Ehevertrag vom Besitz des Unternehmens ausgeschlossen ist.

6.5.4 Die Familiensphäre

Das kinderlose Ehepaar ist seit 2003 verheiratet und bewohnt allein ein Einfamilienhaus, das sich auf dem Firmenareal befindet.

Desiree Danzer beginnt ihre Erzählungen über den familiären Kontext mit der Schilderung ihres innigen Verhältnisses zur späteren Schwiegermutter. *„Ich hab halt ein supergutes Verhältnis zu meiner Schwiegermama gehabt.“* Bis heute belastet sie deren früher Tod sehr. Zu ihrem Schwiegervater äußert sie sich hingegen nicht, und so bleibt ihr Verhältnis zu ihm völlig im Dunkeln.

Die Aufgaben und Verantwortungsbereiche des Zwei-Personen-Haushalts werden laut Desiree Danzer partnerschaftlich erledigt. Sie legt Wert darauf festzustellen, dass es kein fixiertes Regelwerk gibt, das die Zuständigkeitsbereiche zwischen den Partnern verteilt, sondern dass die Entscheidungen darüber, wer was übernimmt, spontan getroffen werden. Für die Säuberung des großen Anwesens beschäftigt das Ehepaar eine Haushalthilfe, die gleichzeitig auch in der Firma als Putzkraft tätig ist. *„Also, wir haben eine Putzfrau, wir haben das Haus von meinen Schwiegereltern gekriegt [...], und das ist relativ groß, das ist damals für fünf Personen gebaut worden und wir wohnen [dort] zu zweit. Das Einzige, was nur ich mache, ist die Wäsche, ansonsten machen wir alles zu zweit. Jeder macht halt was, aber es gibt jetzt keine ‚Du-kochst-ich-spül-Regelung', sondern das machen wir dann meistens zusammen. Und oft kocht dann auch mein Mann für mich.“*

Zum Thema Freizeit lassen ihre Äußerungen den Rückschluss zu, dass die Schaffung von privaten Freiräumen in einem Selbstständigenhaushalt nicht immer ohne Aufwand umsetzbar sind. Trotz alledem, so behauptet sie, könne man als Unternehmerpaar genauso seine Erholungsphasen finden, wenn man es nur wolle. *„Ich denke, wenn man ein bisschen den Willen hat, dann kann man sein Privatleben trotzdem schon genauso intensiv leben, wie wenn man das vom Beruf trennt. Man unterhält sich ja auch über andere Sachen wie jetzt immer nur übers Geschäft.“* Der folgenden Textpassage kann man jedoch entnehmen, dass auch in diesem Fall Privat- und Berufsleben eng miteinander verknüpft sind. *„Ich denk schon, dass es manchmal schwierig ist, wenn [...] am Samstagfrüh [...] dann halt jemand hereinfährt [auf den Firmenhof] und man hat es gesehen. Dann bleibt einem ja fast nichts anderes übrig, wie dass man halt herläuft und dann fragt, was derjenige will. Ich denke, man hat eher mal Feierabend oder Wochenende, wenn man irgendwo anders wohnen würde. Aber ansonsten ist es, glaube ich, nicht so schlimm, man ist es ja gewohnt.“*

6.6 Fallgeschichte – Kerstin Keim

6.6.1 Die Interviewsituation

Zum ersten Kontakt mit Kerstin Keim kommt es durch Zufall in einem Biolebensmittelmarkt, wo sie ökologisch produziertes Bier zur Verkostung anbietet. Bei dieser Gelegenheit komme ich mit Frau Keim ins Gespräch und diese erzählt en passant, dass sie die Ehefrau des Brauereibesitzers sei. Als ich von meinem Forschungsprojekt erzähle und Frau Keim daraufhin frage, ob sie nicht Lust hätte, als Interviewpartnerin an der Studie teilzunehmen, stimmt sie ohne zu zögern zu und so findet das Interview einige Wochen später an einem Vormittag in den historischen Räumlichkeiten der Brauerei statt. Wie zuvor beim ersten Zusammentreffen entsteht sofort eine gute Gesprächsbasis und so erzählt die Interviewpartnerin einfach drauflos.

6.6.2 Das Porträt

Die zum Zeitpunkt des Interviews 39-jährige Kerstin Keim wächst als jüngstes Kind in einer Familie auf, die neben einer kleinen Schreinerei auch einen Bauernhof im Nebenerwerb betreibt. In der Unternehmerfamilie wird die aktive Teilnahme der Kinder als deren familiäre Pflicht angesehen und so übernimmt Kerstin Keim bereits im Kindesalter kleinere Aufgaben im elterlichen Betrieb. Mit Erlangung der mittleren Reife beginnt sie eine Ausbildung an einer Landwirtschaftsschule, die sie als staatlich geprüfte Wirtschafterin im Landbau abschließt. In diesem Metier ist sie insgesamt vier Jahre tätig. Seit 1991 arbeitet sie für die familiengeführte Brauerei ihres Ehemannes.

6.6.3 Die Unternehmenssphäre

Die Traditionsbrauerei befindet sich seit 1827 im Besitz der Familie von Kerstin Keims Schwiegermutter und liegt im Naherholungsgebiet dreier angrenzender Städte. Der Betrieb ist auf die Herstellung von biologischen Bieren spezialisiert. Darüber hinaus organisiert die Brauerei avantgardistische Kunstausstellungen und Events in ihren historischen Gebäuden. Für den Familienbetrieb arbeiten insgesamt fünfzehn Angestellte, davon drei in der Verwaltung und zwölf in der Bierproduktion sowie im Außendienst. An den Brauereibetrieb ist auch ein Gasthaus angeschlossen, das von Kerstin Keims Schwager und dessen Frau bewirtschaftet wird.

Als Frau Keim ihren Einstieg ins Familienunternehmen beschreibt, beginnt sie ihre Erzählung damit, dass sie ihren späteren Ehemann bereits im Teenageralter kennenlernte und mit ihm schon während seiner Studienzeit in einer Lebenspartnerschaft gelebt habe. Nach Beendigung seines Studiums des Brauwesens beschließt er, in den elterlichen Braubetrieb einzusteigen. Sie sei daraufhin mit ihm in seinen Heimatort gezogen, wo sie eine Anstellung als Landwirtin angestrebt habe. Trotz guter Referenzen seien jedoch alle ihre Bemühungen gescheitert, eine Arbeitsstelle in der Umgebung zu finden. Die ortsansässigen Ökonomen hätten ihr zu verstehen gegeben, kein Mitglied der angesehenen Brauereifamilie als Angestellte beschäftigen zu wollen. *„Mich wollte keiner haben, [...], weil wir [die Landwirte der Umgebung] werden doch nicht ‚die junge Brauerin' einstellen."*

Sie habe daraufhin versucht, in der Brauerei Fuß zu fassen, sei jedoch auch hier auf Hindernisse gestoßen, da ihr Schwiegervater sich gegen eine Beschäftigung von Frauen im Familienunternehmen ausgesprochen habe. Bis heute empfinde sie sein ablehnendes Verhalten als sehr befremdlich, da nicht er, sondern seine Frau die Besitzerin der Brauerei gewesen sei. *„Also für jede Unterschrift, wenn es um irgendwas Wichtiges gegangen ist, musste meine Schwiegermutter unterschreiben. Aber sie war nicht im Betrieb mit drin, sondern das war mein Schwiegervater. Der hat praktisch die Leitung gehabt, aber die Chefin an sich war meine Schwiegermutter."*

Kerstin Keim spricht in diesem Zusammenhang von einer Leidenszeit, die sich erst ändert, als sie auf eigene Faust eine stillgelegte Schnapsbrennerei, die ursprünglich zum Brauereibetrieb gehörte, wieder in Betrieb nimmt. Ihre Eigeninitiative erweist sich wenig später als ein lukratives Nebengeschäft. Diese Aktivitäten wurden vom Seniorchef geduldet, eine offizielle Anstellung in der Brauerei bleibt ihr unter seiner Leitung jedoch weiterhin verwehrt, obwohl ihr zukünftiger Ehemann ihrer Mitarbeit durchaus positiv gegenübersteht. Doch auch dessen Befürwortung habe nichts an der Einstellung des Schwiegervaters ändern können. *„Der XX [Ehemann] hat richtig drunter gelitten, dass ich da am Anfang nicht mitmachen durfte."*

Als Mitglied der Brauereifamilie muss sie auch Repräsentationspflichten übernehmen, die sie anfänglich überfordern. In diesem Zusammenhang übt sie unterschwellig Kritik an ihrer Schwiegermutter, die ihr in der Anfangsphase in der Unternehmerfamilie keinerlei Beistand geleistet habe, sodass sie in jedes Fettnäpfchen getreten sei. *„Ich hab am Anfang nicht gewusst, wie ich in XX [Ort] auftreten soll, weil die Leute mich alle angeschaut haben: ‚Aha, das ist die neue Brauerin'. Das war für mich wie ein Spießrutenlauf. Also, da war ich echt unbedarft. Das hab ich nicht gekannt, dass über dich überhaupt gesprochen wird."*

Ihre Schwierigkeiten, sich in ihrer neuen Rolle als öffentliche Person zurechtzufinden, führt sie auf die Lebensumstände in ihrer Herkunftsfamilie zurück, die sie auf dieses extrovertierte Leben nicht vorbereitet hätten. *„Ich bin ja in einem selbstständigen Betrieb aufgewachsen, aber das ist natürlich ganz was anderes, eine Schreinerei als eine Brauerei. [...] Und im Vergleich jetzt die Schreinerei – mein Gott, da hast du als Frau vielleicht die Büroarbeit mitzumachen, aber es ist halt nicht so vielschichtig [wie] bei uns, denn du musst immer im Gespräch bleiben."* Sie vergleicht ihre Unwissenheit mit jenen *„Prinzessinnen, die da einheiraten, aber nicht von königlichem Blut sind [...]."* Was sich hinter diesem Vergleich verbirgt, erklärt sie wenig später, als sie darauf zu sprechen kommt, dass sie keine Vorstellung davon gehabt hätte, was sie in der Brauereifamilie erwarten würde. *„Mein Schwiegervater ist ja auch aus einer Brauerei, also sprich Geld gehört zu Geld, da ist schon was dran. Das hätte ich nie geglaubt, aber es ist wirklich so [...]. Wo ein anderer, der wirklich in dem Metier aufgewachsen wäre, das gewusst hätte, dass es jeden Sonntag heißt, irgendwo hinzufahren und Kunden zu besuchen. Und dass es kein Wochenende gibt, wo du nicht irgendwelche Verpflichtungen hast. Oder egal, wo du in XX [Ort] weggehst, dass du da immer irgendwas darstellen musst. [...] Aber da ist echt was dran, wenn du im gleichen Metier aufgewachsen bist und da wieder hereinkommst, [...] ist das erheblich leichter."*

Erst mit der Firmenübergabe an Kerstin Keims späteren Mann kann sie in der Brauerei beginnen und seitdem *„[...] genießen [wir] es wirklich, miteinander arbeiten zu können"*. Ihr Schwiegervater, so vermutet sie, sei bis heute nicht damit einverstanden. *„Es ist heute noch so, wenn der [Schwiegervater] ins Büro kommt und ich sitz drin und bin gerade schwer beschäftigt am Computer oder was, dass er da, glaub ich, innerlich schlucken muss. Ich weiß es nicht genau, wir reden da nicht drüber."*

In der familiengeführten Brauerei sei sie, so bemerkt sie mit einem kleinen Augenzwinkern, *„das Mädchen für alles"*. Das heißt, sie übernimmt die verschiedensten Aufgaben im Unternehmen. *„Ich hab jetzt auch eine Zeitlang den Außendienst mitge-*

macht, also ich bin echt das Mädchen für alles. Wie gesagt, dass ich dann den Bürodienst übernehme, wenn jemand krank ist, oder im Getränkemarkt stehe oder ich hab vor vier, fünf Jahren den Lasterführerschein nachgemacht, eben aus dem Grund, um Spitzenzeiten zu brechen, wo dann drei Container gefahren werden müssen, aber bloß Zeit ist für zwei, und dann mach ich halt die dritte Tour noch mit.“ Nicht ohne Stolz fügt sie hinzu, dass sie sogar für den Fuhrpark der Brauerei verantwortlich sei. Dabei kann sie auch auf den im Rahmen ihrer Ausbildung und Berufspraxis erworbenen Erfahrungsschatz zurückgreifen. „*Oder [...] der Laster fährt nicht ordentlich, dann kuriere ich das aus [...], weil das Lasterfahren, das gibt er [Ehemann] auch offen und ehrlich zu, dass ich das besser kann als er. Es ist aber auch mein Glück, weil das ist ja <u>mein Metier</u>. Ich bin gelernte Landwirtin [und] bin schon immer mit großen Maschinen gefahren, das gefällt mir.“* Darüber hinaus ist sie für die Organisation der Kunstausstellungen und Events zuständig. „*Diese ganzen Gespräche mit den Künstlern, das ist dann alles <u>mein</u> Ding.“*

Trotz des eigenen Verantwortungsbereichs und der damit verbundenen Entscheidungsfreiheit erzählt sie, wie wichtig es ihr sei, ihren Partner mit in ihren Wirkungskreis einzubeziehen. „*Oder beim Plakataussuchen, das mache eigentlich <u>nur ich</u>, aber natürlich besprechen wir das zusammen, welches wir nehmen, da lass ich ihn dann teilhaben.“* Der scheinbare Beweis dafür, dass die Ehepartner das Familienunternehmen gemeinschaftlich führen, zeigt sich an der folgenden Gesprächsequenz: *„Aber normalerweise, bei Entlassungen, Einstellungen, Maschinenkauf und so, da überlege ich mit oder entscheide mit. Wobei es halt oft auch schwierig ist, weil bei manchen Dingen kann ich halt einfach nicht so mitreden, [...] wenn es jetzt brauereitechnische Maßnahmen sind, dann kann ich bloß sagen: ‚[...] Dann mache es, wenn du meinst, dass es richtig ist.‘ [...] Also er [der Ehemann] will <u>eindeutig</u> die Entscheidungen von mir mitgetragen wissen.“*

Wie nebenbei lässt sie jedoch einfließen, dass sie gerade bei wichtigen Unternehmensentscheidungen nicht in dem Maße eingebunden ist, wie sie sich das wünschen würde. *„Aber wenn es dann um andere Sachen geht, wie jetzt Großhändler, Preise, also die <u>wichtigen</u> Sachen, da hab ich dann wieder das Nachsehen, weil ich da einfach noch nicht den Einblick habe.“* Freimütig gesteht sie ein, dass nicht jede Entscheidung einvernehmlich zwischen den Partner gefällt werde. Häufig sei dies vor allem dann nicht der Fall, wenn es um Fragen der Mitarbeiter gehe. *„So was kommt [vor] [...], so ein gewisses Streitgespräch, weil manche Entscheidungen wir dann nicht gemeinsam tragen, sondern der eine meint dann so und der andere so. Dann müssen wir halt auch irgendwie eine gemeinsame Entscheidung finden, jetzt auch gerade so mit <u>Arbeitern</u>,* *wo ich dann halt so unzufrieden bin und er nicht oder umgedreht. Da versuchen wir dann irgendwie, einen Weg zu finden."*

In Kerstin Keims Erzählungen spielt die Beziehung zu den Arbeitnehmern in der Brauerei eine wichtige Rolle. Dabei thematisiert sie ausschließlich Probleme, die sie in der Anfangszeit ihrer Mitarbeit in der Brauerei mit diesen erlebt habe. Die Spannungen zwischen ihr und dem Personal führt sie darauf zurück, dass die negative Meinung des Schwiegervaters gegenüber der Anstellung einer Frau im Unternehmen noch in den Köpfen der Mitarbeiter vorherrscht. „*Und da hab ich dann die ersten Jahre [...] richtig kämpfen müssen, dass die [Mitarbeiter] das akzeptieren, dass ich als Frau da über ihnen stehe."* Erschwerend sei in dieser Situation noch hinzugekommen, dass sie grundsätzlich nicht gewusst habe, wie sie sich in ihrer Position gegenüber der Belegschaft verhalten sollte. Aus heutiger Sicht sei sie viel zu kooperativ gewesen, was ihr nur Probleme eingebracht habe. „*Indem sie halt einfach eher zu mir gesagt haben, was ich zu machen habe oder mich, glaub ich, gar nicht richtig ernst genommen haben. Also, ich war halt die Frau vom XX [vom Chef], aber so richtig, wie es jetzt ist, da hab ich lang dafür arbeiten müssen."*

Im Rückblick betrachtet wäre es, so denkt sie, den Mitarbeitern sicherlich angenehmer gewesen, wenn sie nicht in den Familienbetrieb eingestiegen wäre. „*Ja, ich glaub, die haben das schon schlucken müssen. Hätte ihnen schon besser gefallen, wenn ich da im Hintergrund geblieben wäre. [...] Dass sie eigentlich gedacht hätten, das läuft so weiter, dass ich nicht durch den Betrieb laufe und auch gucke. Dann geht manchmal so ein Pfiff, so unten im Lager, so: ‚Piff', der Chef kommt, so auf die Art. Aber irgendwie brauchen sie das anscheinend, weil wir eigentlich echt gedacht hätten, das muss doch laufen! Dass die doch selber ihre Verantwortung übernehmen, aber [das] ist nicht so. Also, wir haben festgestellt, dass viele diese Arbeitermentalität einfach gerne machen."*

Was sie unter einem typischen Arbeitnehmerverhalten versteht, charakterisiert sie wie folgt: „*Wir haben auch schon einigen Brauern angeboten: ‚Macht halt weiter, dass ihr mit höher hochkommt, also dass ihr im Betrieb mehr mit zu sagen habt', aber das wollen die ja alle gar nicht. Nein, Verantwortung übernehmen, das will keiner heutzutage. Die wollen alle ihren Urlaub und wollen ihre Freizeit [...]. Wir hätten das gern gehabt, dass wir einen eigenen Brauer aus unserer Riege haben, der die Chefposition mit übernimmt, da war keiner bereit."* Die unselbstständige Haltung der Mitarbeiter sei der Grund für das eher strenge Regime, unter dem die Brauerei geführt werde. „*[...] wir merken halt, einer muss im Betrieb immer wieder den Leitfaden in der Hand behalten, sonst tanzen die Mäuse. Und von daher, wenn er [der Ehemann] zum*

Beispiel auf Messe ist oder länger weg, dann bin ich noch viel mehr im Betrieb, einfach weil's wichtig ist, dass die [Mitarbeiter] wissen, es ist jemand da. Und das war am Anfang so, dass sie gedacht hätten: ,Die XX [Befragte], die geht jetzt dann wieder und dann kriegt sie das nicht mit'. Inzwischen haben sie schon kapiert, dass ich das sehr wohl mitkriege und dass sie da auch aufpassen müssen."

Ihre derzeitige Beziehung zu den Mitarbeitern beschreibt sie als normal, insbesondere bei den neuen Angestellten habe es keine größeren Akzeptanzprobleme gegeben. *„Und die Neuen, wo dazugekommen sind, da war es ja kein Thema, weil die Alten mussten sich umstellen, dass ich da jetzt auch drauf schau: ,Wie siehst du denn aus', dass die das akzeptieren, dass ich das sage."* Sie kümmere sich auch mehr als ihr Ehemann um das Wohlergehen der Mitarbeiter. *„Also sagen wir mal so, ich übernehme halt den sozialen Part, [...] dieses Umsorgen von den Arbeitern [...]. Also das kann ich einfach besser als er [der Ehemann]."* Als Indiz für ihre in der Zwischenzeit erworbene Anerkennung unter den Mitarbeitern führt sie an, dass diese bei bestimmten Wünschen bzw. Problemen ausschließlich sie kontaktieren würden. *„Die wissen schon, zu bestimmten Dingen kommen sie dann zu mir. Was weiß ich, sie brauchen dringend neue Arbeitskleidung, da gehen sie dann gar nicht zum XX [Ehemann], sondern kommen zu mir, weil sie wissen, das kommt bei mir besser an, dass ich da eher was unternehme als er."*

Als Frau Keim von sich aus das Thema Besitzverhältnisse zur Sprache bringt, kommt sie noch einmal auf den Seniorchef zu sprechen, der am Tag der Hochzeit des jungen Paars eine ihrer Meinung nach *„schwerwiegende Rede"* gehalten habe, in der es ausschließlich darum ging, wie das Wohlergehen des Familienunternehmens zu sichern sei. Auf das Liebesglück des Brautpaars kam der Schwiegervater jedoch mit keinem Wort zu sprechen. *„Das war eine große Rede über die Übernahme des Betriebes, über die Verantwortung, die wir zusammen jetzt tragen, und so. [...] Und ab da, also wie gesagt, zur Hochzeit diese schwerwiegende Rede, also die ist mir noch schwer im Kopf, weil die echt [...] nur um den Betrieb gegangen ist und nicht um meiner selbst willen und um das Eheglück. Also, das Eheglück besteht eben darin, dass der Betrieb läuft. Jetzt versteh ich's eher, weil das wirklich so ist, dass der Betrieb mit uns ja auch verheiratet ist, also wir kommen da ja auch schlecht weg davon, wir sind da ja voll involviert, wir haben da ja dieses Erbe zu tragen, in der fünften Generation zu sein, und, und, und."*

Doch obwohl sie die Last am Unternehmen mittrage, sei sie durch einen Vertrag von dessen Eigentum ausgeschlossen, was sie bis heute nicht verstehen könne. *„Der [Schwiegervater] hat das bis dahin getrieben, dass er praktisch auch im Ehevertrag* *das so beschlossen hat, [...] dass die [Ehefrau] nichts zu melden hat, weil, ich könnte mich ja von meinem Mann trennen und [...] dann Anspruch auf die Brauerei haben. [...] Er hat mir da gar keine Chance gelassen und auch der XX [der Ehemann] hatte nichts sagen können."*

6.6.4 Die Familiensphäre

Kerstin Keim, die 1994 ihren langjährigen Freund und jetzigen Ehemann heiratet, ist Mutter zweier Kinder, die zum Zeitpunkt des Interviews sieben und zehn Jahren alt sind. Das Haus der Familie liegt in einem kleinen Dorf und ist einige Kilometer vom Stammsitz der Brauerei entfernt.

Gleich zu Beginn ihrer Erzählung thematisiert Frau Keim das ihr ungewohnte Leben in der angesehen Brauereifamilie. Dabei geht sie besonders auf das spannungsreiche Verhältnis zu ihrem Schwiegervater ein, der sie von Beginn an habe spüren lassen, dass sie als Frau im Brauereibetrieb unerwünscht sei. *„Frauen haben im Betrieb nichts verloren."* Stattdessen hätten sie die Schwiegereltern aufgrund ihrer traditionellen Familienkultur in der Rolle der Hausfrau und Mutter sehen wollen. *„Also, mein Schwiegervater, der hat gesagt: ‚Jetzt krieg halt endlich Kinder, dass du was zu tun hast'."* Sie erzählt in diesem Zusammenhang, dass die Senioren bis heute nicht verstehen könnten, dass sie als Frau im Berufsleben stehe. *„Und die [Schwiegereltern] sind aber immer noch nicht ganz so glücklich damit, weil sie halt einfach sagen, ich soll daheim den Haushalt führen und das wäre meine Aufgabe [...]. Also an sich sagen sie, das ist ja verrückt, was ich da [im Betrieb] mache."*

Kerstin Keim, deren beide Kinder die Grundschule besuchen, macht im Rahmen ihrer Ausführungen zum Thema Kindererziehung und Haushalt deutlich, wie schwer sich ihre familiären und beruflichen Verpflichtungen miteinander verbinden lassen. Als besonders anstrengend habe sie, wie sie sagt, die Zeit empfunden, als die Kinder noch sehr klein waren und sie dadurch weitgehend vom Unternehmensgeschehen ausgeschlossen gewesen sei. Erst mit dem Eintritt der Kinder in die Schule konnte sie ihr Arbeitspensum in der Brauerei ausbauen. Sie zieht in Erwägung, mit fortschreitendem Alter der Kinder noch mehr Zeit im Familienunternehmen zu verbringen. *„Früher, wie die klein waren, da warst du auf die Kinder bedacht und die werden ja älter und [...] ich kann mir durchaus vorstellen, je älter die werden, je mehr bin ich im Betrieb."*

Frau Keim ist sich als Mutter durchaus bewusst, dass sie mit zunehmendem Alter der Kinder neue Herausforderungen bewältigen muss. *„Das war in der Kindergartenzeiten und den ersten Jahre[n] in der Schule nicht so schlimm wie jetzt. Jetzt musst du ständig dahinter sein, dass der [Sohn] sein Zeugs lernt und dass die [Kinder] üben [...]. Das ist halt am Nachmittag momentan mein Job."* Ihre derzeitige Situation veranschaulicht sie anhand des folgenden Beispiels: *„Es war jetzt eigentlich [...] bis vor drei Wochen [so], da hatte ich meine Kinder über Mittags immer zur Betreuung, aber jetzt ist unser Sohn ein bisschen entschlüpft. Ich habe festgestellt, er lässt in der Schule immer mehr nach. Wir haben einfach gemerkt, er braucht wieder seine Mama [...] und jetzt mache ich das [die Kinderbetreuung] wieder. Und das heißt, [...] jetzt kann ich halt wieder bloß bis mittags arbeiten."*

Um ihren beruflichen Pflichten nachgehen zu können, ist sie auf die Unterstützung anderer Familienmitglieder angewiesen, berichtet Frau Keim. So übernimmt entweder eine Schwester oder ihre Schwiegereltern die Beaufsichtigung der Kinder. *„Wenn ich jetzt so was wie einen Ausschank mache, da habe ich noch eine Schwester hier in der Nähe und meine Schwiegereltern halten mir die Stange, dass sie mir die Kinder übernehmen. Weil, das ist halt schwierig, gerade beim Ausschenken, da stehe ich ja abends bis um acht im Laden. Und da kann ich ja nicht mittags heimgehen, um die Kinder zu übernehmen."* Am Wochenende kann sie zusätzlich auf die Hilfe ihres Ehemanns zählen: *„Aber das lege ich dann halt immer so [die Geschäftstermine], dass es zum Beispiel am Wochenende ist, [da] übernimmt mein Mann die Kinder."*

Kerstin Keims Ausführungen zeigen, dass ihr Ehemann, auch wenn er zeitweise für die Betreuung der Kinder zur Verfügung steht, insgesamt eher eine periphere Rolle in der Familie einnimmt, da sein straffer Terminplan im Unternehmen kaum Zeit für ein Privatleben lässt. Trotz des geäußerten Verständnisses für ihren Ehemann zeigt sie ihren Unmut darüber, dass sie durch Familie und Unternehmen einer Doppelbelastung ausgesetzt ist. *„[...] Wo ich dann oft sag zum XX [Ehemann]: ‚Ich würde gern deine Arbeit nehmen, weil, du kannst dich auf eins konzentrieren.' Und ich muss halt wirklich einerseits hier im Unternehmen fit sein und dann aber daheim auch."*

Um eine kleine Erleichterung im Haushalt zu haben, beschäftigt sie seit einiger Zeit eine Haushaltshilfe, was sie als sehr hilfreich empfindet. *„Mittlerweile habe ich zum Beispiel eine Putzfrau, die macht sehr viel daheim. Also die kommt halt einmal die Woche und putzt mir das ganze Haus, was dann für mich nicht mehr belastend ist wie früher."*

Auch wenn sich aus ihren Schilderungen ableiten lässt, dass die Vereinbarkeit von Beruf und Familie nur durch einen erheblichen Koordinationsaufwand gewährleistet werden kann, zieht sie für sich am Ende eine positive Bilanz, indem sie ihre Situation mit den berufstätigen Müttern, die in einem Arbeitnehmerverhältnis tätig sind, vergleicht. *„Ich habe einen super Job, ich bin meine eigene Chefin, habe aber trotzdem Kinder. Wenn eines [der Kinder] krank ist, dann brauche ich nicht fragen, sondern dann ist das natürlich selbstverständlich, dass ich nicht kommen brauche. Also was Schöneres kann man sich ja eigentlich gar nicht vorstellen, weil andere [Frauen], die berufstätig sind und Kinder haben, die haben ja immer die Schwierigkeit, wenn die Kinder krank sind."*

Kerstin Keim versucht zwar in ihren Erzählung hinsichtlich ihrer Rolle als berufstätige Mutter ein positives Bild zu zeichnen, doch gibt sie zu, dass ihre Tochter und ihr Sohn kein normales Familienleben mit Freizeitaktivitäten kennen, da fast alle Wochenenden mit offiziellen Geschäftsterminen verplant seien. *„Mein Gott, im Sommer, wenn wir mal keinen Termin hätten, das gibt es eigentlich nicht. Wenn wir einen Termin haben, dann sagen wir: ‚Och, da haben wir ein freies Wochenende.' [...] Also, wenn wir mal drei Wochen im Jahr frei haben, dann ist es echt viel. [...] Meistens ist es so, wir gehen irgendwo am Vormittag hin und am Nachmittag ist der nächste Termin."* Auch wenn sie bei diesen Ausführungen nachdenklich wirkt, spricht sie im Anschluss daran von einem Gewinn für die Kinder, da diese bereits in jungen Jahren eine Vielzahl von Eindrücken sammeln könnten, die anderen in deren Alter verwehrt blieben. *„Dann sage ich zu den Kindern: ‚Jetzt habt ihr Verständnis, jetzt müsst ihr einfach das akzeptieren, dass das jetzt so ist. Oder sie müssen irgendwie abgegeben werden, weil es halt nicht anders geht. Da müssen sie, glaub ich, teilweise schon wegschlucken. Aber andererseits kriegen sie halt dann auch oft Sachen mit, die andere dann halt gar nicht mitkriegen. Oder sie können mit dem Papa Mittagessen, wer kann das schon."*

Als Kerstin Keim auf die Zusammenarbeit mit ihrem Ehemann zu sprechen kommt, betont sie, dass eine reibungslose Zusammenarbeit im Unternehmen ihrer Ansicht nach nur dann möglich ist, wenn zwischen den Partnern eine gut funktionierende Beziehung herrscht, in der die Frau ihrem Ehemann unterstützend zur Seite steht: *„Weil du ja irgendwie Rückenstärkung geben musst als Frau an sich, weil ich sage: ‚Hinter einem starken Mann steht immer eine starke Frau'."* Darüber hinaus müssten auch die Ehepartner lernen, so betont sie, eine klare Trennung zwischen dem beruflichen und dem privaten Leben zu ziehen, da nur so ein problemloses Zusammenleben möglich sei. *„Weil du irgendwann mal abschalten musst. Ansonsten kannst du überhaupt nicht mehr, wenn du immer nur Betrieb und Familie [...]*

zusammen tust, dann geht so viel Energie weg. Du brauchst da irgendwann mal eine Zeit für dich, dass du, wenn du dich anschaust, nicht nur an den Betrieb denkst. Ich kenne viele, die sagen: ‚Sie könnten gar nicht mit ihrem Mann in einer Firma arbeiten.' Weil, du siehst dich am Abend und kannst nicht aufhören und deswegen musst du das echt lernen, irgendwann zu sagen: ‚Stopp'.“

6.7 Fallgeschichte – Andrea Ascher

6.7.1 Die Interviewsituation

Der Kontakt zu Frau Andrea Ascher wird über eine frühere Gesprächspartnerin hergestellt, von der ich eine Telefonnummer und die Information erhalte, dass Frau Ascher am besten vormittags in der Bäckerei erreichbar sei. Bei dem ersten Telefonat erklärt Frau Ascher, dass sie nur an ihrem freien Nachmittag für ein Interview zur Verfügung stehen könne, und nach einigen Überlegungen findet sich auch sehr schnell ein passendes Datum. Als Treffpunkt schlägt Andrea Ascher ein Café in der kleinen Kurstadt vor. Da sie den ersten Termin aus beruflichen Gründen absagen muss, findet das Treffen eine Woche später als geplant statt. Nach einem kurzen Vorgespräch beginnt unmittelbar das Interview. Frau Ascher ist eine sehr sachliche Gesprächspartnerin, die zwar zurückhaltend, aber interessiert erscheint. Auch die Tatsache, dass ihr sechsjähriger Sohn während des Gesprächs zugegen ist, hat keinerlei Auswirkungen auf dessen Verlauf.

6.7.2 Das Porträt

Andrea Ascher ist zum Zeitpunkt des Interviews 33 Jahre alt. Sie verlässt nach Abschluss der mittleren Reife ihr Elternhaus, um sich zur Hotelfachfrau ausbilden zu lassen. Über ihren familiären Hintergrund ist nur so viel in Erfahrung zu bringen, dass ihre Eltern keiner selbstständigen Arbeit nachgehen. Nach Abschluss der Lehrzeit durchläuft sie die verschiedensten Stationen des Hotelfachs, die sie auch für kurze Zeit ins europäische Ausland führen. Zuletzt war sie vier Jahre lang als stellvertretende Empfangschefin in einem deutschen Hotel tätig. Nach neun Jahren gibt sie ihren Beruf auf und wechselt zusammen mit ihrem späteren Ehemann in den Bäckereibetrieb seiner Eltern.

6.7.3 Die Unternehmenssphäre

Der Bäckereibetrieb wurde 1966 von Frau Aschers Schwiegereltern in einer kleinen Kurstadt gegründet. 1996 wechselt deren Sohn, Andreas späterer Ehemann, in das Unternehmen und übernimmt dort die Leitung. Gleichzeitig mit ihm beginnt auch Andrea Ascher ihre Tätigkeit im Verkauf der Bäckerei. Das Unternehmen betreibt im Stadtgebiet drei Verkaufsfilialen, die nähere Umgebung wird mit drei mobilen Verkaufswagen beliefert. Für die familiengeführte Bäckerei arbeiten dreizehn Mitarbeiterinnen im Verkauf und zehn Bäcker und Bäckerinnen in der Produktion. Die Seniorchefin ist bis heute im Verkauf des Hauptgeschäftes tätig.

Als Frau Aschers späterer Ehemann beschließt, seine Lehr- und Wanderjahre, die ihn als Konditor- und Bäckermeister auch ins Ausland führten, zu beenden, um die elterliche Bäckerei zu übernehmen, zieht sie mit ihm in seinen Heimatort. Die Entscheidung, in der Bäckerei oder in einem der im Ort befindlichen Kurhotels zu arbeiten, wird ihr von ihrem Partner freigestellt. Warum sie sich entschieden hat, statt in einem der zahlreichen Kurhotels in der Bäckerei zu arbeiten, begründet Frau Ascher mit ihrem Wunsch nach mehr Eigenständigkeit, die sich ihr im Hotel nicht in der von ihr gewünschten Form geboten habe. „*Also ich glaube, ich hätte sowieso irgendwann mal gewechselt, dass ich was anderes gelernt hätte oder in einen andern Bereich vom Hotelfach gearbeitet [hätte]. Weil, das hat mir auch nicht genügt auf Dauer, das zu machen, was halt deine Arbeit ist, aber nicht selbstständig was <u>einbringen</u>, groß was ändern können. Und das kann ich ja jetzt machen, wie ich möchte in dem Sinn. Das ist eigentlich das, was mir damals, nach den Jahren [im Hotel] schon ein bisschen gefehlt hat. Zufrieden, hundertprozentig, war ich nicht mehr, ich hab sowieso schon überlegt, was ich weiterhin mache. [...] Aufs Selbstständigmachen wäre ich nie gekommen, dass ich als Hotelfachfrau mir jetzt ein Hotel kauf, habe ich nie gedacht. Von daher war das jetzt hier schon einfacher hereinzukommen, in die Fußstapfen sozusagen. Es war ja schon ein bisschen was vorbereitet.*“ Sie vereinbart mit ihrem Lebenspartner, dass sie jederzeit wieder aus dem Bäckereibetrieb ausscheiden könnte, falls ihr die Arbeit dort keinen Spaß machen würde. „*Dann hab ich gesagt: ‚Ja!‘. Ich mach's einfach und ich kann nix verlieren dabei. Wenn es jetzt <u>nichts</u> wäre [in der Bäckerei] und ich merk nach fünf Jahren, es ist nichts für mich, dann kann ich immer noch aussteigen. Wir haben das vorher ausgemacht [und] ich mache dann im Hotelfach weiter, [...].*“

Ihren Einstieg ins Familienunternehmen reflektiert sie als „*recht aufregend am Anfang, aber ich habe gemerkt, der Kundenkontakt ist derselbe*“. Das im Rahmen ihrer Tätigkeit im Hotelfach erworbene Wissen hilft ihr dabei, sich schnell im

Bäckereiverkauf zurechtzufinden. *„Ich muss hier Backwaren verkaufen und vorher habe ich Zimmer verkauft in dem Sinn. Also die ganzen Seminare [...] oder Telefonschulungen oder Reklamationsschulungen, das war eigentlich alles das Gleiche, nur ein anderes Produkt in dem Sinn und andere Preise."* Die Schwiegermutter fungiert von Beginn an als eine Art Ratgeberin für Frau Ascher. *„Und sie [die Schwiegermutter] kennt die Leute gut, die Kunden gut und alles und weiß, wann mehr los ist, wann weniger los ist. Das ist schon was, ist Gold wert, wenn man jemanden hat, wo man fragen kann."*

Als sie auf ihr Verhältnis zu ihren Schwiegereltern näher zu sprechen kommt, blickt sie auf die Anfänge in ihrer neuen Umgebung zurück. Dabei macht sie keinen Hehl daraus, dass die Senioren durchaus Bedenken gehabt hätten, ob sie im Hinblick auf ihre neue Position die notwendigen Voraussetzungen erfüllen könne. Ihr sei klar gewesen, dass sie sich in ihrer neuen Rolle würde beweisen müssen. *„Am Anfang war es schon in dem Sinn ein bisschen schwierig, weil ich gewusst habe, meine Schwiegerleute, die erwarten jemanden, der auch rund um die Uhr arbeitet. Das sind in dem Sinn Arbeitstiere, sag ich jetzt mal [...]. Einmal waren sie im Urlaub mit den Kindern, sonst nicht. [...] Und dass [...] ich die Skepsis am Anfang gemerkt habe, [...]: ‚Schafft sie es, macht sie es, ist es die Richtige oder kann die überhaupt hinlangen?' Aber das hab ich dann doch schon bald bewiesen, als ich das Mobil gefahren bin, weil das doch ein harter Job ist, sechs Tage von früh bis Nachmittag ist man da unterwegs. Und dann waren sie schon ein bisschen überzeugt, es könnte die Richtige dann sein."*

Sie spricht darüber, wie viel Freude ihr diese Tätigkeit als Verkaufsfahrerin gemacht habe. Nicht ohne einen gewissen Stolz äußert sie, dass sie damals die ihr fremde Umgebung allein auf sich gestellt erkundet habe. Durch das unverhohlene Interesse vieler Menschen an ihrer Person sei ihr sehr schnell bewusst geworden, dass sie sich als zukünftige Chefin der Öffentlichkeit stellen muss. *„Am schönsten war das Mobilfahren mit am Anfang, weil ich den Verkauf und die Produkte kennengelernt habe, die Bevölkerung kennengelernt habe, gemerkt habe, wie wichtig es ist, dass man sich sehen lässt. Die wollen ja die neue Chefin <u>sehen</u>, dass man nicht nur im Hintergrund im Büro, sondern auch mit im Laden drinnen [ist] die ganze Zeit, dass man sich auch am Wochenende dann blicken lässt in den Gasthäusern oder in die Geschäfte einkaufen geht. Das habe ich dann schon schnell kapiert. Und das Interesse war halt schön, dass die [Menschen der Umgebung] da so wissbegierig waren: ‚Wer ist es oder wie sieht sie aus?'"*

Im weiteren Verlauf des Gesprächs lässt sie keinen Zweifel daran aufkommen, dass sie ihren „Tauglichkeitstest" im Familienunternehmen mit Auszeichnung bestanden habe. Zwischen ihr und der Seniorchefin, die nach der Übergabe des Unternehmens an den Sohn weiterhin im Hauptgeschäft der Bäckerei tätig ist, würden klare Machtverhältnisse herrschen, die Andrea Ascher eindeutig in die Position der Chefin heben. *„Ich hab ja auch nie gesagt, sie [die Schwiegermutter] muss jetzt gehen. Ich hab ja gesagt: ‚Sie darf gerne, ich bin froh, wenn sie da ist', weil ich ja auch das Kind gehabt hab, da war ich froh, wenn ich mal ein bisschen mehr Zeit für ihn [den Sohn] hatte. [...] Aber sie hat nach einem Streit mal gesagt, sie ist dankbar, dass sie noch arbeiten darf. Also von daher hat sie schon alles mitgemacht, hat's dann irgendwann schon akzeptiert. Und im Nachhinein auch gemerkt, es ist vielleicht besser, so wie es jetzt läuft. [...] Weil, wie gesagt, sie muss jetzt nicht mehr kommen, sie kann. Und sie will ja auch. Man kann's ihr ja nicht nehmen, die Arbeit. Sie ist ja so ein Arbeitsmensch. Von daher akzeptiert sie's, und lieber kommt sie und macht's so, wie wir sagen."*

Zu ihrem Schwiegervater erzählt sie nur wenig. Dieser habe sich nach der Übergabe des Familienunternehmens ins Privatleben zurückgezogen und backe nur einmal in der Woche Brot in einem ortsansässigen Museumsdorf. *„Mit dem Seniorchef selber gab's jetzt keine Querelen, soweit ich mich erinnern kann, dadurch dass er dann sein Hobby gefunden hat, seine Kutsche, seine Pferde, war er gut ausgelastet. Und wir backen jetzt auch im XX [Museum] einmal in der Woche das Holzofenbrot, das macht dann er. So kommt er auch noch mal ein bisschen mit dem Backen in Berührung und das ist ein guter Mittelweg gewesen."*

Aus heutiger Sicht, so vermutet sie, wäre es ihrem Ehemann fast lieber gewesen, wenn sie nicht in der Bäckerei zu arbeiten begonnen hätte, aus Angst davor, dass sie als Paar am Ende ein so erwerbsorientiertes Leben wie seine Eltern führen könnten. *„Dadurch, dass seine Kindheit zwar schön war, aber er eigentlich sehr auf sich alleine [gestellt] war, und ich denk mal, er hat Angst gehabt, dass das bei uns genauso werden könnte, [...] dass wir genau solche Arbeitstiere werden – in Anführungsstrichen [...] und dass nur die Arbeit zählt im Endeffekt und nichts mehr anderes. [...] Und ich glaube, da wäre ihm, wenn er dran gedacht hat, fast lieber gewesen, ich wäre nicht mitgegangen, weil er gedacht hat, das wird bei uns genauso, aber es ja nicht [so]."*

Die Verantwortungsbereiche im Familienunternehmen sind Frau Ascher zufolge zwischen den Ehepartnern paritätisch verteilt. Auf die Frage, für welche Bereiche sie zuständig sei, antwortet Frau Ascher zunächst: *„Ganz grob gesagt, mein Mann Bäckerei, ich Verkauf. Also ich will nichts in der Backstube haben und er nichts im Verkauf, wobei wir uns gegenseitig fragen können."* Wie vielfältig ihr tägliches

Arbeitsaufkommen tatsächlich ist, zeigt sich im weiteren Verlauf des Gesprächs: *„Aber vom Backen her habe ich sowieso keine Ahnung. Ich backe privat nicht oder habe gebacken und ich hab's nicht gelernt, [...], also kann ich da auch nicht so mitreden. Ich mache ja den Verkauf in dem Sinne. Ich schreibe die Lieferscheine, gebe Bestellungen ein im Computer. Ich schreibe die Dienstpläne fürs Personal. Ich kontrolliere die Läden, verkaufe auch mal mit, wenn Not am Mann ist. Ich dekoriere die Läden, wenn's was gibt. Ich mache die Bestellungen, sei es Süßigkeiten, Handelswaren, oder mit den Vertretern über verschiedene Aktionen, Fußballaktionen, Stempelkarten, [verhandeln] solche Sachen, ob wir was mit der Werbung machen können. Ich habe jetzt auch schon mal verschiedene Schulungen organisiert für den Verkauf mit, habe da was gemacht. Ich fahr Lieferungen aus. Am Abend dann mache ich die Kassen mit, hole die [...] Waren zurück, mache die Abrechnungen, die Backzettel für den nächsten Tag, so Büroarbeiten auch mit. Also, ich bin eigentlich querbeet beschäftigt, also sei es Verkauf, Lieferung, Büro, die Sachen. Was ich nicht mache, ist Buchhaltung, da haben wir ein Steuerbüro dafür, da kenne ich mich auch nicht aus. Das mach ich nicht."*

Ähnlich wie bei der Verteilung der Verantwortungsbereiche gibt es bei Entscheidungsfindungsprozessen klare Regelungen zwischen den Eheleuten. Trotz der Machtbefugnis in ihrem Bereich hebt Andrea Ascher hervor, dass es wichtig sei, alle anfallenden Entscheidungen mit dem Partner besprechen zu können. *„Aber sonst nachfragen tue ich immer, weil ich denke, so ein großer Betrieb sind wir nicht und [...] ich finde, man muss ja auch miteinander reden. Ich finde das wichtig, dass ich nicht alles allein entscheide. Genauso wie er sagt: ‚Guck, ich hab ein neues Brot gemacht oder ein neues Gebäckstück, was hältst du davon?' Er sagt dann auch nicht: ‚Das musst du mit hinein nehmen in den Verkauf', [...] und so wird dann doch immer miteinander geredet."* Nur für den Computer, so merkt sie etwas spöttisch an, trage sie ganz alleine die Verantwortung, weil ihr Mann sich dafür nicht interessiere. *„Ganz allein hundertprozentig, ja gut, was am Computer ist, das ist mein Ding. Das Bäckerprogramm, das ist meins, da muss ich entscheiden und walten, wirken, tun."* Sie kommt in diesem Zusammenhang noch einmal darauf zu sprechen, wie wichtig ihr ein selbstbestimmtes Handeln bis heute sei, auch wenn sie, wie sie eindringlich betont, für mögliche Fehlentscheidungen allein hafte. *„Aber Vorteil ist wirklich, dass ich für mich entscheiden kann und selbst verantwortlich bin. Natürlich auch, wenn ich was falsch entscheide, muss ich halt die Konsequenzen tragen. Aber ich sehe das als Vorteil eigentlich für mich jetzt."*

Sie spricht offen darüber, dass sich mit ihrem Start im Familienunternehmen auch ein Einstellungswandel bezüglich Arbeit und Verantwortung vollzogen hat, was sie wie folgt begründet: *„Im Hotelfach hab ich's ja auch gemerkt [wenn was nicht passt], wenn es nicht dein eigener Betrieb ist, dann nimmt man schon vieles hin: ‚Ach, das läuft halt so und das läuft so, im Endeffekt'. Da hab's ich gemacht, wenn's gesagt wurde, auch wenn es mir nicht gefallen hat. Jetzt mach ich's so, dass es mir gefällt [...]. Im Hotelfach war ich halt die Angestellte, hätte vielleicht auch manchmal [was] sagen sollen, vielleicht wär's auch mal besser gewesen, aber da war ich <u>nur</u> die Angestellte in dem Sinn. [...] Ich stehe jetzt mehr dahinter, hinter dem was ich arbeite [...]. Die Arbeit früher hat mir schon auch Spaß gemacht und ich hab's auch gern gemacht und da waren auch oft Überstunden und alles. Aber das ist halt mein Betrieb, ich weiß halt, wofür ich's mach."*

Als etwas ungewohnt empfindet sie zu Beginn ihrer Tätigkeit im Familienunternehmen die für sie neue Aufgabe der Mitarbeiterführung, da sie diesbezüglich auf keinerlei persönliche Erfahrungen habe zurückgreifen können. *„Das Neue war halt das Personal, dass ich das noch mit beaufsichtigen und kontrollieren muss in dem Sinn. Das war neu für mich und das hat eine Weile gedauert, bis man das dann auf die Reihe gebracht hat."* Vor allem mit den langjährigen Mitarbeiterinnen fiel ihr die Zusammenarbeit nicht immer leicht. *„Am <u>Anfang</u> gab's halt klar ein bisschen Probleme, weil es waren sehr viel ältere Verkäuferinnen, und dann kommt jemand Junges her: ‚Was macht sie jetzt? Stellt sie um?' – das war schon ein bisschen schwierig."* Frau Ascher beschließt nach ihrem Wechsel in das Familienunternehmen, die anstehenden Personalentscheidungen zunächst zu vertagen, um den Mitarbeiterinnen die Chance zu geben, sich an die neue Situation zu gewöhnen. Erst später beginnt sie, den Verkaufsbereich neu zu organisieren. *„Bloß das habe ich am Anfang ein bisschen ruhen lassen und dann nach ein, zwei Jahren haben wir ein bisschen umstrukturiert."* Im Zuge der Umstrukturierung wurden, so erwähnt sie, auch zwei Mitarbeiterinnen entlassen. Als Begründung für die Entlassungen gibt sie an, dass die betroffenen Bäckereiverkäuferinnen den neuen Anforderungen durch die Einführung von Computerkasse und Schichtbetrieb nicht gewachsen gewesen wären. *„Man muss halt sich die Zeit nehmen, dass man das Personal in Ruhe einschult [...] und für Fragen dann da ist. Und die ältere Generation hat es eigentlich auch gut aufgenommen. Klar, es gab zwei [Mitarbeiterinnen], die es nicht konnten, aber eben wie gesagt, die habe ich dann auch entlassen, weil sie nicht mitgekommen sind. Aber die haben es dann selber schon <u>eingesehen</u> [...]. Ich habe auch verschiedene Schichten eingeführt, es war sonst immer so, die eine hat <u>nur</u> früh gearbeitet, die andere <u>nur</u> am*

Nachmittag und dann hab ich gesagt: ‚So was geht nicht, ich kenne das auch nicht so, [...] man muss auch mal nachmittags arbeiten können'.“

Inzwischen sei die Arbeitsbeziehung zu ihren Verkäuferinnen, so sagt Frau Ascher, geprägt durch ein kooperatives Miteinander, das ihr sehr am Herzen liege. *„Also, es ist ein schönes Zusammenarbeiten mittlerweile, Offenheit ist da. [...]. Und da bin ich jetzt momentan sehr zufrieden mit meinem Personalstamm. [...] Ich glaube, das haben wir jetzt ganz gut hingekriegt. Sie [die Mitarbeiterinnen] wissen, dass sie immer kommen können. Also es gibt einige, die zu mir kommen, auch privat, wenn sie Probleme haben. Und da bin ich auch da und habe auch Zeit. Das ist ja auch wichtig und da bin ich eigentlich ganz froh drüber. Ich krieg auch was zum Geburtstag geschenkt, also das ist auch lieb, eine Kleinigkeit, und das freut mich dann auch immer, oder zu Weihnachten was und zwischendurch mal was, wenn sie in Urlaub fahren, dass sie was mitbringen oder eine Karte schreiben, und das ist schön. Da denke ich, dass sie sich auch wohl fühlen. Und die sind jetzt ja eben zehn Jahre schon bei mir und waren davor schon ein paar Jahre da, also ich denk, dann passt das Klima, wenn sie so lang bleiben.“* Auf Anregung von Frau Ascher trifft sich die Belegschaft auch im privaten Rahmen: *„[...] wir haben es auch eingeführt, dass [...] wir ab und zu miteinander essen gehen. Was ich halt so gekannt habe vom Hotelfach, dass man miteinander am Abend mal fortgeht und ein bisschen privater redet. Oder dass wir Betriebsfeiern in dem Sinne machen oder Weihnachten jedem ein Geschenk geben [...]. Und das haben sie eigentlich, glaub ich, schon erwartet und das haben sie auch bekommen. Also ich bin vielleicht wieder zu gutmütig dann in dem Sinn, aber die Strenge, wo es früher gab, die [ist] jetzt nicht mehr.“*

Über die Eigentumsverhältnisse des Einzelunternehmens gibt Frau Ascher im Rahmen des Interviews keine Auskunft.

6.7.4 Die Familiensphäre

Das Ehepaar Ascher, das seit 1997 verheiratet ist, hat einen 6-jährigen Sohn, der zum Zeitpunkt des Interviews kurz vor der Einschulung steht. Die Familie bewohnt eine Etagenwohnung, die sich direkt über dem Hauptgeschäft des Bäckereibetriebs befindet.

Die Schilderungen der familiären Situation beginnt Frau Ascher mit dem Kennenlernen ihres jetzigen Ehemanns während ihrer Zeit im Hotelfach, wobei sie die genauen Umstände nicht weiter ausführt. In ihren nachfolgenden Erzählungen thematisiert sie, wie wichtig es für die Beständigkeit einer Unternehmerehe sei, dass die

Partner aufeinander zählen können. Dabei sei ihrer Meinung nach ein offener Kommunikationsstil die Voraussetzung dafür, dass man als Ehepaar in einem Familienunternehmen zusammenarbeiten könne. *„Also, man muss sich auch vertrauen [und] zusammenhalten können, sonst kann man das nicht machen, glaub ich. Dadurch dass man auch von früh bis abends in dem Sinn zusammen ist oder sich häufiger sieht als jetzt andere Paare, ist es dann schon wichtig, dass man offen alles sagt und [...] nicht immer schluckt und alles herausschiebt."*

Sie spricht in diesem Zusammenhang sogar davon, dass man als Person über ein gewisses Naturell verfügen müsse, um überhaupt als Ehepaar erfolgreich miteinander arbeiten und leben zu können. *„Man muss der Typ sein, dass man sagt, man will immer was Neues haben oder die Herausforderung [...]. Wenn man der Typ nicht ist, da gibt [es] ja genügend Geschäftsleute, die sich scheiden lassen, weil es eben nicht zusammenpasst bei denen in der Firma. Und dann ist man da wahrscheinlich nicht der richtige Typ dafür. Man muss es wollen, und wenn ich keinen Spaß daran hätte, keinen hundertprozentigen, würde ich's auch nicht machen."* Ihr Ehemann sei ihr *„wichtigster Bezugspunkt"*, sowohl im geschäftlichen wie auch im privaten Bereich. So spricht sie sehr eindringlich darüber, wie sehr er sie unterstützt habe, wenn es zwischen ihr und der Schwiegermutter zu kleineren Unstimmigkeiten gekommen sei. *„Es gab manchmal schon kleine Reibereien, dass [...] sie [die Schwiegermutter] dann was gesagt hat [und] ich hab dann gesagt: ‚Es ist halt jetzt so und es läuft so weiter.' Also mein Mann hat dann auch dazu gestanden, also hinter mir."*

Im weiteren Verlauf des Interviews kommt Frau Ascher auf das Thema Haushalt und Kindererziehung zu sprechen. Aus ihren Erzählungen lässt sich deutlich heraushören, dass sie die Bewältigung der anfallenden Aufgaben in den beiden Bereichen nicht ohne belastende Momente erlebt. Besonders eindrucksvoll tritt dies in der folgenden Interviewpassage zutage, in der sie auf ihre Doppelbelastung als erwerbstätige Frau mit Baby zu sprechen kommt. Ihre damit verbundenen gesundheitlichen Probleme hätten sie dazu gezwungen, ihr eigenes Anspruchsdenken neu zu bewerten. Sie habe beschlossen, ihre an sich selbst gestellte Erwartungshaltung herunterzufahren. Als Lösungsstrategie gelte seitdem die schrittweise Abarbeitung der anfallenden Aufgaben. *„Wie er [der Sohn] ein halbes Jahr alt war, da bin ich dann zusammengebrochen, weil ich durch das neue Baby, Stillen, Geschäft weiterhin und alles – da war schon mal der erste Punkt: ‚Na ja, jetzt muss irgendwie was anders werden'. [...] Ich weiß nicht, eine sentimentale Phase vielleicht? Ich habe darüber nachgedacht: ‚Machst du alles richtig, bist du gut oder nicht? Bist zufrieden?' Und da habe ich dann gemerkt, dass ich eigentlich schon zufrieden bin, dass andere Mütter vielleicht* *das und das besser machen, andere Hausfrauen das und das besser machen, aber ich glaube, es sind alle glücklich, mit denen ich zusammen bin. Und das reicht oder das ist es ja, was ich will. Ich habe gemerkt, dieses Erwarten von mir nicht mehr so hochzuschrauben. Das ist ja genauso, wie wenn ich sage: ‚Ich muss heute auf der Arbeit das und das und das machen‘, [und] dann schaffe ich's nicht. Aber wenn ich sage: ‚Ich mach jetzt mal den Schritt und dann den nächsten Punkt‘, [...] wie es einem gesagt wird auf Seminaren [...]. Und es ist schon was Wahres dran, man darf es nicht als Ganzes sehen, sondern nur Schritt für Schritt.“*

Auch wenn Andrea Ascher den Eindruck zu vermitteln versucht, dass sie ihre eigene Erwartungshaltung bewusst nicht an der Außenwelt orientiert, stellt sich dies an einer Stelle des Gesprächs anders dar. Und zwar spricht sie darüber, dass sich ihr 6-jähriger Sohn in gewisser Weise am Tagesablauf des Unternehmens orientieren muss. Dennoch sieht sie ihn, trotz gewisser Rücksichtnahme, die er erbringen muss, im klaren Vorteil gegenüber Kindern, deren Mütter als Angestellte außer Haus tätig sind. *„Weil ich sage dann auch, andere Mütter, die bringen dich [den Sohn] um sieben in den Kindergarten und sind den ganzen Tag weg und kommen erst abends heim [...], und ich bin auch zwischendurch für dich da. Dafür brauche ich halt früh meine Ruhe, wenn ich dann unten bin im Betrieb und es ist recht viel los oder am Abend [...]. Und [...] das hat er nicht anders gelernt. Er ist mit dabei im Geschäft [...] und er ist auch sehr selbstständig, eigentlich muss ich sagen. Also er kann auch allein oben [in der Privatwohnung] bleiben und spielt dann schön.“* Andrea, deren Sohn kurz vor der Einschulung steht, plant mit zunehmendem Alter des Kindes, das Augenmerk noch mehr auf ihre Tätigkeit im Familienunternehmen zu richten. *„Ich denk mal [...], in zwei, drei Jahren, wenn er [Sohn] in der Schule richtig drinnen ist und nicht mehr so oft daheim einen braucht, dass es dann schon wieder mehr auf Geschäft geht.“*

Obwohl sie mit ihrer jetzigen Situation als Mutter und Hausfrau durchweg zufrieden sei, frage sie sich, ob man wirklich alle Rollen, die man als Frau innehabe, miteinander vereinbaren könne, und zieht für sich, wie bereits an einer früheren Stelle des Gesprächs, das folgende Resümee: *„Worüber ich mir mal Gedanken gemacht habe ist, ob man wirklich [eine] gute Ehefrau, Mutter, Geschäftsfrau, Chefin, ob man das wirklich sein kann [...] alles miteinander. Und ich habe dann gelernt, man kann es sein, man darf sich nicht reinstressen. Man darf von sich aus nicht so viel erwarten.“*

Ähnlich wie bei der Kindererziehung kommt sie auch beim Aspekt Haushalt zunächst darauf zu sprechen, dass sie anfänglich unter ihren eigenen Leistungsvorgaben gelitten habe. So spricht sie offen aus, dass sie sich sehr lange dagegen gewehrt habe, für die Hausarbeit Hilfe von außen in Anspruch zu nehmen. Seit einigen Jahren greift Frau

Ascher nun jedoch auf externe Unterstützung im Haushalt zurück. *„Am Anfang hab ich mich lang gesträubt dagegen, so: ‚Ich putz selber meine Waren [Sachen] oder bügele meine Waren [Sachen] selber.' [...] Und dann nach ein paar Jahren, nachdem mein Mann sich aufgeregt hat, wenn ich dann bügele [...], dann habe ich doch gesagt, also ich suche mir jetzt jemanden. [...] Aber es hat ein paar Jahre gedauert, bis ich das angenommen habe. Und wie er [der Sohn] dann da war, das war mir dann doch eine Hilfe. [...] Ich habe zum Glück eine Reinigungsdame, die einmal in der Woche kommt, eine Bekannte von mir. Was bei uns auch nötig ist, dadurch, dass mein Mann auch mit den Bäckerklamotten herumläuft, und so schaut es bei uns immer gut aus. Und meine Wäsche kann ich zum Bügeln weggeben. Das ist mir auch eine Hilfe, also bügeln tue ich nicht gern, ich bin nicht so der Hausfrauentyp in dem Sinn."* Ihr Ehemann, so sagt sie, übernimmt ab und zu das Kochen für die Familie, wenn es seine Zeit erlaubt. *„Ja gut, und was mein Mann ganz gern macht, wenn er mal Zeit hat, ist kochen. Das ist sehr praktisch, weil dann kochen wir gleich ein bisschen vor."*

Die Erledigung der Hausarbeiten, so berichtet Frau Ascher, orientiere sich am Arbeitsaufkommen in der Bäckerei. So wechsele sie ständig zwischen ihrem beruflichen und familiären Bereich hin und her. Dabei lassen ihre Aussagen den Rückschluss zu, dass der Fokus eher auf der Erfüllung ihrer beruflichen Pflichten liegt. *„Ja, und wenn ich dann oben bin in der Wohnung, dann mach ich normale Hausfrauensachen, sag ich jetzt mal, und bin halt trotzdem immer erreichbar [fürs Geschäft]. Telefon ist ja da, also wenn irgendjemand kommt und was Besonderes ist, dann geh ich auch schnell mal runter [und] mach das. Genauso wenn ich vormittags dann mal Luft hab, kann ich auch mal herauf gehen und oben was machen in der Wohnung. Das ist dann ganz praktisch. Dadurch, dass ich dann doch erreichbar bin, [...] kann man das vereinen miteinander."*

Die enge Verbindung von Wohn- und Arbeitsstätte macht es ihrer Ansicht nach notwendig, geistigen Abstand zwischen den beiden Sphären zu schaffen, und so gibt es zwischen den Ehepartnern ein Abkommen, Konflikte aus dem Unternehmen nicht mit in die privaten Räumlichkeiten zu tragen. *„Also wenn ich jetzt normal oben in der Wohnung bin, reden wir schon auch übers Geschäft, nicht die ganze Zeit, aber manchmal fällt einem ja oben was ein und dann [...] reden wir halt dann gleich drüber. Wenn es jetzt Konflikte gab, irgendwie vom Betrieb her, dass wir uns da nicht einig waren, das tragen wir eigentlich selten mit nach oben. Da schauen wir schon drauf, dass es ein bisschen dann unten [in der Firma] bleibt, dass wir das unten ausdiskutieren, dass man oben dann doch mehr seine Ruhe hat."*

Doch trotz aller guten Vorsätze, Privates vom Geschäftlichen zu trennen, stellt sie etwas resigniert fest, dass dies kaum möglich sei, und zieht in diesem Zusammenhang einen Vergleich zu ihrem „früheren" Leben als Angestellte: *„Ich denk mal [...], man ist eigentlich fast rund um die Uhr im Geschäft [...], in Gedanken. Immer wieder kommt man aufs Geschäft zurück. Und das war früher [als Angestellte] nicht so, da bist du heimgegangen und [...] hast deine Freizeit gehabt."*

Auch beim Thema Freizeit, auf das sie wenig später näher zu sprechen kommt, beschreibt sie einen Sinneswandel hin zu einem mehr familienorientierten Leben: *„Was sich jetzt geändert hat, dass [...] uns das Private wichtiger ist. [...] Vorher war wirklich fast nur Geschäft. [...] Da waren wir auch vier Jahre eigentlich gar nicht fort gewesen. [...] Und jetzt ist es mittlerweile so, wir legen sehr viel Wert darauf, dass wir uns auch mal einen Tag für ihn [den Sohn] nehmen, mein Mann zum Beispiel was mit ihm macht."*

Im Alltag versucht Frau Ascher, kleine Familienrituale in ihr straffes Zeitprogramm einzubauen. So trifft sich die junge Familie regelmäßig zum Mittagessen. Am Wochenende werde gemeinsam gefrühstückt. Alle anderen Freizeitaktivitäten, so betont sie, würden *„spontan"* entschieden. *„Also bisher ist es eben, dass man zusammen Mittag isst, dass wir das machen, das ist uns noch wichtig. Wie wir es dann machen, wenn er in der Schule ist, weiß ich noch nicht. Was auch sonntags eigentlich immer ist, dass wir zusammen frühstücken, alle drei. Dass wenn er [der Sohn] dann so weit ist und auch herunterkommt [in den Laden], dass wir [...] schön Frühstücken. Denn ich hab dann Backstubenverkauf, da ist ja meine Schwiegermutter meistens noch mit <u>da</u> früh um sieben und dann kann die [die Schwiegermutter] den Verkauf machen, das Brot muss noch nicht raus und dann nehmen wir uns die Zeit eigentlich, dass man sagt: ‚Jetzt hocken wir uns hin, alle drei, frühstücken in aller Ruhe.' Also das ist eigentlich so ein eingefahrenes Ritual, ein schönes."*

Wie bedeutsam der gemeinsame Urlaub für die kleine Familie ist, wird aus einer fast leidenschaftlich klingenden Erklärung spürbar, in der sie untermauert, welchen hohen Stellenwert diese wenigen freien Tage im Leben des Ehepaars hätten. *„Und das ist uns <u>sehr wichtig</u> geworden, dass wir diese paar Tage, die man dann hat im Jahr, dass das auch wirklich unser Privates ist und dass das dann auch schöne sind. [...] Egal was es kostet im Endeffekt, dass es uns gefällt, dass es ein Erlebnis ist, dass es Erholung ist. [...] Den ersten Urlaub, wo wir da gemacht haben [...], da haben wir nicht so drauf geachtet, wohin, was für ein Hotel [...] und das war ein ziemlicher Reinfall. Und mittlerweile ist es so, dass ich genau heraussuche, was für ein Hotel, wo es liegt, wie* *komme ich hin, [...] dass die vier Tage oder fünf Tage [...] wirklich rundum schön sind, dass da nichts schief laufen kann. Das ist jetzt sehr wichtig.“*

Mit großem Unverständnis blickt sie auf ihr früheres freizeitorientiertes Denken als Angestellte zurück, wobei man ihr eine gewisse innerliche Distanz zu diesem vorherigen Leben anmerkt. *„Wir machen lieber zwischendurch dann so Kleinigkeiten oder mal Blumen schenken oder so was, das machen wir spontan. Oder ich kaufe ihm [Ehemann] eine CD oder dass ich sag, [...] wir gehen schick essen am Samstagabend. Das ist dann mehr spontan. Das sind auch die Sachen, wo wir gelernt haben, aus denen zehren wir dann, dass man sagt: ‚Die paar Stunden [...] das sind die, wo man die Kraft schöpft.‘ [...] Und das habe ich vorher nicht gekonnt. Da hat man wirklich gesagt: ‚Ich brauch jetzt mal zwei Wochen Urlaub, dass ich fortfahren kann, dass ich mich erholen kann‘. Aber das könnte ich jetzt, glaub ich, gar nicht mehr – zwei Wochen fort. Also es langen vier Tage und die intensiv.“* Durch die zeitliche Beanspruchung im Unternehmen, so Frau Ascher weiter, ließen sich Kontakte zu Freunden sehr schwer aufrechterhalten, weil die Freizeit nur sehr kurzfristig planbar sei.

6.8 Fallgeschichte – Diana Däumler

6.8.1 Die Interviewsituation

Der Kontakt zu Diana Däumler wird über eine Verbandskollegin von ihr initiiert, die sie als interessante Gesprächspartnerin avisiert. Jedoch deutet diese bereits an, dass Frau Däumler aufgrund ihres großen beruflichen Engagements zeitlich sehr beansprucht sei und daher einem Interview möglicherweise nicht zustimmen könnte. Vorgewarnt durch diese Information kommt es zur ersten Kontaktaufnahme. Nach einer kurzen Vorstellung des Forschungsprojekts bittet Frau Däumler sich zunächst Bedenkzeit aus. Als ich mich nach vier Wochen noch einmal bei Frau Däumler melde, stimmt diese überraschenderweise sofort einem Interview zu. Als Treffpunkt schlägt sie ein bekanntes Szenelokal vor, in dem sie sich um 20 Uhr einfindet. Da ich die Gesprächspartnerin nicht kenne, bin ich zugegebenermaßen erstaunt, als sich eine Frau in Designerkleidung, die so gar nicht in das landläufige Bild einer Metzgerin passt, vorstellt. Obwohl sich die Interviewführung in dem gut besuchten Lokal als äußerst schwierig erweist, entwickelt sich nach kurzer Zeit ein interessantes Gespräch, bei dem Frau Däumler sehr sachlich aus ihrem Leben erzählt.

6.8.2 Das Porträt

Diana Däumler ist 47 Jahre alt. Die Tochter aus einer familiengeführten Metzgerei verlebt ihre Kindheit in der Obhut von Kindermädchen. Da die Unternehmensnachfolge aufgrund der Firmentradition den männlichen Kindern vorbehalten bleibt und eine Mitarbeit der Tochter im elterlichen Metzgereibetrieb nicht vorsieht, beginnt Frau Däumler nach bestandener mittlerer Reife eine kaufmännische Ausbildung zur Steuerfachgehilfin. Nach einer Weiterbildung zur Bilanzbuchhalterin macht sie sich auf diesem Gebiet selbstständig und führt ihr Unternehmen bis zu ihrer Eheschließung im Jahr 1985 insgesamt fünf Jahre.

6.8.3 Die Unternehmenssphäre

Der 1906 gegründete Metzgerei- und Feinkostbetrieb ist in einer Großstadt angesiedelt und wird seit 1988 in der vierten Generation von Frau Däumlers Ehemann geführt. Neben dem Ladengeschäft hat sich die Metzgerei auf exklusives Catering und die Versorgung von Ganztagsschulen spezialisiert. Für das Unternehmen arbeiten neben dem Ehepaar neun weitere Mitarbeiter und Mitarbeiterinnen.

Mit der Eheschließung im Jahr 1985 gibt Diana Däumler ihr eigenes Unternehmen auf und wechselt in den familiengeführten Metzgereibetrieb ihrer Schwiegereltern. Das Ende ihrer Tätigkeit als selbstständige Bilanzbuchhalterin erscheint in ihren Schilderungen als untrennbar mit der Heirat verknüpfte Gegebenheit. Obwohl sie mehrfach betont, dass sie ihren früheren *„Beruf sehr geliebt"* habe, schildert sie ihren Entscheidungsfindungsprozess, ihre Selbstständigkeit aufgeben zu müssen, als unproblematisch, da sie sich durch ihre eigene familiäre Herkunft bewusst gewesen sei, dass man diesen Schritt von ihr erwartet habe. *„Weil ich es eben auch von Zuhause kenne oder meine Tanten haben beide auch in einen Betrieb eingeheiratet und das war für mich eigentlich schon klar."*

Nach einer Anlernphase in der Metzgerei einer Tante ihres Ehemanns beginnt sie im Unternehmen ihrer Schwiegereltern als Vollzeitkraft im Verkauf zu arbeiten. Sie beschreibt diese Phase als schwierig, da sie sich sowohl mit den langjährigen Mitarbeiterinnen als auch mit der Cousine ihre Schwiegermutter, *„die eigentlich das Zepter geführt hat"*, auseinandersetzen musste, weil diese die junge Frau als eine Konkurrentin wahrnahm, die ihr die Rolle als Führungskraft streitig machen könnte. In ihren weiteren Schilderungen macht Frau Däumler deutlich, dass sie sich nur schwerlich mit der für sie neuen Rolle als Auszubildende identifizieren konnte, *„vor allem, wenn man selber im Beruf schon was erreicht hat [...] da hat man natürlich auch seine*

Ansichten und denkt: ‚Mensch, ich bin doch schon wer' und dann fängst du wieder von ganz von unten an, [...], dass man dann noch mal praktisch wie ein Lehrling anfängt".

Drei Jahre nach ihrem Wechsel in das Unternehmen ihrer Schwiegereltern übergeben diese den Betrieb an den Sohn. Die Schwiegermutter arbeitet noch eine Zeit lang halbtags im Ladengeschäft, der Schwiegervater tritt im Familienunternehmen nur noch sporadisch in Erscheinung. Diana Däumlers Position im Unternehmen verändert sich merklich, als die Schwiegermutter endgültig aus dem Geschäft ausscheidet. *„Das hat sich eigentlich gewandelt, [...] als meine Schwiegermutter dann weg war. [...] man ist so hineingewachsen in die Arbeit, in die Firma, auch in die Position des Chefs, das geht nicht von heute auf morgen."* Sie betont in diesem Zusammenhang, dass man als in einem Familienunternehmen arbeitende Person einen fortwährenden Entwicklungsprozess durchlaufen müsse. Wer sich diesen Veränderungen widersetze, *„wer nicht hineinwachsen kann, der wird scheitern im Familienunternehmen".*

Auf die Frage, für welche Bereiche sie im Familienunternehmen die Verantwortung trage, antwortet sie wie folgt: *„Ich sag immer für alles. Also Laden, Küche, Partyservice, seit diesem Jahr auch Schulversorgung [...]. Und dann durch meinen früheren Beruf natürlich, [...] mache ich die gesamte Buchhaltung bis zur Bilanz eigentlich alles."* Auch für den Bereich Personal trägt sie die Verantwortung. Alle anfallenden Entscheidungen würden jedoch zwischen den Ehepartnern besprochen. *„Also, die Neueinstellungen der Damen mach meistens ich, spreche es dann aber mit meinem Mann ab. [...] Neuanschaffungen werden eigentlich schon gemeinsam besprochen."*

Im Allgemeinen lassen die Aussagen von Frau Däumler auf ein großes Einvernehmen zwischen den Eheleuten im Hinblick auf betriebliche Entscheidungen schließen. Auch wenn sie an anderer Stelle davon spricht, dass sie als normale Angestellte sicherlich mehr Anerkennung für ihre Tätigkeit bekommen würde. *„Manchmal würde man das schon gerne hören, [...]. Es wird vieles ganz normal behandelt. Also ich denk immer, wenn Sie einen Chef über sich haben, dann wird das anders sein als die eigene Familie. [...] Ich glaube, wenn man einen Chef über sich hat, der würde auf jeden Fall, öfters mal loben. Vielleicht auch das negative, nicht nur das positive [...]."*

Nach ihrer Beziehung zu den Mitarbeitern in der Metzgerei befragt, berichtet Frau Däumler darüber, dass der Respekt der Mitarbeiter gegenüber ihr als Chefin erst mit der Zeit entstanden sei. *„Aber im Laufe der Zeit ist es so, dass man da einfach fester oder auch als Chefin eher anerkannt wird. Am Anfang wurde man von den jungen Mädchen als Chefin auf keinen Fall anerkannt, sondern da ist man einfach jemand. Die haben alle gelernt und haben vielleicht schon einige Jahre gearbeitet und dann* *kommt jemand, muss das eigentlich lernen und hat aber trotzdem schon das gewisse Sagen. Also, es war schon eine schwierige Situation.*" Heute verbindet sie mit den Angestellten ein kooperatives Verhältnis, das auf Offenheit und Teamgeist basiert. Wenn Meinungsverschiedenheiten zwischen den Mitarbeitern und dem Chef auftreten, fungiert sie als Vermittlerin: „*[...] Wenn es jetzt zum Beispiel Konflikte zwischen den Mitarbeitern und meinem Mann gibt, [...] da bin ich diejenige, die schon versucht, das wieder in die Reihe zu kriegen.*" Frau Däumler beendet ihre Schilderungen zu ihrem Verhältnis zu den Mitarbeitern der Metzgerei mit der Feststellung, dass diese „*nicht ein erweiterter Teil des Familienunternehmens, sondern der Familie sind*".

Auf die Eigentumsverhältnisse am Unternehmen angesprochen, erklärt sie offen, dass sie durch einen Vertrag vom Besitz ihres Ehemannes ausgeschlossen sei: „*Wir [haben] Gütertrennung. [...] Das ist ja sein Geschäft.*" Obwohl sie, wie sie betont, durchaus unternehmerische Entscheidungen trifft, sei sie offiziell nicht am Einzelunternehmen beteiligt. Sie sei sich durchaus bewusst, dass sie durch ihre Leitungsfunktion im Fall der Unternehmensschließung keinen Anspruch auf Arbeitslosengeld hätte, da das Arbeitsamt sie nicht als Angestellte, sondern als Unternehmerin einstufen würde. „*Unternehmer ist schon mein Mann, dem gehört das Geschäft, aber ich sag mal, ich mach schon sehr viel in die Richtung und wahrscheinlich, wenn ich wirklich mal arbeitslos wäre, würde ich kein Arbeitslosengeld kriegen.*"

6.8.4 Die Familiensphäre

Frau Däumler, die zum Zeitpunkt des Interviews 21 Jahre verheiratet ist, hat eine Tochter von 18 Jahren und einen 14-jährigen Sohn, die beide noch zur Schule gehen und im Haushalt der Eltern leben. Die vierköpfige Familie bewohnt eine Etage in einem Mehrfamilienhaus, in dem auch die Produktion und das Ladengeschäft der Metzgerei untergebracht sind.

Ihre Ausführungen zum familiären Kontext beginnt Diana Däumler damit, die Besonderheiten einer Unternehmerehe aufzuzeigen: „*Sie heiraten nicht nur einen Mann, sondern sie heiraten ein Unternehmen, Schwiegereltern [und] alles, was da eben so mit dran hängt [...].*" Und führt weiter aus: „*Sie übernehmen einen Ehemann, der gleichzeitig jeden Tag 24 Stunden um sie ist, umgekehrt natürlich genauso [...]. Sie übernehmen Schwiegereltern, die, anders als im Privatleben, eigentlich schon mehr mitreden [...]. Und Sie übernehmen Angestellte, wo sie wirklich am Anfang eine gewisse Zeit brauchen, um sattelfest zu sein.*"

Über ihre Schwiegereltern erfährt man während des gesamten Interviews nur sehr wenig, außer dass die Zusammenarbeit mit ihnen nicht immer völlig reibungslos vonstatten gegangen sei. So spricht sie von kleineren Disputen, deren Auslöser hauptsächlich im familiären Bereich begründet lagen. In diesem Zusammenhang kommt sie auch auf ihren Ehemann zu sprechen, der ihr bei Konflikten mit den Schwiegereltern zur Seite gestanden habe. *„Also, der Schwiegervater hat die Mutter unterstützt und mein Mann mich. Und das war auch gut, [denn] wenn das nicht [ist], dann hat man es als Frau schon schwer.“*

An einer anderen Stelle des Interviews spricht sie noch einmal das Thema Ehe und Familienunternehmen an, indem sie sowohl negative als auch positive Aspekte schildert, die sich auf das gemeinsame Leben als Unternehmerpaar auswirken können. *„Also ich sag jetzt mal, im Familienunternehmen, da gibt es oft Streitpunkte, wenn man den ganzen Tag zusammenarbeitet oder den ganzen Tag zusammen ist, aber es gibt auch viele Schweißpunkte, wo wirklich auch die Familie letztendlich zusammengeschweißt wird durchs Unternehmen. Ich weiß nicht, ob Sie sich das vorstellen können, dass man einfach sagt: ‚Mensch, [...] weißt du was, ich mag jetzt nicht mehr, ich geh.‘ Aber da hängt dann nicht nur der Mann, die Familie, sondern auch das Familienunternehmen dran.“* So lässt sie keinen Zweifel aufkommen, dass die Arbeit in der familiengeführten Metzgerei *„auch eine gewisse Lebensaufgabe“* für sie darstellt. Nach Frau Däumlers Meinung ist die Voraussetzung für ein funktionierendes Zusammenleben als Unternehmerehepaar, die partnerschaftliche Bewältigung von auftretenden Schwierigkeiten. *„Probleme liegen lassen, das geht eigentlich <u>nicht</u>, weil man dann [...] mit dem Ehepartner [...] gemeinsam versuch[en] muss, das Ganze zu lösen.“*

Zu den Themen Haushalt und Kinder äußert sie sich nur wenig, was wohl darauf zurückführen ist, dass sie in beiden Bereichen eher eine Nebenrolle einnimmt. Als eine Art Zuschauerin sieht Frau Däumler ihre Kinder heranwachsen. *„Am Anfang hatte ich eine Frau, die eigentlich jeden Vormittag da war und Nachmittag hat es die Uroma gemacht. Und dann später hatten wir Au-pair-Mädchen, [...] bis der letzte dann im Kindergarten war, dann hat man nur noch für Nachmittag eine Betreuung gebraucht.“*

Ihre erwerbsorientierte Haltung zeigt sich besonders eindrucksvoll anhand der nachfolgenden Episode, in der die Befragte über die Geburt der beiden Kinder spricht und nicht ohne Stolz erwähnt, dass sie unmittelbar nach den Entbindungen wieder in der Metzgerei tätig gewesen sei. *„Ich war eigentlich immer voll in der Firma, weil ich habe die Kinder entbunden und bin am Freitag aus dem Krankenhaus raus, Montag war ich wieder den ganzen Tag im Geschäft.“* Insgesamt scheint sie großen Wert darauf zu legen, die gesamte Situation unproblematisch erscheinen zu lassen, und zieht Parallelen zu ihrer eigenen Kindheit, in der die Mutter auch eine eher marginale Rolle im Leben der Kinder gespielt habe.

Trotz aller Beteuerung, dass ihr die periphere Rolle in der Kindererziehung keinerlei Probleme bereitet habe, lässt sich in einer anderen Interviewpassage ein leichtes Bedauern heraushören, dass sie nur wenig Zeit mit ihren Kindern verbringen konnte: *„Also ich glaube, ich habe es leichter ertragen, eben nicht mit meinen Kindern wie andere Mütter auf den Spielplatz gehen zu können. Aber es gab natürlich schon Momente, wo ich gesagt hab: ‚Mensch, das wäre jetzt schön, einfach mal einen Nachmittag mit den Kindern was zu unternehmen [...].'“* Umso mehr genießt sie heute die Zeit, die sie beispielsweise mit der Tochter verbringen kann, wenn diese an den Wochenenden beim Partyservice aushilft. Insgesamt vermitteln ihre Äußerungen den Eindruck, dass sie in den letzten Jahren zunehmend mehr Wert darauf legt, die ihr verbleibende freie Zeit ganz bewusst mit der Familie zu verbringen. *„Wenn ich jetzt Freizeit habe, dann will ich mit der Familie und den Kindern sein. Zum Beispiel am Sonntag früh das Frühstück ist heilig, egal welcher Partyservice oder was auch immer ist. Oder auch am Sonntagabend das Kochen zusammen, aber es ist schon wenig [Zeit] [...].“*

7 Fallübergreifende Analyse und Interpretation der Ergebnisse

Anschließend an die Darstellung der einzelnen Fallgeschichten im vorhergehenden Kapitel sollen in der folgenden fallübergreifenden Analyse die Gemeinsamkeiten und Unterschiede der einzelnen Fälle herausgearbeitet, in verschiedene Themencluster gegliedert und interpretiert werden. Dabei zeigt sich, dass die Konturen zwischen den einzelnen Themenblöcken oftmals ineinander verwoben sind, sodass der Eindruck entsteht, die einzelnen Cluster seien durch ein fein geknüpftes Netz miteinander verbunden. Um diese Feinstrukturen deutlich sichtbar werden zu lassen, wird an den entsprechenden Stellen mit Querverweisen gearbeitet.

ABBILDUNG 3: *Die Themencluster der fallübergreifenden Analyse (eigene Darstellung)*

7.1 Die familiäre Herkunft der Ehefrau

Richtet man das Augenmerk auf den sozialen Hintergrund der Akteurinnen, so wird eindrucksvoll deutlich, wie prägend dieser sich auf deren Haltung gegenüber ihrer Tätigkeit im Familienunternehmen auswirkt. Dabei zeigen sich klare Unterschiede in den Sichtweisen der Frauen, die selbst in einer Unternehmerfamilie aufgewachsen sind, und denen der Interviewpartnerinnen, die aus einem Arbeitnehmerhaushalt[79] stammen.

Die Analyse konzentriert sich zunächst auf die Gruppe von Befragten, die in einem Unternehmerhaushalt aufgewachsen sind. Diese Frauen schildern alle in sehr ähnlicher Art und Weise, wie sie bereits in ihrer frühesten Kindheit mit dem Bewusstsein heranwuchsen, dass das jeweilige Unternehmen im Zentrum des familiären Interesses stand und jedes Familienmitglied, so auch die Befragten, seine persönlichen Ziele denen des Geschäftsbetriebs unterzuordnen hatte (siehe hierzu auch Abschnitt 7.9 und 7.10). Geprägt durch die erwerbsorientierte Lebensführung der Eltern und die ständige Präsenz des Unternehmens im privaten Bereich, entwickelte sich bei diesen Frauen der Eindruck, dass der Geschäftsbetrieb gewissermaßen ein Teil der Familie sei und oftmals sogar deren Identität konstituiere. Wie stark die Identität der Befragten in manchen Fällen mit dem Familienunternehmen verbunden ist, lässt sich beispielsweise mit der folgenden Äußerung von Kerstin Keim belegen: *„Du stellst ja praktisch mit deiner Person die Brauerei dar."*

Ein weiterer Aspekt, der im Leben der aus Unternehmerhaushalten stammenden Frauen als Gemeinsamkeit erkennbar war, ist die Rolle der männlichen Geschwister, denen gleichsam die Position des „Kronprinzen" zugebilligt wurde. Fast alle interviewten Frauen äußerten sich dahingehend, dass die Position des Unternehmensnachfolgers ausschließlich den Brüdern vorbehalten gewesen sei. Exemplarisch sei hier auf die folgende Aussage von Johanna Jobst verwiesen: *„Also ich hab auch einen Bruder, und da war es auch klar, der Sohn kriegt die Firma, das war so vorgegeben."* Dieser Befund deckt sich mit den Ergebnissen von Dumas (1989), die in ihrer Arbeit feststellte, dass Töchter häufig dann als Nachfolgerinnen in Betracht kommen, wenn kein passender männlicher Nachfolgekandidat zur Verfügung steht (vgl. Dumas 1989, 39). Bis heute beeinflusst das Recht des erstgeborenen Sohnes die Entscheidung der

[79] Der Begriff „Arbeitnehmerhaushalt" bzw. „Arbeitnehmerfamilie" soll hier nur als ein Pendant zum Begriff „Selbstständigen-Familie" dienen, um diese voneinander abzuheben. Es ist an dieser Stelle aber zu betonen, dass es keine im landläufigen Sinn „typische" Arbeitnehmerfamilie gibt, sondern dass sich dahinter eine äußerst heterogene Gruppierung von nicht selbstständig Tätigen verbirgt (z. B. eine höhere Beamtenfamilie usw.).

Nachfolgeplanung in Familienunternehmen (vgl. Hollander/Bukowitz 1990, 146; Kepner 1991, 457). Dieses bewusste Ausklammern der Töchter von der Planung des Nachfolgeprozesses lässt den Schluss zu, dass bei diesen das Gefühl entsteht, als Frau gegenüber ihren männlichen Geschwistern eine eher unbedeutende Position im Hierarchiegefüge der Unternehmerfamilie einzunehmen.[80] Hier tritt deutlich zutage, dass das soziale Geschlecht ein konstitutives Element bei der Verteilung der Positionen innerhalb einer Organisation ist, das häufig zur Benachteiligung von Frauen führt (vgl. Acker 1991, 168; Acker 1992, 253). Doch ungeachtet dessen, dass es sich dabei lediglich um eine pauschal zugewiesene Nebenrolle handelte wurde diese, so scheint es, von den Interviewpartnerinnen als unabänderliche Tatsache akzeptiert. Dass keine der Akteurinnen sich dagegen zur Wehr gesetzt hat, hängt möglicherweise auch damit zusammen, dass die Adressaten ihrer Vorwürfe nicht die Brüder, sondern die Eltern gewesen wären und eine offene Auseinandersetzung mit diesen im schlimmsten Fall zum Bruch mit der eigenen Familie hätte führen können.

Geprägt durch die Vorerfahrungen aus ihrer Herkunftsfamilie scheint es den befragten Frauen leichter zu fallen, sich als neues Mitglied in dem häufig durch Arbeit bestimmten Unternehmerhaushalt der Familie ihres Mannes zurechtzufinden. Auch wenn sich zeigt, dass dieses „praktische Bewusstsein"[81] (Giddens 1997, 36 und 144) oder, anders ausgedrückt, dieser „vorbewusste" Wissensvorrat, den die Akteurinnen im Laufe der Zeit aus ihren Erfahrungen in der Herkunftsfamilie generiert haben, nicht zwangsläufig eine Sicherheit gewährleistet, dass das Leben bzw. Arbeiten im neuen System ohne belastende Situationen verläuft – wie sich im Fall von Susanne Sommer zeigt: *„Also ich [Susanne Sommer] glaube nicht, dass ich das so verkraftet hätte [das Leben in der Familie ihres Mannes] wenn ich das nicht von vornherein gewöhnt wäre, dass bei uns [im Unternehmerhaushalt ihrer Eltern], wenn in den Sommermonaten Kirchweihen waren, meine Eltern am Wochenende gearbeitet haben, und früh um fünfe mein Vater aufgestanden ist, also wenn man das [Leben in einem selbstständigen Haushalt] nicht schon kennt, dann ist das für einen schon arg."*

Ein Grund für die trotzdem bestehenden Eingliederungsschwierigkeiten mag sein, dass in jeder der untersuchten Familien und dem daran angeschlossenen Unternehmen ein eigenes Wertesystem vorherrscht, das sich klar von dem des Elternhauses der Frauen unterscheiden kann. Wie stark sich diese Alltags- bzw. Verfahrensdirektiven (vgl.

[80] Diesbezüglich ist auf einen Artikel von Kets de Vries (1977) zu verweisen, der sich unter anderem auch mit dem Thema der Sozialisation und deren Einfluss auf die Entscheidung, selbstständig tätig zu sein, beschäftigt.

[81] Giddens (1997, 144) spricht hier auch von Regelwissen.

Giddens 1997, 73) zwischen der Herkunftsfamilie der Frauen und ihrer neuen Familie unterscheiden können, lässt sich am Beispiel der Fallgeschichte von Frau Keim aufzeigen. In ihrem Elternhaus galt die Mitarbeit der Familienangehörigen als verpflichtend, wohingegen die Beschäftigung der Frau in der Unternehmerfamilie ihres Mannes als klarer Verstoß gegen das dort vorherrschende Reglement gewertet wurde. Zudem ist es in diesem Zusammenhang wichtig zu erwähnen, dass sich Frau Keim, trotz ihrer Erfahrungen, die sie im elterlichen Unternehmerhaushalt gesammelt hatte, am Anfang nur schwer in die für sie ungewohnte Lebenskultur des Brauereibetriebs einfinden konnte, da diese im Unterschied zu ihrer Familie durch repräsentative Verpflichtungen geprägt ist, d. h. Kerstin Keim hatte aufgrund ihres nicht bzw. nur wenig vorhandenen handlungspraktischen Wissens Schwierigkeiten, sich im Alltagsleben der Brauerei adäquat zu verhalten. Kerstin Keim zieht in diesem Zusammenhang eine Parallele zu jenen Frauen, die durch ihre Heirat Prinzessinnen wurden, aber selbst nicht von adeligem Geschlecht sind.[82]

Diese Äußerung von Frau Keim verdeutlicht beispielhaft, dass man bei den Frauen mit einem Familienunternehmen-Hintergrund nicht per se voraussetzen kann, dass ihnen ihr Wissen aus ihrer Herkunftsfamilie dazu verhilft, sich in den ihnen fremden Lebenswelten, in die sie einheiraten, mühelos zurechtzufinden. Vielmehr wird erkennbar, dass das System, in dem die sozialen Akteurinnen aufgewachsen sind, und das System, in das sie durch die Heirat wechseln, vergleichbar sein müssen, damit ihnen ihr handlungspraktisches Wissen dabei helfen kann, sich im Interaktionskontext richtig zu verhalten, so wie es beispielsweise bei Diana Däumler der Fall ist. Sie verfügt aufgrund ihres Sozialisationshintergrundes als Tochter einer Metzgereifamilie über ein ausreichend spezifisches Regelwissen, sodass sie um die Rechte und Pflichten weiß, deren Erfüllung man von ihr als Frau eines Metzgermeisters erwartet (siehe hierzu auch Abschnitt 7.2).[83] Es lässt sich also zusammenfassend feststellen, dass es nicht nur von Bedeutung ist, ob die Frauen selbst bereits aus einer Unternehmerfamilie stammen oder nicht, sondern inwiefern die Werte- und Sozialgefüge in Herkunftsfamilie und neuer Familie vergleichbar beschaffen sind. Die Akteurinnen, die sozusagen aus einem gleichen Handlungsmilieu stammen, verfügen über ein größeres geteiltes Wissen, dass ihnen dabei hilft, sich im Kontext des Familienunternehmens, in das sie eingeheiratet haben, besser zu orientieren bzw. angemessen zu verhalten (vgl. Giddens 1979, 67).

---

[82] Im Interview spricht Kerstin Keim von *„Prinzessinnen, die da einheiraten, aber nicht von königlichem Blut sind [...]"*.

[83] Frau Däumler verweist in diesem Zusammenhang auch auf ihre Tanten, die ebenfalls in einen Metzgereibetrieb eingeheiratet haben.

Bei denjenigen Frauen, die aus einer „Arbeitnehmerfamilie“ stammen, wird erkennbar, dass sie das Leben in einem Unternehmerhaushalt als sehr unterschiedlich zu ihrer Herkunftsfamilie wahrnehmen. In diesem Zusammenhang entsteht der Eindruck, dass einige der befragten Frauen das *„öffentliche“* Leben in den Unternehmerfamilien als Kontrast zu ihren Sozialisationserfahrungen in einem *„privaten“* Haushalt erfahren, weil hier der Schutz der Privatsphäre, beispielsweise durch Publikumsverkehr, weniger gewahrt bleibt, als dies in ihrer Herkunftsfamilie der Fall war. So äußert sich Hermine Häfner wie folgt: *„Und man war halt so eine richtige private Familie nach außen hin, man wusste nicht, was da los ist, wenn man in so ein Geschäft reinheiratet oder wie das da ist.“* Ein weiterer Beleg findet sich auch im Interview mit Diana Däumler. Obwohl diese in einer Unternehmerfamilie aufgewachsen ist, spricht sie davon, dass sich das Leben für Mitglieder eines Selbstständigenhaushalts anders gestalte als das einer *„Privatperson“*. Dies lässt den Schluss zu, dass es sich bei Unternehmerhaushalten um eher öffentliche Familien handelt, was möglicherweise damit begründet werden kann, dass diese gezwungenermaßen zugänglicher für Geschäftspartner respektive Kunden sein müssen, als dies in Privathaushalten der Fall ist, wie beispielsweise in der Fallgeschichte von Frau Dagmar Dietz deutlich wird. Diese öffentliche Zugänglichkeit wird von dieser Gruppe der Befragten durchweg als unangenehm geschildert (siehe hierzu auch Abschnitt 7.7).

Auch das erwerbsorientierte Leben und das daraus resultierende geringe Maß an Freizeit, das in fast allen der hier untersuchten familiengeführten Handwerksbetrieben erkennbar ist, empfand dieser Kreis der Befragten als belastend (siehe hierzu auch Abschnitt 7.5). Allerdings finden sich bei einigen Frauen auch Belege dafür, dass sich mit zunehmender Verweildauer im Familienunternehmen eine Art Perspektivenwechsel vollzieht, der sicherlich darauf zurückzuführen ist, dass die Akteurinnen – als wissensbegabte und einsichtsfähige Individuen (vgl. Giddens 1997, 56; Ortmann et al. 1997, 317) – das ihnen anfänglich fremd anmutende System im Laufe der Zeit verstehen lernen. Überraschenderweise geht der Gesinnungswandel bei einigen der interviewten Frauen sogar so weit, dass sie ihrem früheren Leben kritisch gegenüberstehen und dieses als unattraktives Gegenmodell zu ihrem jetzigen im Familienunternehmen wahrnehmen, wie es beispielsweise bei Andrea Ascher der Fall ist. Es zeigt sich, dass auch bei dieser Gruppe, ähnlich wie bei den aus einem Unternehmerhaushalt stammenden Frauen, das Unternehmen zunehmend mehr Bedeutung im Leben der Akteurinnen gewinnt.

Auch wenn die Schilderungen der Frauen aus beiden Gruppen sich auf den ersten Blick immer stärker annähern, je länger die Frauen in ihren neuen Familien leben und arbeiten, zeichnet sich doch bei genauerer Betrachtung ein Unterschied dahingehend ab, dass die Frauen, die in einem Arbeitnehmerhaushalt aufgewachsen sind, sich differenzierter mit der Wirklichkeit in dem durch die Interdependenz von Familie und Unternehmen geprägten System auseinandersetzen.[84] Dabei dienen diesen Frauen die Erfahrungen, die sie in ihrer Herkunftsfamilie und als Angestellte sammeln konnten, als wertvolle Vergleichsbasis. Aufgrund des somit möglichen Abgleichprozesses hinsichtlich der an sie gestellten Anforderungen und ihrer eigenen Erfahrungswerte lässt sich die Vermutung äußern, dass diese Gruppe der Interviewten die Zuweisung einer determinierten Rolle im Familienunternehmen nicht akzeptiert, ohne diese zu hinterfragen.

7.2 „Wie alles begann ...“ – Motive für den Eintritt ins Familienunternehmen

Der Weg ins Familienunternehmen wird von allen Akteurinnen als ein bedeutsamer Lebensabschnitt wahrgenommen, der oftmals auch mit belastenden Momenten einherging. Aus diesem Grund ist die Frage von großer Bedeutung, was die Frauen bewog, in eine ihnen häufig fremd anmutende Welt zu wechseln. Die Gründe und Motive, die hinter dieser Entscheidung stehen, sind so vielschichtig wie die einzelnen Geschichten der Befragten. Strukturiert man die Aussagen jedoch, wird deutlich, dass der Einstieg ins Familienunternehmen für Hermine Häfner, Johanna Jobst und auch für Diana Däumler eine Art „Fremdverpflichtung“ darstellte, d. h. der Wechsel ins Familienunternehmen resultierte aus einer sozialen Zuschreibung bzw. einer Erwartungshaltung von außen (vgl. Kaufmann 1992, 41). Für die andere Gruppe der Befragten stellte der Eintritt ins familiengeführte Unternehmen hingegen eine Art „Selbstverpflichtung“ (Kaufmann 1992, 41) dar, d. h. der Einstieg in den familiengeführten Betrieb geschah aus eigenem Antrieb und oftmals sogar gegen den Willen der Schwiegereltern bzw. des Ehemanns.

So thematisiert Susanne Sommer offen die anfänglich ablehnende Haltung ihres Ehemanns gegenüber ihrer Beschäftigung im Familienunternehmen und auch Andrea

[84] Die Komplexität der Familienunternehmen wird dann deutlicher, wenn man sich vor Augen hält, dass die Subsysteme durch unterschiedliche Wertvorstellung geprägt sind. So basiert z.B. das System „Liebe“ gleich „Familie“ auf emotionalen Aspekten, wohingegen das System „Arbeit“ gleich „Unternehmen“ durch rationale Faktoren dominiert wird (vgl. Kepner 1991, 447). Vgl. hierzu auch Abschnitt 2.1.

Ascher äußert die Vermutung, dass ihr Mann nicht wirklich glücklich darüber gewesen sei, dass sie im familiengeführten Bäckereibetrieb zu arbeiten begann. Beide Männer hätten ihre eher abweisende Haltung damit begründet, dass sie nicht wie ihre Eltern eine Beziehung hätten führen wollen, die sich ausschließlich um betriebliche Belange drehe. So würden beide Männer nach Aussage ihrer Ehefrauen negative Erinnerungen an ihr Leben als Kind in einem Unternehmerhaushalt verbinden.

Der Großteil der befragten Frauen, die ebenfalls in einer Selbstständigen-Familie aufgewachsen sind, vermittelt hingegen nicht diesen Eindruck. Vielmehr lässt deren Willen, auch gegen den Widerstand der Schwiegereltern bzw. des Ehemanns im Familienunternehmen arbeiten zu wollen, den Schluss zu, dass die Beschäftigung dort als erstrebenswert angesehen wird. Möglicherweise hängt dies damit zusammen, dass die befragten Frauen ihren Wunsch nach Beruf und Kindern leichter als die in Angestelltenverhältnissen beschäftigten Frauen vereinbaren können (siehe hierzu auch Abschnitt 7.9).

Im Folgenden wird zunächst die Gruppe der Frauen betrachtet, deren Einstieg in das Familienunternehmen auf eigene Initiative erfolgte. Dabei zeigt sich, dass der Auslöser bei einigen der Befragten, wie beispielsweise bei Dagmar Dietz und Desiree Danzer, vor allem in dem Wunsch lag, dem Ehemann unterstützend zur Seite zu stehen oder – wie im Fall von Andrea Ascher – in der Hoffnung, durch diese Entscheidung den eigenen Wunsch nach Eigenständigkeit zu verwirklichen.

Susanne Sommer und Kerstin Keim stellten in ihren Erzählungen heraus, dass sie, geprägt durch ihre familiären Erfahrungen als Töchter aus einem Unternehmerhaushalt, der Überzeugung seien, dass es ihre Pflicht wäre, als Ehefrau im Familienunternehmen ihres Mannes zu arbeiten (siehe hierzu auch Abschnitt 7.1). Da der Wechsel in den Familienbetrieb in beiden Fällen aufgrund eines selbstbestimmten Entschlusses der Befragten und gegen den Willen der Schwiegereltern bzw. des Ehemanns erfolgte, erlebten beide Frauen sich als „ungebetene Gäste“ (siehe hierzu auch Abschnitt 7.5).

In der Gruppe der Frauen, bei denen eine Fremdverpflichtung erkennbar ist, wurden die Befragten mit einer klaren Erwartungshaltung der Schwiegereltern bzw. des Ehemanns konfrontiert. In diesen Fällen galt der Wechsel ins Familienunternehmen mit der Heirat gewissermaßen als besiegelt.

Doch auch hier werden zusätzlich Motive deutlich, welche die Frauen darüber hinaus bewogen haben, in das Unternehmen zu wechseln. So spielt beispielsweise bei Hermine Häfner und Johanna Jobst der Wunsch nach Selbstständigkeit und die Aussicht, als zukünftige Nachfolgerin der Schwiegermutter deren Aufgabenbereich zu übernehmen, eine entscheidende Rolle. In diesem Zusammenhang erweist sich der Begriff der „unsichtbaren Nachfolgerinnen", der von Dumas (vgl. 1989, 37) geprägt wurde, auch für die vorliegende Studie als zutreffend, denn auch in den hier untersuchten Fällen findet eine Art „unsichtbarer" Generationenwechsel statt, auch wenn es sich anders als in der Studie von Dumas (1989) nicht um die Tochter handelt, die dem Vater nachfolgt, sondern um die Schwiegertochter, die den Bereich der Seniorchefin übernimmt. Dieser spezielle Aspekt der Nachfolge ist jedoch bis dato in der Family Business-Forschung leider weitgehend unbeachtet geblieben.

Nur im Fall von Diana Däumler wird spürbar, dass diese mit ihrem Wechsel in das Familienunternehmen keinen beruflichen Aufstieg verband, sondern in dieser Entscheidung eher die Erfüllung einer ehelichen Pflicht und somit vor allem eine Fremdverpflichtung sah.

7.3 Die Aufgaben der Ehefrau im Familienunternehmen

Für welche Bereiche die befragten Frauen im Familienunternehmen zuständig sind, wird sehr schnell deutlich: weitgehend für das Büro. Dort tragen sie die Verantwortung für die verschiedensten administrativen Aufgaben, so auch überwiegend für das Finanzmanagement und die Buchhaltung.[85] Drei der acht Befragten geben zudem an, dass sie neben der Bürotätigkeit auch Aufgaben im Ladengeschäft verantwortlich wahrnehmen. Nur in einem Fall verfügt die Befragte über kein klar definiertes Tätigkeitsfeld: Frau Keim, die sich selbst als *„Mädchen für alles"* bezeichnet, übernimmt je nach Bedarf die verschiedensten Aufgabenbereiche in der familiengeführten Brauerei.[86]

Doch auch diejenigen Frauen, die Verantwortung für ein spezifisches Aufgabengebiet tragen, übernehmen immer wieder auch Arbeiten, die außerhalb ihres eigentlichen Wirkungskreises liegen. So spricht Hermine Häfner davon, dass sie auch einmal als Hilfskraft in der Werkstatt der Zimmerei aushelfe, oder Dagmar Dietz berichtet darüber, bei Bedarf eine LKW-Lieferung abzuladen. Um diesem ständig wechselnden Arbeitsaufgaben gerecht werden zu können, weist der Großteil der Gesprächspartnerinnen ein hohes Maß an „funktionaler Flexibilität" (vgl. Wheelock/Baines 1998, 59f.) auf. Dies bedeutet, dass die Befragten eine Vielzahl an unterschiedlichen Auf-

[85] Ein ähnliches Bild zum Thema „Zuständigkeitsbereiche der Frauen" zeigt sich z. B. in den Studien von Keese (1997, 218f.), Jox/Schmitt (1988, 21f.) und Glasl (2003, 16).

[86] Wie vielfältig Kerstin Keims Betätigungsfeld ist, wird deutlich, wenn man bedenkt, dass sie zeitweise so unterschiedliche Tätigkeiten wie den Getränkeausschank, kleinere Arbeiten im Büro, die Organisation von Kunstausstellungen bis hin zur Reparatur der LKWs übernimmt.

gaben im Familienunternehmen übernehmen und dies oftmals sogar gleichzeitig (siehe hierzu auch Abschnitt 7.8).

In einigen Fällen werden über den jeweiligen primären Arbeitsbereich der Frauen hinausgehend gesonderte Abmachungen zwischen den Ehepartnern getroffen, an welche die Ehefrauen ihren Arbeitsablauf zusätzlich anpassen müssen (z. B. Telefondienst, wenn der Ehemann beim Kunden ist). Dort, wo es den Befragten trotzdem gelingt, ihren Arbeitsalltag nach ihren eigenen Bedürfnissen zu gestalten, wie beispielsweise in den Fällen von Hermine Häfner bzw. Dagmar Dietz, wird die gesamte Arbeitssituation, trotz der geringen Planbarkeit, als weniger belastend empfunden.

Um die anfallenden Tätigkeiten in angemessener Weise bewältigen zu können, benötigen die Frauen eine entsprechende Ausbildung. Vergleicht man die Qualifikation der Interviewten, so verfügt Susanne Sommer als Einzige sowohl über eine kaufmännische wie auch über eine handwerkliche Ausbildung.[87] In den anderen Fällen werden oftmals Unterschiede zwischen dem faktisch notwendigen Wissen, das die Frauen für die Verrichtung ihrer Tätigkeiten im Familienunternehmen benötigen, und den absolvierten Ausbildungen erkennbar. So zeigt sich, dass keine der befragten Ehefrauen – mit Ausnahme von Susanne Sommer – über ausreichende handwerkliche Kenntnisse verfügt, sodass die Frauen aus diesem Grund im Rahmen der Erledigung ihrer Arbeiten im Büro (z. B. bei der Erstellung von Rechnungen oder bei Kundenanfragen) auf die Informationsübermittlung der Ehemänner angewiesen sind.

Doch auf den zweiten Blick wird deutlich, dass fast alle Befragten schon bei Beginn ihrer Tätigkeit im Familienunternehmen über Schlüsselqualifikationen[88] verfügen, die ihnen dabei helfen, ihr Aufgabengebiet zu meistern. Exemplarisch soll an dieser Stelle auf die Fallgeschichte von Dagmar Dietz verwiesen werden, deren ursprünglicher Ausbildungsberuf als medizinische Bademeisterin und Masseurin sich auf den ersten Blick sehr stark von ihrem jetzigen Zuständigkeitsbereich, nämlich Büro und Verkauf, unterscheidet. Doch auch sie verfügt aufgrund einer früheren Anstellung in der Buchhaltung über ein Grundwissen, das ihr dienlich war, im Unternehmen Fuß zu fassen.

[87] Susanne Sommer ist ausgebildete Hotelfachfrau und gelernte Schreinerin.

[88] Unter Schlüsselqualifikationen versteht man die Eigenschaften einer Person, die ihr den Umgang mit fachlichem Wissen ermöglichen soll. Dabei konnten die folgenden Fähigkeiten – wenngleich in unterschiedlicher Ausprägung – bei fast allen der befragten Ehefrauen festgestellt werden: eine große Lernbereitschaft sich in neue Arbeitsfelder einzuarbeiten, ein hohes Maß an Engagement, die Motivation am Projekt Familienunternehmen mitzuwirken, die Bereitschaft selbstständig im eigenen Bereich zu handeln und die Fähigkeit, flexibel auf die unterschiedlichsten Gegebenheiten zu reagieren, sowie Zuverlässigkeit und Empathie, die besonders im Bereich der Mitarbeiterbeziehung festzustellen sind.

Insgesamt zeigen fast alle interviewten Frauen ein hohes Maß an Eigeninitiative, wenn es darum geht, vorhandene Wissenslücken zu schließen. Neben dem oftmals angewandten Prinzip des „learning by doing", erhielten einige der Befragten auch Unterstützung von ihren Schwiegermüttern, die sie mit den ihnen oftmals neuen Tätigkeitsfeldern vertraut machten, wie beispielsweise im Fall von Hermine Häfner bzw. Desiree Danzer.

Auch die Möglichkeit, sich durch den Besuch von Fortbildungsmaßnahmen neues Wissen anzueignen, wird vom vielen Interviewpartnerinnen genutzt.[89] Doch aus diesem Interesse an Weiterbildung zu schließen, wie das in einigen Studien geschehen ist (vgl. z.B. Rühl et al. 1991), dass es sich bei den mitarbeitenden Ehefrauen um wenig qualifizierte Mitarbeiterinnen handelt, wird den interviewten Frauen nicht gerecht. Zur Bestätigung sei an dieser Stelle exemplarisch auf die Fallgeschichte von Johanna Jobst verwiesen, die nach dem Abitur ein Studium an der Beamtenhochschule im Bereich Finanzen abgeschlossen hat, jedoch während ihrer Tätigkeit im Unternehmen immer wieder Weiterbildungsmaßnahmen besucht. Eher muss man das Engagement der Frauen, sich weiterzubilden, dahingehend deuten, dass sie sich bewusst sind, wie wichtig ein fundiertes und aktuelles Wissen für ihre Tätigkeit im familiengeführten Handwerksbetrieb ist. Ein direkter Zusammenhang zwischen höherer Qualifikation und der Übernahme von Leitungsaufgaben, wie in anderen Untersuchungen beschrieben (vgl. Kerkhoff 1991, 72f.; Bartmann/Zierau 1995, 34f.), lässt sich in der vorliegenden Studie nicht nachweisen.

Jedoch entsteht durch manche Interviewaussagen der Befragten der Eindruck, dass die Qualifikation der Frauen oftmals nicht das ausschlaggebende Kriterium für deren Übernahme von Tätigkeitsgebieten im familiengeführten Handwerksbetrieb gewesen ist, sondern dass dieses vor allem „ein Ergebnis [...] [der] familiären Situation" (Bartmann/ Zierau 1995, 83) war. Dies deutet darauf hin, dass die Entscheidung für die Einstellung der Frau in den Betrieb hauptsächlich auf dem Sachverhalt gründet, dass sie mit dem Chef verheiratet ist.

Anschließend an die Analyse der Tätigkeitsgebiete, Arbeitsanforderungen und Qualifikationen der befragten Frauen wird im folgenden Abschnitt die Position der mitarbeitenden Ehefrau im Entscheidungsprozess des familiengeführten Handwerkbetriebs betrachtet. Diese ist ganz wesentlich davon abhängig, welche Stellung die Ehefrau in

[89] So absolvierten z. B. Dagmar Dietz und Hermine Häfner einen Kurs, den sie als Fachwirtin im Handwerk abschlossen haben. Susanne Sommer wie auch Desiree Danzer, die zum Zeitpunkt des Interviews kurz vor der Beendigung ihrer Weiterbildung stand, besuchten den Kurs zur Ausbildung als Bürokauffrau im Handwerk.

der Unternehmenshierarchie innehat (vgl. Hollander/Bukowitz 1990, 145f.). Dabei spielt es auch eine Rolle, welche Familienangehörigen neben dem Ehemann noch im Unternehmen beschäftigt sind. In einigen der vorliegenden Fallgeschichten arbeiten die Befragten zum Beispiel mit ihren Schwiegermüttern im Büro des Unternehmens bzw. im Ladengeschäft zusammen. Hierbei entsteht oftmals der Eindruck, dass die befragten Ehefrauen durch die Präsenz der Seniorchefin in ihrem Bereich eine gewisse Verpflichtung verspüren, diesen gegenüber Rechenschaft ablegen zu müssen. Dies zeigt sich in besonderem Maße in der Fallgeschichte von Johanna Jobst.

Hinsichtlich der Frage, in welchen Bereichen die sozialen Akteurinnen über Entscheidungskompetenzen verfügen und in welchen nicht, wird in der vorliegenden Studie ein differenziertes Bild erkennbar. Bei den Bereichen, in denen die befragten Frauen über einen entsprechenden Handlungsspielraum verfügen, handelt es sich zum überwiegenden Teil eindeutig um typisch weiblich geprägte Tätigkeitsfelder, wie die des Büros, der Buchhaltung[90] oder auch die der sozialen Betreuung von Mitarbeitern.[91] Alvesson und Due Billing (1992) machen in diesem Zusammenhang Folgendes deutlich: „The point is that a particular job (function, level) signals, among other things, a certain conception of gender. The job (position, work tasks, etc.) stands for a particular gender, i.e. triggers off, or is associated with, meanings and understandings involving gendered connotations." (Alvesson/Due Billing 1992, 89).

Dass in den vorliegenden Fällen eine geschlechtergeprägte Arbeitsteilung vorherrscht, zeigt sich bereits aufgrund der in den meisten Fällen gegebenen räumlichen Trennung der Wirkungsstätten von Ehefrau (Büro) und Ehemann (Werkstatt). Diese Befunde decken sich mit den Ausführungen von Joan Acker, die sie im Rahmen ihrer Theorie der „gendered organization" über geschlechtsabhängige Arbeitsteilungen macht (vgl. Acker 1991, 167; Acker 1992, 252f.). Ohne Zweifel spielen bei dieser Verteilung der Aufgabenbereiche bzw. der Entscheidungsmacht in einem Wirtschaftszweig wie dem Handwerk kulturelle Traditionen eine bedeutsame Rolle, da sich hier der „Meister" über die Jahrhunderte hinweg als Symbol für Maskulinität oder, wie Kanter es nennt, eine männliche Ethik (vgl. Kanter 1977, 22) entwickelt hat.

---

90 Da die befragten Frauen oftmals auch die zentralen Bereiche Rechnungslegung/Buchhaltung betreuen, verfügen sie nicht selten als einzige über einen genauen Überblick über die finanzielle Situation des familiengeführten Handwerksbetriebs.

91 Calás/Smircich (1996, 234) stellen dazu pointiert fest: „'Caring work' is 'women's work' and caring work pays less".

Wie aber nutzen die Befragten ihre Entscheidungsbefugnisse in ihren Zuständigkeitsbereichen? Hier zeigt sich, dass einige der Interviewpartnerinnen selbst bezüglich der Gebiete, in denen sie einen großen Entscheidungsspielraum haben, dazu neigen, ihre Ehemänner in den Prozess der Entscheidungsfindung einzubinden. Dieses Verhalten lässt den Schluss zu, dass die Ehefrauen, wie beispielsweise Andrea Ascher, eher dazu tendieren, ihre Macht in gegenseitigem Austausch mit ihren Männern zu entwickeln, gemäß dem Motto: „Gemeinsam sind wir stark". Vergleicht man hingegen das Entscheidungsverhalten der Ehepartner der Frauen etwas genauer, so zeigt sich, dass die Ehemänner in ihren Bereichen des Handwerksbetriebs hauptsächlich alleine entscheiden, wobei jedoch in einigen Fallgeschichten erkennbar ist, dass die befragten Frauen als eine Art Beraterin fungieren.

Zu vergleichbaren Ergebnissen gelangen auch Studien zur Copreneur-Forschung. So stellen beispielsweise Ponthieu/Caudill (vgl. 1993, 14f.) fest, dass in den von ihnen untersuchten Ehepaar-Unternehmen zwar beide Ehepartner beteiligt sind, jedoch die Ehemänner kaum dazu tendierten, ihre dort ebenfalls tätigen Ehefrauen mit in den Entscheidungsprozess einzubinden. Dies unterstreicht, dass in den überwiegenden Fällen die Ehemänner die Hauptentscheidungsmacht im Unternehmen innehaben, was Martin (2006, 267) zu der Feststellung veranlasst: „Gender is practised at work in a context of power where men hold most of the most powerful positions and most women are subordinate to men in the formal authority structure and relative to gender."

Letztlich führt diese geschlechtergeprägte Arbeitszuweisung – der Mann ist für den handwerklichen Teil und die Frau für das Büro zuständig – dazu, dass einige der befragten Frauen gegenüber der Außenwelt gewissermaßen unsichtbar[92] bleiben, da die Ehemänner weitestgehend die Außenkontakte übernehmen. Dieser Befund deckt sich mit den folgenden Ausführungen von Acker (1991, 170): „A job already contains the gender-based division of labor and the separation between the public and the private sphere." Diese Trennung zwischen öffentlicher und privater Sphäre wird besonders in der Fallgeschichte von Johanna Jobst deutlich: Diese trägt zwar die Verantwortung für

---

[92] Das Thema der Unsichtbarkeit nimmt eine zentrale Stellung ein, wenn es darum geht, sich mit dem Thema Frauen in Familienunternehmen zu beschäftigten (vgl. auch Gillis-Donovan/Moynihan-Bradt 1990; Hollander/Bukowitz 1990; Salganicoff 1990b). Auch bei Reis (2004) finden sich interessante Befunde zum Thema der „unsichtbaren" Frau. Anders als in der vorliegenden Studie untersucht die Autorin Partnerinnen von Managern. Auch auf diesem Gebiet zeigt sich, dass die Frauen Bereiche übernehmen, die man mit den Worten „typisch weibliche" etikettieren kann, wie z.B. Beziehungspflege, Fürsorge, Ratgeberin sein usw. (vgl. Reis 2004, 129ff.), doch bleibt letztendlich auch hier das Engagement der Frauen weitgehend im Dunkeln verborgen. Siehe hierzu auch Abschnitt 3.1.

die Buchhaltung alleine, weil ihr Ehemann, wie sie sagt, dafür keinerlei Interesse zeige, doch trotzdem übernimmt ihr Mann die Bankgeschäfte, obwohl er zuvor mit den notwendigen Informationen von ihr versorgt werden muss.

So entsteht der Eindruck, dass die Ehefrauen oftmals für Bereiche zuständig sind, für die ihre Ehemänner keinerlei Interesse hegen. Ähnliche Ergebnisse finden sich auch bei Alvesson/Due Billing (vgl. 1992, 89). Möglicherweise hat diese Marginalisierung der Arbeitsleistung der Frauen damit zu tun, dass diese typisch weiblichen Tätigkeitsfelder als nicht entscheidend für den Fortbestand des Handwerksbetriebs angesehen werden, da diese nicht zum handwerklichen Aufgabenbereich zählen.[93] Wie die Aussagen der Befragten belegen, erweckt dies bei den Frauen wiederum den Eindruck, dass sie lediglich die Rolle einer Aushilfskraft im Familienunternehmen übernehmen, auf die man bei Bedarf zurückgreifen könne, deren Arbeitsleistung jedoch nicht zum Kerngeschäft des Unternehmens beitrage.[94] Dies zeigt sich exemplarisch an der Fallgeschichte von Johanna Jobst, die ihr Aufgabengebiet als *„Sekretärinnen-Arbeit"* bezeichnet, obwohl sie die Verantwortung für wichtige Bereiche des Unternehmens wie die Buchhaltung trägt.

7.4 „In love and in business" – Zusammenarbeit mit dem Ehemann

Das Zusammenleben und -arbeiten mit dem Ehemann im familiengeführten Betrieb stellt in fast allen Fallgeschichten ein wichtiges Thema dar. Dabei wird beispielsweise anhand der Schilderungen von Dagmar Dietz und Susanne Sommer deutlich, dass die eheliche Beziehung zum Partner, mit dem man *„Tag und Nacht"* bzw. *„24 Stunden"* beisammen ist, als etwas Besonderes angesehen wird.[95] Entsprechend äußern sich einige der Befragten auch dahingehend, dass nicht jedes Ehepaar dazu in der Lage sei, zusammenzuarbeiten. Dies erweckt den Anschein, als würden die Frauen die gemeinsame Arbeit als einen Art Beziehungstest ansehen, aus dem Rückschlüsse auf die Qualität der ehelichen Partnerschaft gewonnen werden könnten.

---

93 Auch hier findet die Fokussierung auf die männliche Arbeitskraft statt oder wie Mills (1988, 358) es formuliert: „[The] men become 'the locus of cultural value'". Siehe hierzu auch Abschnitt 7.6.

94 Betrachtet man jedoch die durchschnittliche administrative Belastung in klein- und mittelständischen Unternehmen, die im Durchschnitt bei ca. 121 Stunden im Monat liegt (vgl. Müller 1998, 85) wird deutlich, wie bedeutsam genau der Bereich Büro, der weitgehend von den befragten Frauen verantwortet wird, für den Fortbestand der Unternehmen ist.

95 Nicht nur für die befragten Ehefrauen scheint diese intensive Form des Zusammenlebens und -arbeitens etwas Außergewöhnliches darzustellen, denn auch ein Ehepartner einer der Befragten erzählte nach einem Interview, dass die Ehejahre in diesem Zusammenhang eigentlich doppelt zählen müssten.

Wie eng das Glück in der Partnerschaft mit dem des Unternehmens verbunden ist, wird in einigen Fallgeschichten, beispielsweise bei Susanne Sommer und Kerstin Keim, sichtbar. Die Paare führen nicht nur eine Ehe im landläufigen Sinn, sondern gleichsam eine Unternehmer-Ehe, in der nicht nur eine Beziehung zwischen Ehemann und Ehefrau, sondern auch zwischen den Partnern und dem Unternehmen eingegangen wird. Bisweilen entsteht sogar der Eindruck, das Familienunternehmen würde gewissermaßen die Position eines intimen Partners einnehmen. Deshalb verwundert es nicht, wenn beispielsweise Diana Däumler davon spricht, dass sie *„nicht nur einen Mann, sondern [...] ein Unternehmen [...] [geheiratet hat]"*. Auch Desiree Danzer spricht in diesem Zusammenhang von der *„Liebe fürs Geschäft"* und macht deutlich, wie untrennbar das Unternehmen mit der Person ihres Ehemanns verbunden ist.

Dass sich hinter dieser Art von Partnerarbeit eine besondere Beziehungskonstellation zwischen den Eheleuten verbirgt, wird besonders deutlich, wenn man sich bewusst macht, dass die Interviewpartnerinnen zu ihren Ehepartnern nicht nur eine Beziehung als Ehefrau, sondern auch als Mitarbeiterin haben – gleichsam zwei Verbindungswege also, die jeweils mit anderen Erwartungshaltungen verbunden sind. Diese außergewöhnliche Art des partnerschaftlichen Miteinanders bedarf besonderer Reglements, die im Folgenden näher betrachtet werden sollen (siehe hierzu auch Abschnitt 7.7).

So fordern die Befragten einhellig, dass sie als ebenbürtige Arbeitskraft von ihren Ehemännern im Familienunternehmen wahrgenommen werden wollen. Dieser Anspruch beinhaltet unter anderem den Wunsch nach einer klaren Zuweisung eines Verantwortungsbereichs. Einige Befunde – wie die Fallgeschichten von Desiree Danzer und Johanna Jobst – zeigen jedoch deutlich, dass die Entscheidung, bestimmte Arbeitsbereiche in die Verantwortung der Frauen zu übergeben, in vielen Fällen weniger als eine partnerschaftliche Entscheidung anzusehen ist, als vielmehr dadurch begründet scheint, dass vor allem von den Ehemännern ungeliebte Aufgaben an die Frauen delegiert werden können (siehe hierzu auch Abschnitt 7.3).

Vor diesem Hintergrund ist es bemerkenswert, dass die Akteurinnen die Zusammenarbeit mit dem Partner durchweg als beziehungsförderlich darstellen, was sicherlich damit zutun hat, dass sie ihre Arbeit im Unternehmen auch als Beitrag für die Familie ansehen. „There is also a special psychological reward in being a part of something that is important to the family." (Carlock/Ward 2001, 101).

Wie eng verflochten die Positionen der Ehepartner in der Unternehmenshierarchie des Familienunternehmens sind, lässt sich daran erkennen, dass sich mit der Übernahme des Geschäfts durch den Ehemann nicht nur seine Position, sondern auch die seiner

Ehefrau verändert,[96] da diese im Unternehmensgefüge als die Frau des neuen Chefs gilt, die nun zusammen mit ihrem Mann die neue Kernfamilie bildet, aus der möglicherweise die nächste Nachfolgergeneration hervorgeht.[97] Berücksichtigt man diesen Zusammenhang bei der Beurteilung der Fallgeschichte von Susanne Sommer, dann lassen sich die von ihr geschilderten Probleme, ihren Platz im familiengeführten Handwerksbetrieb zu finden, möglicherweise darauf zurückführen, dass die Unternehmensübergabe von ihren Schwiegereltern an ihren Ehemann noch nicht vollzogen wurde.[98]

Wie die Befragten ihre Rolle in der Zusammenarbeit mit ihren Ehepartnern sehen, wird an den verschiedensten Stellen deutlich: Der Großteil der Frauen sieht sich als Stütze ihres Ehemannes. Dass diese Fortführung des traditionellen weiblichen Rollenverständnisses der „helfenden Hand“ kein Phänomen der älteren Generation darstellt, sondern beim Großteil der Interviewten bis hin zur jüngsten Gesprächsteilnehmerin zum Ausdruck kommt, verblüfft.[99] Doch wenn es den Akteurinnen gelingt, neben dem Wunsch, ihre Ehemänner zu unterstützen, ein eigenes Verständnis für ihre Tätigkeit im familiengeführten Unternehmen zu entwickeln, schaffen sie es auch, mit ihren Ehemännern auf Augenhöhe zusammenzuarbeiten. Dabei zeigt sich an manchen Stellen der Fallgeschichten, dass einige der Befragten, wie beispielsweise Johanna Jobst, aufgrund eines traditionellen Rollenverständnisses ihre Chance minimieren, sich auf gleicher Ebene mit ihren Ehemännern zu bewegen. Betrachtet man das Rollenverständnis der Frauen unter dem Aspekt ihres familiären Sozialisationshintergrunds, liegt die Vermutung nahe, dass die Frauen teilweise eine in ihrer Herkunftsfamilie erfahrene Rollenzuweisung fortführen und diese möglicherweise dazuführt, dass sie ihre Position unter die ihrer Männer unterordnen (siehe hierzu auch Abschnitt 7.1).

---

96 Darauf weist auch Kanter (1977, 112f.) hin und nennt Belege dafür, dass mit dem Aufstieg des Ehemanns in der Unternehmenshierarchie sich auch die Position der Ehefrau verändert.

97 In diesem Zusammenhang ist auf den Abschnitt 7.5 und auf den Unterschied zwischen Schwiegermutter und Schwiegertochter zu verweisen (vgl. Danco 1981, 33). Die Schwierigkeiten beim Aufstieg der jüngeren Frau in der Unternehmenshierarchie können auch damit zusammenhängen, dass die Schwiegertochter nicht zur eigentlichen Kernfamilie zählt. Erst mit der Übergabe des Unternehmens an den Ehemann bildet das Paar zumindest formal die neue Kernfamilie.

98 Im Vergleich dazu soll auf die Fallgeschichte von Andrea Ascher verwiesen werden, deren Mann mit dem Wechsel in die Bäckerei die Unternehmensnachfolge antrat. Dies kann ein Grund dafür sein, dass Frau Ascher weniger Probleme damit hatte, ihre Position im Familienunternehmen zu finden.

99 Ob die Übernahme der Rolle der „Unterstützerin“ von den Frauen selbst gewählt ist oder von ihnen erwartet wird, kann in diesem Zusammenhang nicht eindeutig geklärt werden. Jedoch nehmen sich die Frauen durch diese Fortführung eines geschlechterstereotypen Verhaltens m. E. die Chance, ihren Beitrag im Unternehmen selbst richtig einzuschätzen.

Dass der Spagat zwischen der Rolle als „helfende Hände", die überall dort zupacken, wo Not am Mann ist, und der Rolle einer gleichwertigen Mitwirkenden gelingen kann, zeigt sich an den Beispielen von Andrea Ascher und Dagmar Dietz. In beiden Fällen bringen die Befragten zum Ausdruck, dass sie ihren Zuständigkeitsbereich, den sie weitgehend eigenständig verantworten, so organisiert haben, dass sie durchaus auch kurzfristig Aufgaben aus einem anderen Arbeitsbereich übernehmen können. Dagmar Dietz berichtet beispielsweise davon, dass sie bei Bedarf auch einmal eine Lieferung ablädt. Gleichzeitig macht sie aber auch klar, dass sie nicht 24 Stunden für ihren Ehemann als Arbeitskraft zur Verfügung steht, was sich mit dem folgenden Interviewausschnitt belegen lässt: *„Wenn er jetzt um 18 Uhr noch meint, er muss mir jetzt noch etwas auf den Schreibtisch knallen, dann sage ich: ‚Morgen früh um 9 Uhr geht es weiter'. Also ich bin da einfach direkt."*

7.5 Die langen Schatten der Senioren

Das Thema Schwiegereltern spielt in vielen ehelichen Beziehungen eine nicht zu unterschätzende Rolle. Doch in den vorliegenden Fallgeschichten ist dieser Beziehung eine noch größere Bedeutung beizumessen, da diese nicht nur auf einer rein privaten, sondern auch auf einer engen beruflichen Ebene basiert.

Bis auf zwei Ausnahmen, nämlich Desiree Danzer und Andrea Ascher, haben alle interviewten Frauen ihre Tätigkeit im Familienunternehmen begonnen, als dieses sich noch unter der Leitung der Schwiegereltern befand. Im Fall von Susanne Sommer wird das Unternehmen auch noch zum Zeitpunkt des Interviews von diesen geführt und in zwei weiteren Fällen, bei Johanna Jobst und Andrea Ascher, sind die Schwiegermütter auch nach der Übergabe an den Sohn und dem Ausscheiden des Seniorchefs noch in ihrer früheren Wirkungsstätte tätig.

Wenn die sozialen Akteurinnen ihr Verhältnis zu ihrer Schwiegermutter bzw. ihrem Schwiegervater schildern, macht sich in den Äußerungen oftmals ein gewisses Unbehagen bemerkbar, da das Verhältnis zu diesen nur in Ausnahmefällen als unproblematisch beschrieben wird. So lässt sich am Beispiel von Andrea Ascher bzw. Dagmar Dietz belegen, dass die jungen Frauen in den Familienunternehmen, in die sie einheiraten, oftmals mit Schwiegereltern konfrontiert sind, die ihnen von Anfang an mit einem gewissen Misstrauen begegnen. Diese Befunde decken sich weitgehend mit den Beobachtungen von Danco (1981, 130ff.), die in ihrem eher populärwissenschaftlichen Buch den in ein Familienunternehmen eingeheirateten Schwiegertöchtern und deren Erfahrungen ein kurzes Kapitel widmet. Insgesamt wird anhand der

Fallgeschichten deutlich, dass die Schwiegereltern im Allgemeinen von den Frauen erwarten, dass diese ihre Ziele und Interessen jederzeit denen der Unternehmerfamilie unterordnen.

In den Fällen, in denen die Befragten diese Leitlinien der Senioren nicht befolgen, kommt es zu Streitigkeiten, da deren Verstoß gegen die Spielregeln der Schwiegereltern einem Loyalitätsbruch gleichgesetzt wird, der aus Sicht der älteren Generation dazu führen könnte, dass nicht nur die Familien- sondern auch die Unternehmensstabilität gefährdet wird. Zu einem ähnlichen Ergebnis kommen auch Kaslow/Kaslow (1992, 318), die feststellen, dass die Senioren oftmals die Frauen als Unsicherheitsfaktor wahrnehmen.[100]

Zusammen betrachtet vermitteln die Schilderungen der Befragten ein Bild, das zumindest zum Teil von Extremen dominiert wird. So kommt der Eindruck auf, dass die eingeheirateten Frauen entweder als „neue Töchter“[101] (vgl. Danco 1981, 134) in den Familienclan aufgenommen oder als „Fremdkörper“[102] von den Schwiegereltern mit einem Bann versehen werden. Dass das Letztere in den Fallgeschichten von Dagmar Dietz, Kerstin Keim wie auch Susanne Sommer eingetreten ist, hängt sicherlich damit zusammen, dass diese Frauen, wie an früherer Stelle erwähnt, gegen die in der Unternehmerfamilie vorherrschenden Traditionen bzw. Regeln verstoßen haben (siehe hierzu auch Abschnitt 7.2).

Die Fallgeschichten lassen weiter erkennen, dass der Einfluss der Schwiegereltern auch dann noch nachwirkt, wenn diese bereits aus dem Unternehmensgeschehen ausgeschieden sind. So fühlen manche der Gesprächspartnerinnen eine gewisse Verpflichtung, den Direktiven der Senioren Folge zu leisten, weil sie deren *„Lebenswerk“* fortführen, wie aus den Fallgeschichten von Kerstin Keim und Hermine Häfner hervor geht.

Überraschenderweise ist über das Verhältnis der Ehefrauen zu ihren Schwiegervätern nur dann etwas mehr in Erfahrung zu bringen, wenn diese Auslöser für Streitigkeiten

[100] Dies könnte ein Grund dafür sein, warum die Schwiegertöchter von Anfang an am Besitz der Unternehmung ausgeschlossen werden (siehe hierzu auch Abschnitt 7.11).

[101] In den Fällen, in denen die Schwiegermütter eine Nachfolgerin für ihren Zuständigkeitsbereich suchen, gestaltet sich die Beziehung zu den Schwiegertöchtern harmonischer. Johanna Jobst spricht diesbezüglich davon, dass die Beziehung zu ihrer Schwiegermutter sicherlich eine andere Wendung genommen hätte, wenn sie nicht über den gleichen Berufsethos als Buchhalterin verfügt hätte wie ihre Schwiegermutter.

[102] Dies spiegelt sich in den Erfahrungen von Dagmar Dietz, die sich selbst in ihrem Verhältnis zum Schwiegervater als *„Fremdkörper“* bezeichnet. Aronoff und Ward (1993, 62) sprechen in diesem Zusammenhang sogar von „Outlaws“ bzw. „Gesetzeslosen“, wenn es um die Beziehung der Schwiegertochter zu den Schwiegereltern geht.

waren, wie sich an den Fallgeschichten von Dagmar Dietz bzw. Kerstin Keim zeigt. In den anderen Fällen werden die Schwiegerväter hingegen nur beiläufig erwähnt. Dass der Seniorchef in den Reflexionen der Frauen lediglich eine marginale Rolle einnimmt, mag unter anderem darin begründet sein, dass die Befragten nur wenig Berührungspunkte mit dem Schwiegervater im Betrieb hatten, da dieser in einem für sie „unzugänglichen“ Bereich des Handwerksbetriebs, nämlich der Werkstatt, tätig war.[103] Ein weiterer Grund hierfür kann darin gesehen werden, dass die Schwiegerväter sich mit der Übergabe des Unternehmens an ihren Sohn weitgehend aus dem Betriebsgeschehen zurückziehen – im Gegensatz zu den Schwiegermüttern, die häufig noch nach Jahren im Büro bzw. im Ladengeschäft des Handwerksbetriebs tätig bleiben.

Untersucht man die Kommunikation zwischen den Generationen näher, so ist festzustellen, dass diese durch eine Art Nicht-Verbalisierung konfliktträchtiger Themen geprägt ist, was sich besonders eindrucksvoll in der Fallgeschichte von Susanne Sommer zeigt, als sie auf das Thema der Nachfolge zu sprechen kommt. Aber nicht nur bei einem Tabuthema wie dem des Generationenwechsels (vgl. Salganicoff 1990b, 134) scheint die Gesprächsbasis zwischen den Beteiligten wenig Stabilität aufzuweisen. Auch in anderen Bereichen kommt es immer wieder zu Missverständnissen zwischen den Befragten und ihren Schwiegereltern, weil wichtige Belange nicht offen angesprochen werden. Deshalb verwundert es nicht, dass der Großteil der Gesprächspartnerinnen bei der Schilderung ihres Verhältnisses zu den Senioren häufig Wörter wie *„glauben“*, *„hoffen“* oder *„vermuten“* verwenden, die deutlich machen, dass die befragten Ehefrauen nur erahnen können, was die Seniorchefs letztlich von ihnen als Familien- bzw. Unternehmensmitglied halten und erwarten.

Der Weg, auf dem es den sozialen Akteurinnen letztendlich gelingt, sich gegen das oftmals vorherrschende „Diktat“ der Schwiegereltern durchzusetzen, kann als „Strategie der kleinen Schritte“ bezeichnet werden. Anhand dieser Vorgehensweise offenbart sich, dass ein Akteur niemals als völlig machtlos anzusehen ist, sondern die Möglichkeit hat, anders zu handeln, als es von ihm erwartet wird (vgl. Giddens 1997, 65ff.). Hierbei zeigen die Frauen, die selbst nicht in einem Familienunternehmen aufgewachsen sind, wie zum Beispiel Andrea Ascher, oftmals ein selbstbestimmteres Verhalten gegenüber ihren Schwiegermüttern bzw. Schwiegervätern, mit dem sie das Ziel verfolgen, eine klarere Grenzlinie zu diesen zu ziehen. Haben die Frauen ihre

[103] Es verstärkt sich der Eindruck, dass Frauen, die ausschließlich einer Tätigkeit im Büro nachgehen, in einer Art Zwischensystem arbeiten, das ihnen die Verbindung zu Akteuren in anderen Unternehmensbereichen erschwert (siehe hierzu auch Abschnitt 7.6).

Kindheit selbst in einem Unternehmerhaushalt verbracht, wird der Einfluss der Seniorschefs, so scheint es, eher akzeptiert (siehe hierzu auch Abschnitt 7.1).[104]

7.6 Die Beziehung zu den Mitarbeitern

Wenn sich die befragten Frauen hinsichtlich ihrer Beziehung zu den Mitarbeitern und Mitarbeiterinnen äußern, wird deutlich, dass die Ausführungen in einigen Punkten Ähnlichkeiten aufweisen, sich jedoch auch Unterschiede ergeben. Letzteres ist darauf zurückzuführen, dass die Befragten entweder über einen direkten Arbeitskontakt mit der Belegschaft verfügen, wie im Fall von Andrea Ascher und Diana Däumler, oder durch ihre Tätigkeit im Büro eine eher indirekte Arbeitsbeziehung zu den Angestellten haben, wie beispielsweise in den Fallgeschichten von Dagmar Dietz, Hermine Häfner, Desiree Danzer und Johanna Jobst.[105]

Zunächst sollen diejenigen Akteurinnen betrachtet werden, die in ihren Ausführungen den Eindruck vermitteln, dass sie nur eine indirekte Arbeitsbeziehung zu den Mitarbeitern des Handwerksbetriebs haben, was sie unter anderem damit begründen, dass die Angestellten des Unternehmens den Großteil der Arbeitszeit beim Kunden verbringen. Lediglich bei bestimmten Fragen, die in den Zuständigkeitsbereich der Frauen fallen (z. B. Fragen zum Lohn), fungieren diese als Ansprechpartnerinnen. Dass die Ehemänner jedoch weitgehend alleine für die Belange der Belegschaft (z. B. für die Einstellung bzw. Entlassung von Mitarbeitern) verantwortlich sind, wird beispielsweise aus den Fallgeschichten von Dagmar Dietz bzw. Hermine Häfner ersichtlich (siehe hierzu auch Abschnitt 7.3).

In diesen Fällen entsteht der Eindruck, dass die Befragten durch ihre überwiegende Tätigkeit im Büro eine Art Zwischensystem im Familienunternehmen bilden, aus dem heraus sie den betrieblichen Alltag beobachten. Diese Rolle der sozusagen marginalen Mitarbeiterin, die an der eigentlichen Leistungserstellung des Handwerkbetriebs nicht direkt beteiligt ist, lässt darauf schließen, dass die von den Frauen verrichteten Arbeiten sowohl von ihrem Ehemann wie möglicherweise auch von den Mitarbeitern eher als unbedeutend bewertet werden. Auf diesen Aspekt bezogen stellt Acker (1992, 257)

[104] Aufgewachsen in einem Unternehmerhaushalt erleben diese Befragten bereits von Kindesbeinen an, wie bedeutend der Fortbestand des Unternehmens für die Familie ist (vgl. z.B. Kets de Vries 1977; Süßmuth 1983). Dabei nehmen besonders häufig die Seniorchefs durch ihre langjährige Erfahrung im Familienunternehmen eine wichtige Position im betrieblichen Entscheidungsprozess ein.

[105] Im Fall von Desiree Danzer sei erwähnt, dass im Büro zwar weitere Mitarbeiter tätig sind, Frau Danzer zu diesen jedoch nur eine indirekte Arbeitsbeziehung hat, was sicherlich auch damit zusammenhängt, dass Frau Danzer nur wenige Stunden in der Woche im Familienunternehmen tätig ist.

fest: „Thus they [women] are less than ideal organization participants, best placed in particular jobs that separate them from 'real' workers."

Als Beleg dieser These kann Johanna Jobst angeführt werden, die explizit sagt, dass ihr Ehemann die Arbeit der Belegschaft als *„produktiv"* ansieht, ihre Arbeitsleistung hingegen von ihm als *„unproduktiv"* bewertet werde. Führt man diesen Gedanken der „untergeordneten" Tätigkeit im genannten Fall weiter, so könnte dies zu der Annahme verleiten, dass hier die Position der Akteurin im Hierarchiegefüge des Familienunternehmens unter dem der Mitarbeiter angesiedelt ist, d. h., dass auch hier das hegemoniale Männlichkeitsbild, das in diesen familiengeführten Handwerksbetrieben oftmals anzutreffen ist, zu einer untergeordneten Position bzw. geringeren Anerkennung der Leistung der Frau führt.

Obgleich diese Gruppe der Frauen den Betriebsprozess eher vom Rand des Geschehens aus betrachtet, kommt es dennoch in zwei der Fallgeschichten, bei Dagmar Dietz und Johanna Jobst, zur inoffiziellen Kontaktaufnahme mit den Mitarbeitern. Doch auch wenn die Erzählungen darauf schließen lassen, dass die Annäherung der Frauen an die Belegschaft der Werkstatt quasi einer geheimen Mission gleichen, in der sie nahezu unsichtbar aus dem Hintergrund heraus agieren, ist erkennbar, dass die Befragten hierbei bewusst die Machtmittel einsetzen, die ihnen durch ihren Verantwortungsbereich im Familienunternehmen zur Verfügung stehen. So spricht Dagmar Dietz von Abmachungen mit den Gesellen, die mit *„Belohnungen"* verbunden seien, und Johanna Jobst berichtet darüber, dass sich die *„Lehrlinge"* bei *„finanziellen Problemen"* an sie wenden könnten. Dass die beiden befragten Frauen in dieser Hinsicht inoffiziell tätig sind und die anderen Interviewpartnerinnen der Gruppe dieses Thema gar nicht erwähnen, gibt Anlass zu der Vermutung, dass die Einflussnahme der Frauen im Bereich der Mitarbeiter möglicherweise als eine Art Übergriff bewertet werden könnte, weil dieser zu den Verantwortungsgebieten der Ehemänner zählt. Dennoch zeigen die beiden Beispiele, dass die inoffizielle Vorgehensweise es den Interviewpartnerinnen ermöglicht, ihren Einfluss auch auf diesen Sperrbereich auszuweiten, ohne dabei die bestehenden Machtstrukturen zwischen sich und ihren Ehepartnern in Frage zu stellen bzw. zu unterlaufen.

Anders stellt sich die Situation bei den Fallgeschichten von Andrea Ascher und Diana Däumler dar, die beide über eine direkte Arbeitsbeziehung zur Belegschaft des Familienunternehmens verfügen, da sie jeweils im Ladengeschäft mitarbeiten. Durch ihren engen Kontakt zu den dort beschäftigten Angestellten besitzen beide Frauen die notwendigen Kompetenzen, um Weisungen und Entscheidungen im Bereich des Personals weitgehend eigenständig zu treffen. Die Interviewpartnerinnen äußern in diesem Zusammenhang, dass dies besonders am Anfang ihrer Tätigkeit im Familienunternehmen immer wieder belastende Momente zur Folge gehabt habe, die zum einen darauf zurückzuführen waren, dass sich der Großteil der langjährigen Angestellten der Seniorchefin zugeordnet fühlten und der zukünftigen Nachfolgerin aus diesem Grund kritisch gegenüberstanden. Zum anderen bereitete den befragten Frauen der richtige Umgang mit dem Personal Probleme.[106] Erst im Laufe der Zeit gelingt es ihnen, sich einen Platz im Netzwerk der Belegschaft zu schaffen und als Teil des Familienunternehmens anerkannt zu werden.

Auch wenn die beiden Gruppen der Akteurinnen deutliche Unterschiede in der Intensität der Beziehung zu den Mitarbeitern aufweisen, ergeben sich dennoch Parallelen. Mit Ausnahme von Frau Sommer und Frau Danzer übernehmen alle Befragten gewissermaßen die Funktion einer sozialen Managerin oder, wie Folker et al. (2002, 7) es nennen, die Rolle eines „chief emotional officer and nurturer". An dieser Stelle ist jedoch auch auf die Ergebnisse von Cole zu verwiesen, die in ihrer Studie feststellen konnte, dass über die Hälfte der Familienmitglieder die im Familienunternehmen mitarbeitende Frau nicht als Versorgerin und Friedensstifterin wahrnehmen (vgl. Cole 1993, 166; 1997, 362).

Überraschenderweise zeigen aber auch diejenigen Frauen diese Fürsorglichkeit gegenüber den Belegschaftsmitgliedern, die kaum Verbindungen zu den Angestellten haben. Diese Frauen verfügen in den Bereichen, bei denen sogenannte „weibliche Fähigkeiten" gefordert sind, durchaus über kleinere Entscheidungskompetenzen (z. B. bei der Arbeitskleidung) (siehe auch Abschnitt 7.3). Dass das Thema „sozialer Faktor" in den Ausführungen von Frau Sommer und Frau Danzer nicht zur Sprache kam, hängt möglicherweise damit zusammen, dass beide Befragten zum Zeitpunkt des Interviews ihre Position im Familienunternehmen bzw. innerhalb der Belegschaft noch nicht gefunden haben, was unter Umständen damit zutun haben mag, dass Desiree Danzer nur stundenweise im Unternehmen tätig ist und dass die Geschäftsübergabe an den Ehemann im Fall von Susanne Sommer noch nicht vollzogen wurde.

Gerade in kleinen Unternehmen, in denen die Zusammenarbeit stark auf persönlichen Beziehungen basiert (vgl. Goss 1991, 70), scheint die Verantwortung, die das Ehepaar – also auch die Ehefrau – gegenüber der Belegschaft hat, äußerst wichtig zu sein, da in diesen Fällen oftmals die Vorstellung vorherrscht, dass man als Unternehmerfamilie

[106] Ähnliches berichtet auch Frau Keim, die zu Beginn ihrer Tätigkeit ebenfalls Schwierigkeiten hatte, den richtigen Umgangston in Bezug auf die Belegschaft zu finden, und davon spricht, dass sie sich damals viel zu gutmütig gegenüber den Mitarbeitern gezeigt habe. Heute wüsste sie sich Respekt zu verschaffen.

nicht nur für die Angestellten, sondern auch für deren Familien zu sorgen habe. Gleichermaßen bedeutsam für das Verhältnis zur Belegschaft scheint die Dauer des Beschäftigungsverhältnisses der Angestellten zu sein.[107] So zeigt sich beispielsweise in den Fallgeschichten von Diana Däumler und Johanna Jobst, dass langjährige Mitarbeiter und Mitarbeiterinnen häufig als erweiterter Teil der Unternehmerfamilie wahrgenommen werden.

Warum diese Thematik so bedeutungsvoll ist, wird deutlich, wenn man bedenkt, wie verflochten die Systeme „Familie“ und „Unternehmen“ insbesondere in diesen kleinen familiengeführten Handwerksbetrieben sind. Diese Überschneidungen führen dazu, dass beide Systeme als untrennbare Einheit wahrgenommen werden, was sich beispielsweise in den Fallgeschichten von Johanna Jobst bzw. Dagmar Dietz daran erkennen lässt, dass der Einblick in die unternehmerische Sphäre von den Befragten gewissermaßen mit dem Zugang zum privaten Bereich des Unternehmerhaushalts gleichgesetzt wird. Da langjährige Mitarbeiter und Mitarbeiterinnen durch ihre Betriebszugehörigkeit sozusagen der Unternehmerfamilie zugerechnet werden können, gelten sie als vertrauenswürdig und genießen gegenüber Außenstehenden eine klare Vorrangstellung, die auch in den Interviewpassagen erkennbar wird, in denen sich einige der Befragten zur Beschäftigung von Haushaltshilfen äußern. So betont beispielsweise Andrea Ascher, dass eine gute Bekannte sie im familiären Bereich unterstützt (siehe hierzu auch Abschnitt 7.8). Wie jedoch die Mitarbeiter ihrerseits diese Überschneidung der Systeme „Familie“ und „Unternehmen“ wahrnehmen, ist kaum etwas bekannt, da Untersuchungen zu diesem Aspekt (leider) noch ausstehen.

7.7 Das Zuhause als unternehmerischer Ort

In den acht Fallgeschichten besteht nur bei Frau Keim eine klare Trennung zwischen Wohn- und Arbeitsstätte. In den anderen sieben Fällen ist die familiäre und geschäftliche Sphäre räumlich nicht klar voneinander abgegrenzt. So wohnen die Befragten mit ihrer Familie (im Fall von Desiree Danzer mit dem Ehemann) entweder im selben Gebäude, in dem sich auch die Geschäftsräume des Unternehmens befinden (Hermine Häfner, Johanna Jobst, Andrea Ascher, Diana Däumler), oder in einem Wohnhaus, das unmittelbar an den Geschäftssitz angrenzt (Dagmar Dietz, Desiree Danzer, Susanne Sommer).

[107] Als Beleg soll hier die folgende Äußerung von Hermine Häfner zum Thema „Beschäftigungsdauer der Mitarbeiter“ angeführt werden: „*Wenn ich Ihnen sage, wie lang unsere Leute [Mitarbeiter] da sind: ‚Von der Lehre an‘, da können Sie sich vorstellen, das ist ein Familienunternehmen.*“

Diese Überschneidung von Wohn- und Arbeitsort hat in den untersuchten Fällen weniger mit der oftmals in der Family Business-Forschung angeführten Begründung zu tun, dass es sich bei dem Großteil der von zu Hause aus operierenden Familienunternehmen um Neugründungen handelt, die aufgrund einer eher dünnen Eigenkapitaldecke zu dieser Vorgehensweise gezwungen seien.[108] Vielmehr ist diese Einheit von Wohn- und Arbeitsort im Fall der hier untersuchten familiengeführten Handwerksbetriebe vor allem durch deren geschichtliche Entwicklung begründet, d. h., dass Familie und Unternehmen als eine Einheit angesehen werden, die sich auch in der räumlichen Nähe ausdrückt.[109]

Durch diese enge Verbindung von Arbeitstätte und Familienwohnsitz überschneiden sich auch die beiden Wirkungsstätten der Ehefrau, was nicht immer ohne belastende Momente vonstatten geht. So sprechen Dagmar Dietz und Desiree Danzer darüber, dass sie aufgrund der unklaren räumlichen Grenzen niemals wirklich *„Feierabend"* haben. Entsprechend empfinden die Interviewpartnerinnen es als schwierig, beide Bereiche getrennt voneinander wahrzunehmen. Dies lässt sich zum Beispiel eindrucksvoll der Fallgeschichte von Frau Danzer entnehmen, die eine mögliche Vollzeitbeschäftigung im Familienunternehmen mit den Worten beschreibt, dass sie dann faktisch *„nur noch im Prinzip daheim"* arbeiten würde.

Um dennoch eine Art geistige Trennlinie zwischen den beiden Bereichen zu schaffen, sprechen die Befragten oftmals von *„oben"* im Hinblick auf den familiären Bereich und von *„unten"* in Bezug auf die unternehmerische Sphäre. Ähnliche Beobachtungen macht Marshack (1994) in ihrer Untersuchung und stellt dabei fest, dass die von ihr befragten Ehepaar-Unternehmer klare psychologische Grenzen ziehen, wenn es darum geht Arbeits- und Familienbereich voneinander abzugrenzen (vgl. Marshack 1994, 65). Auch in den Fallgeschichten von Dagmar Dietz bzw. Kerstin Keim finden sich Belege für das Bemühen, den familiären Bereich vom geschäftlichen wenigstens partiell zu trennen. So haben die Befragten klare Absprachen mit ihren Ehepartnern getroffen, dass es in der Privatwohnung vermieden werden soll, über geschäftliche Vorgänge zu sprechen. Wie schwierig sich der Balanceakt gestaltet, diese Regel einzuhalten, lässt sich besonders dann erkennen, wenn es zu Konflikten in einem der beiden Systeme kommt.

---

108 An dieser Stelle sei besonders auf die im anglo-amerikanischen Bereich erschienen Artikel zum Thema „Home-based family business" hingewiesen, z. B. Owen/Winter (1991), Rowe/Bentley (1992) Fitzgerald/Winter (2001), Hennon et al. (2000).

109 Wie bereits erwähnt ist das Handwerk bis heute durch seine historische Entwicklung geprägt, was sich insbesondere auch in der räumlichen Nähe von Wohn- und Arbeitsstätte widerspiegelt. Nähere Ausführungen zur Geschichte des Handwerks finden sich z. B. bei Wernet (1959) oder Sinz (1977).

Als weniger problematisch hingegen erleben die befragten Frauen, die kleinere Kinder haben, die Einheit von Unternehmen und Familienwohnsitz, da ihnen die räumliche Nähe die Möglichkeit bietet, durch ein einfaches Hin- und Herwechseln zwischen Arbeits- und Wohnstätte ohne größere Probleme ihre Verpflichtungen in beiden Bereichen miteinander zu verbinden.[110] Diese Einschätzung findet sich auch bei Hennon/Loker (2000, 28), die besonders die Flexibilität, die sich aus der Überschneidung des privaten und beruflichen Bereichs ergebe, als großen Vorteil für die Frauen ansehen. Diese Gruppe der Interviewpartnerinnen vermittelt den Eindruck, dass sie die Tatsache, auch einmal länger arbeiten zu müssen, als weniger belastend empfinden, weil die Verbindung von Arbeits- und Privatsphäre es ihnen ermöglicht, diese beiden Bereiche ihres Lebens konstruktiv miteinander zu verknüpfen. Diese Einstellung der Frauen erklärt Loker (2000, 209) folgendermaßen: „They [women] are in control of both the family and employment spheres of their lives, making more than a minimum hourly wage and feeling positive about their family roles.“

Jedoch birgt die Überschneidung der Bereiche Familie und Unternehmen auch die Gefahr in sich, dass die von den befragten Ehefrauen erbrachte Arbeitsleistung im Familienunternehmen als Dienst an der Familie oder als Teil der Haushaltsführung bewertet wird. Dies wiederum könnte ein weiterer Grund dafür sein, dass sich die Forschung im Allgemeinen nur sehr wenig mit den von zu Hause aus agierenden Frauen in familiengeführten Handwerksbetrieben beschäftigt hat (siehe hierzu auch Abschnitt 3.2).

7.8 Der Unternehmerhaushalt – Das Reich der Ehefrau

Die Erledigung der privaten Alltagsarbeiten, das belegt die vorliegende Studie, wird hauptsächlich von den befragten Ehefrauen übernommen. Auch wenn sich aus den Schilderungen der jüngeren unter den befragten Frauen ein gewisser Einstellungswandel bei den Ehemännern ableiten lässt, im Haushalt kleinere Aufgaben zu übernehmen (z. B. die Zubereitung des Essens), können die Frauen nur sporadisch auf die Unterstützung ihrer Männer bauen (vgl. auch Beck-Gernsheim 1989, 124f.). Wie sich den Fallgeschichten von Desiree Danzer bzw. Andrea Ascher entnehmen lässt, beteiligen sich die Ehemänner an der Hausarbeit zumeist nur in sehr unregelmäßigen Abständen und auch nur dann, wenn sie Zeit dafür finden. So gilt der Bereich des

[110] Ähnliche Befunde finden sich auch in der Literatur zur Telearbeit bzw. Heimarbeit wieder, in denen die betroffenen Frauen als Vorteil oftmals auf die flexiblere Gestaltung der beruflichen Tätigkeiten verweisen, die es ihnen wiederum ermöglicht, auch ihren familiären Verpflichtungen leichter nachkommen zu können (vgl. z.B. Goldmann/Richter 1987, 14ff.; Huws 1995, 2; Auer/Baier 2002, 4).

Haushaltswesens unter den Befragten als typisch weibliches Territorium (vgl. West/ Zimmerman 1991, 30). Unter Bezug auf diesen Aspekt stellen Delphy/Leonard (1992, 136) fest: „What we have within the family is not a division of tasks, but a division of jobs – by age, gender and relationship. 'Jobs' comprise typical tasks plus their conditions of performance and remuneration and status." Diese Zuweisung an die Frauen führt gleichzeitig dazu, dass das „doing gender" (re)produziert wird, d. h., dass während des alltäglichen Interaktionsprozesses in der Familie die Vorstellung, was eine Frau zu tun habe bzw. was als typisch weibliches Verhalten gilt, konstituiert wird (vgl. West/ Zimmerman 1991, 27).

Doch nicht alle Befragten stehen dieser familiären Arbeitsteilung unkritisch gegenüber. So lässt sich in den Berichten der Interviewpartnerinnen durchaus eine implizite Kritik erkennen, die sich in manchen Fällen in offenem Unmut über die Ehemänner widerspiegelt, wie beispielsweise die Fallgeschichte von Frau Johanna Jobst belegt. Jedoch kommt es in diesen Passagen zumeist wenig später zu einer Relativierung der geäußerten Unzufriedenheit mit den Partnern. Diese Zurücknahme wird damit begründet, dass das geringe familiäre Engagement der Ehemänner eine logische Konsequenz aus deren beruflichen Verpflichtungen im Familienunternehmen sei. Bemerkenswert an diesen Aussagen ist die Tatsache, dass mit der Kritik am eigenen Mann oftmals ein Verweis auf die Gesamtheit der Männer und damit auf männliche Rollenklischees, z. B. „*Männer sind ...*", einhergeht, wie beispielsweise im Fall von Dagmar Dietz. Diese Verallgemeinerungen sind ein Anhaltspunkt dafür, dass es sich bei den geringen Aktivitäten der Männer in Bezug auf Haushaltstätigkeiten aus der Sicht der Frauen um ein typisch männliches Verhaltensmerkmal handelt und so erscheinen die Unmutsäußerungen der Interviewpartnerinnen am Ende in einem abgeschwächteren Licht.

Insgesamt zeigen die befragten Ehefrauen ein großes Maß an Flexibilität[111] bei der Organisation der anfallenden Hausarbeiten und der Bewältigung ihrer Pflichten als Mütter einerseits und als Mitarbeiterinnen im Unternehmen anderseits (siehe hierzu auch Abschnitt 7.9). Besonders anspruchsvoll gestaltet sich die Koordination des Haushaltspensums bei den Frauen, die bedingt durch eine fixierte Kernarbeitszeit[112] zu festgelegten Zeiten im Unternehmen anwesend sein müssen. Hier werden die Haushaltspflichten sehr oft einfach „dazwischengeschoben". In den Fällen, wo dies nicht notwendig ist, verfügen die Frauen über größere Freiheiten, die Zeit für die Erledigung

[111] Nicht nur im Bereich der Familie, sondern auch im Unternehmen zeigen die Frauen eine hohe Motivation, flexibel auf anfallende Aufgaben zu reagieren (siehe hierzu auch Abschnitt 7.3).

[112] Zum Beispiel aufgrund von Ladenöffnungszeiten im Einzelhandel.

der familiären Aufgaben selbst zu bestimmen. Unabhängig von den Rahmenbedingungen im Familienunternehmen sind bei einigen Interviewpartnerinnen, so beispielsweise bei Andrea Ascher bzw. Johanna Jobst, Belastungen festzustellen, die dadurch zustande kommen, dass die Frauen befürchten, den eigenen Ansprüchen nicht genügen zu können.[113] Als Bewältigungsstrategie für diese Konflikte gilt vielen Frauen die Minimierung der eigenen Erwartungshaltung oder das Delegieren von kleineren Haushaltspflichten. Dabei können die Befragten, die wie Hermine Häfner bzw. Dagmar Dietz in einem Mehrgenerationenhaushalt leben, oftmals auf die Unterstützung der Schwiegermütter zählen.

Auch wenn alle in der vorliegenden Studie befragten Frauen bei der Haushaltsorganisation auf Hilfe von außen in Person einer Putzfrau zurückgreifen können und deren Unterstützung als äußerst hilfreich schildern, wird die Beschäftigung von haushaltsfremden Personen nicht als selbstverständlich angesehen. So spricht Johanna Jobst bezeichnenderweise von einem *„Luxus"*, den sie sich mit der Zugehfrau leiste. Ein Grund dafür ist sicherlich darin zu sehen, dass das Delegieren von Haushaltspflichten an Außenstehende von den Befragten als Makel angesehen wird, weil sie glauben, ihre primären Dienste an der Familie nicht erfüllen zu können und dies Schuldgefühle bei ihnen auslöst, wie sich am Beispiel von Andrea Ascher belegen lässt. Ein weiterer Grund, warum die Beschäftigung von Haushaltshilfen in diesen Unternehmerhaushalten als nicht selbstverständlich angesehen wird, mag darin liegen, dass der familiäre und unternehmerische Bereich von den befragten Frauen als eine Einheit angesehen wird. Wie an anderer Stelle erwähnt, lässt sich in Familienunternehmen grundsätzlich ein spürbares Abschottungsverhalten nach außen hin erkennen. Dafür finden sich auch Belege bei Kets de Vries (vgl. 1996, 4). Aus diesem Grund übernehmen häufig langjährige Bekannte der Familie diese unterstützende Funktion, weil sie im weitläufigen Sinne zur Familie gezählt werden können (siehe hierzu auch Abschnitt 7.10).

7.9 Das „Muttersein-Management"

Mit Ausnahme von Frau Danzer sind alle Interviewpartnerinnen Mütter. Bis auf die älteste Tochter von Frau Häfner und die Tochter von Frau Jobst leben alle anderen Kinder noch im Haushalt der Familien.

[113] Johanna Jobst spricht hier von einer *„Superfrau"*, die man sein muss, um allen Wünschen und Erwartungen gerecht werden zu können.

Jede der befragten Frauen machte in ihren Schilderungen deutlich, dass sich mit der Geburt der Kinder ein erheblicher Einschnitt in ihrem privaten wie auch beruflichen Leben vollzog. In den meisten Fällen – mit Ausnahme von Diana Däumler[114] – bringen die interviewten Frauen mit dem „Muttersein-Management"[115] belastende Momente zur Sprache, was vor allem damit zusammenhängen mag, dass die Erziehung und Betreuung der Kinder hauptsächlich in den Händen der Interviewpartnerinnen liegt. Susanne Sommer bringt dies mit dem Satz: *„Ich bin alleinerziehende Mutter"* auf den Punkt. Und so erlebt der Großteil der Kinder eine Mutterfamilie, in welcher der Vater bei der Kindererziehung eher eine marginale Rolle einnimmt, auch wenn fast alle Befragten großen Wert darauf legen, dass ihre Ehemänner jederzeit als Gesprächspartner für die Kinder erreichbar wären. Damit zeichnet sich bei der Kindererziehung ein ähnliches Bild wie bei der Haushaltsführung ab (siehe hierzu auch Abschnitt 7.8). Durch die Trennung in typisch weibliche und männliche Zuständigkeitsbereiche wird das soziale Geschlecht zum Merkmal der familiären Situation.

In der Mehrzahl der untersuchten Fälle können die interviewten Ehefrauen und Mütter kaum auf ein funktionsfähiges Netzwerk bei der Unterstützung der Erziehungsarbeit zurückgreifen. Dieses wird von den Befragten zumeist damit begründet, dass sie durch ihren arbeitsreichen Alltag kaum soziale Kontakte knüpfen bzw. aufrechterhalten könnten. An dieser Stelle sei nochmals auf die in den meisten Familienunternehmen vorherrschende „closed-society"-Mentalität hingewiesen, die den Zutritt von Außenstehenden oftmals schier unmöglich erscheinen lässt. Lyman geht in ihren Ausführungen sogar soweit, dass von einem Kontakt zu familienfremden Personen oftmals bewusst abgeraten wird (vgl. Lyman 1988, 388). Nur in wenigen Fällen kann die Betreuung der Kinder deshalb zeitweise delegiert werden. Wobei jedoch diejenigen Frauen, die in einem Mehrgenerationenhaushalt leben, auf eine regelmäßigere Unterstützung innerhalb der Familie zurückgreifen können.

Als besonders schwierig erleben die befragten Frauen die Zeit, in der sich die Kinder noch im Baby- bzw. Kleinkindalter befanden. Einige der Interviewpartnerinnen machten in ihren Äußerungen deutlich, dass sie sich durch den damit verbundenen höheren Betreuungsaufwand *„gehandicapt"* fühlten, da sie sich nicht in dem von ihnen gewünschten Maße im Familienunternehmen betätigen konnten und sich daher vom

---

[114] Nur Frau Däumler äußert keinerlei Probleme an dieser Stelle, was sicherlich damit zutun hat, dass ihre eigene Mutter bei der Erziehung der Kinder eine eher periphere Rolle einnahm.

[115] Der Begriff „Muttersein-Management" wurde von Frau Jobst ins Spiel gebracht und bringt auf sehr treffende Weise zum Ausdruck, welche Führungs- bzw. Leitungsaufgaben die Frauen in Bezug auf die Kindererziehung übernehmen müssen.

Leben in der Unternehmerfamilie ausgeschlossen fühlten. Dies ist ein weiterer Beleg dafür, wie untrennbar Familie und Unternehmen von den Interviewpartnerinnen wahrgenommen werden.

Insgesamt, so entsteht der Eindruck, hängen die Belastungen der Frauen damit zusammen, dass sie ihre eigentliche persönliche Erfüllung eher durch ihre Arbeit im Unternehmen als durch die Betreuung der Kinder erleben, da deren Erziehung in der Gesellschaft wie in der Unternehmerfamilie als von der Frau selbstverständlich zu erbringende Leistung angesehen werde. Aus den Äußerungen der befragten Ehefrauen, wie beispielsweise Johanna Jobst, geht hervor, dass die Hausfrauentätigkeit als geringere Leistung bewertet wird als die Arbeit einer über die Erziehung der eigenen Kinder hinaus berufstätigen Frau.

Im Lebensabschnitt mit kleinen Kindern kommt es häufig zur Reduzierung der Arbeitszeit im Familienunternehmen. Dort, wo es möglich ist, wird der Arbeitsrhythmus der Frauen an die Erfordernisse der Kinder angepasst. So weisen die Befragten auch hier ein hohes Maß an „funktionaler Flexibilität" (vgl. Wheelock/Baines 1998, 59f.) auf, die daran erkennbar wird, dass diese den Fokus darauf richten, sowohl ihre familiären wie auch ihre beruflichen Verpflichtungen miteinander verbinden zu können.

Schwieriger gestaltet sich der Abstimmungsprozess zwischen Kinderbetreuung und beruflichen Verpflichtungen in den Fällen, in denen die Frauen durch fixierte Kernarbeitszeiten im Unternehmen einen geringeren Spielraum haben, auch ihren Mutterpflichten nachzukommen, wie beispielsweise im Fall von Andrea Ascher bzw. Dagmar Dietz. Hier werden die Kinder oftmals neben dem betrieblichen Arbeitsprozess betreut. In den familiengeführten Handwerksbetrieben, in denen die Akteurinnen hauptsächlich im Büro tätig sind, gestaltet sich der Koordinationsaufwand weniger aufwändig, was damit zusammenhängt, dass die Frauen die anfallenden Arbeiten auch in den privaten Bereich mitnehmen und dort erledigen können.

Auch wenn in einigen Schilderungen zum Ausdruck kam, dass mit der Mutterschaft eine Welle an stressvollen Momenten über die befragten Frauen hinwegrollte, zeigt sich in einer späteren Phase des Muttersein-Managements ein anderes Bild bei den Interviewpartnerinnen mit schulpflichtigen Kindern. Diese sehen sich durch ihre Tätigkeit im Familienunternehmen im klaren Vorteil gegenüber anderen berufstätigen Müttern, da sie jederzeit ihre Arbeit wegen unvorhersehbarer Ereignisse, die durch die Kinder entstehen, unterbrechen können. Diesbezüglich wird auch die enge Verknüpfung von Wohn- und Arbeitsort als positiv bewertet (siehe hierzu auch Abschnitt 7.7).

Doch trotz der geäußerten Vorteile, die sich durch die Tätigkeit im Familienunternehmen in Bezug auf die Kindererziehung ergeben, erscheint die Vereinbarkeit von Familie und Beruf auch bei diesen Akteurinnen nicht frei von belastenden Momenten.

Je älter die Kinder werden, umso mehr bauen die Interviewten ihre Arbeitszeit im Familienunternehmen aus. So entsteht der Eindruck, dass die Kinder notgedrungen für sich selbst sorgen müssen. Obgleich sich einige Befragte, wie beispielsweise Andrea Ascher, durchaus bewusst sind, dass sie den Kindern damit viel abverlangen, sprechen sie gleichzeitig von positiven Impulsen, die diese durch ihr frühes Selbstständigwerden erhalten würden.[116]

Die Annahme jedoch, dass ältere Kinder weniger Zuwendung bräuchten und deshalb auch die Verantwortung der Frauen geringer werde, erweist sich als Trugbild und so verdeutlichen verschiedene Äußerungen, beispielsweise von Johanna Jobst, dass sich lediglich die Art der Betreuung verändert. Ähnliche Belege finden sich auch bei Moore et al. (2007, 571), die diesbezüglich zu dem Ergebnis kommen, dass sich die Aufgaben von Müttern mit Kindern im Teenageralter zwar verändern, aber dies nicht automatisch dazuführt, dass sich die Verantwortung der Mütter mit zunehmenden Alter der Kinder verkleinert, denn oftmals nimmt diese sogar zu.

In dieser Hinsicht wird in manchen Fallgeschichten deutlich, dass die Kinder sozusagen nebenher laufen, was diese mit zunehmenden Alter öfter mit offener Kritik an der arbeitszentrierten Lebenskultur, in der sie aufgewachsen sind, quittieren. Hier ist insbesondere auf die Fallgeschichten von Johanna Jobst wie auch Dagmar Dietz zu verweisen, die beide in ihren Interviews diese Problematik thematisiert haben. Nicht selten stellen sich deshalb bei den Befragten Schuldgefühle ein, als Mutter versagt zu haben, da sie die Verantwortung für die Erziehung der Kinder weitgehend alleine tragen.[117]

Im Bereich der Kindererziehung lässt sich insgesamt eine klare Fortführung der traditionellen Geschlechterrollen und der damit verbundenen geschlechtergeprägten Arbeitsteilung zwischen den Ehepartnern erkennen. Unabhängig davon, ob es sich um jüngere Mütter oder um Frauen mit bereits erwachsenen Kindern handelt, alle übernehmen –

---

[116] Die durch den geringeren Betreuungsaufwand der Kinder zur Verfügung stehende Zeit wird nicht für die Gestaltung der familiären Freizeit genutzt, sondern als Arbeitszeit in das Familienunternehmen investiert (siehe hierzu auch Abschnitt 7.10).

[117] Dies lässt sich mit der folgenden Äußerung von Dagmar Dietz veranschaulichen: *„Die Entscheidung Kinder, Erziehung etc. treffen in Unternehmerhaushalten zu hundert Prozent die Frauen weil die Männer so eingebunden in ihre Geschäfte [sind]. Aber wenn dann einmal Probleme auftauchen, dann ist die Mutter wieder diejenige, die der Buhmann [ist], weil der Vater ist immer der Herr Saubermann, der kriegt das ja nicht mit, der schimpft ja nie.“*

bewusst oder unbewusst – mit der Geburt des ersten Kindes ein eher traditionell geprägtes Rollenbild. Egal, wie stark die Ehefrau sich im Unternehmen engagiert, die Hauptlast für die Kindererziehung trägt die Betreffende weitgehend alleine. Um ihren Verpflichtungen gerecht werden zu können, müssen die Mütter ein großes Maß an Flexibilität aufbringen. Auch wenn im Besonderen die jüngeren Mütter einen klaren Vorteil darin sehen, Mutter- und Berufsrolle in einem Familienunternehmen leichter miteinander verbinden zu können, darf dies jedoch nicht darüber hinwegtäuschen, dass diese Verflechtung zu einer Doppelbeanspruchung führt.

In welchem Maß die Vereinbarkeit von Beruf und Familie zur Belastung für die Befragten wird, hängt neben der Anzahl und dem Alter der Kinder sowie der Unterstützung von außen auch davon ab, inwieweit es den Frauen gelingt, ein Gleichgewicht zwischen ihren eigenen Ansprüchen und denen der anderen herzustellen. Durch die Überschneidung der beiden Systeme „Familie“ und „Beruf“ gelingt es den befragten Frauen oftmals nur schwer, eigene Wünsche und Ansprüche zu formulieren, weil die Arbeit im Familienunternehmen oft als Teil der Familienarbeit angesehen wird und nicht, wie es bei angestellten Frauen der Fall ist, als Erwerbstätigkeit.

7.10 Das Leben neben der Arbeit

In den untersuchten Fallstudien ist die gesamte familiäre Lebenssituation überlagert durch die beruflichen Verpflichtungen der einzelnen Familienmitglieder, so auch die der Frau. In allen Fällen spielt die Familienzeit eine eher untergeordnete Rolle im Leben des Unternehmerhaushalts. Die Interviewten benutzen bei der Schilderung ihre Freizeitgestaltung häufig die Wörter *„spontan“*, *„flexibel“* oder *„arrangieren“*, was klar erkennen lässt, wie wenig diese „freie“ Zeit im Voraus für die Familie planbar ist. So entsteht der Eindruck, dass die Freizeit in den Unternehmerfamilien der Interviewpartnerinnen oftmals zwischen den beruflichen Verpflichtungen eingeschoben wird. Die wenige Zeit, die noch neben der Arbeit verbleibt, wird an den Wochenenden ritualisiert. In den Fällen, in denen das Wochenende durch berufliche Verpflichtungen dafür nicht zur Verfügung steht, wie im Fall von Kerstin Keim, wird versucht, Pufferzeiten während der Woche zu nutzen.

Obwohl einige Frauen zum Ausdruck bringen, dass Freizeit für sie gleichsam bedeutet, diese auch mit der ganzen Familie verbringen zu wollen, findet dieser Wunsch in den meisten Fällen keine Erfüllung, und so verbringen die Ehefrauen die arbeitsfreie Zeit oft alleine bzw. mit den Kindern, da der Ehemann häufig auch an den Wochenenden geschäftlichen Verpflichtungen nachkommen muss.[118]

Eine typischerweise klar von der Arbeitszeit getrennte Freizeitgestaltung, wie man sie im landläufigen Sinne kennt, spiegelt sich in keiner der Fallgeschichten wider.[119] Nur eine Minderheit der befragten Frauen gibt zudem an, über eigene freie Zeit, die sie allein für sich nutzen können, zu verfügen.

Wie frustrierend es von den befragten Frauen anfänglich wahrgenommen wurde, so wenig freie Zeit mit dem Partner gemeinsam verbringen zu können, zeigt sich beispielsweise in der Fallgeschichte von Dagmar Dietz. Als besonders belastend nehmen jedoch diejenigen Frauen diese Situation war, die aus ihrem eigenen Elternhaus ein anderes Freizeitverhalten gewohnt waren und dies auch in ihrem Angestelltendasein, vor Beginn ihrer Berufstätigkeit im Familienunternehmen, so fortgeführt hatten. Doch auch in dieser Gruppe vollzieht sich mit zunehmenden Arbeitsjahren im Familienunternehmen ein erheblicher Gesinnungswandel in der Bewertung von Freizeit- und Urlaubsgestaltung (siehe hierzu auch Abschnitt 7.1). So empfinden einige Befragte, wie beispielsweise Andrea Ascher, aus heutiger Sicht eine innerliche Distanz zu ihrer damaligen freizeitorientierten Lebensweise, nachdem sie diese reflektiert und im Kontext ihrer neuen Erfahrungen bewertet haben.

Eine Interviewpartnerin, Hermine Häfner, spricht hierbei sogar von einer Chance, die sich ihr durch die wenige gemeinsame Zeit, die sie mit ihrem Ehemann verbringen könne, als Person biete. Aus heutiger Sicht bewerten die befragten Frauen die Freizeit nicht mehr nach quantitativen, sondern nach qualitativen Maßstäben, d. h., dass es zu einer Ritualisierung der wenigen Zeit, die die Familienmitglieder zusammen verbringen, kommt.

In diesem Zusammenhang ist auch zu erwähnen, dass das Thema „Urlaub“ nur in wenigen Fallgeschichten, beispielsweise bei Andrea Ascher oder Dagmar Dietz, einen Platz einnimmt. Dies ist möglicherweise darauf zurückzuführen, dass bei einem Großteil der hier untersuchten familiengeführten Handwerksbetriebe eine so stark erwerbsorientierte Lebensführung vorherrscht, dass die Schaffung von freier Zeit, die ausschließlich zur Urlaubsgestaltung dienen soll, kaum vorgesehen zu sein scheint. In den Fällen, bei denen diese arbeitsfreie Zeit jedoch thematisiert wurde, zeigt sich, dass

[118] Danco (1980, 34) beschreibt diese Situation treffend mit den Worten „the partner in absentia“.

[119] Wie bereits in Bezug auf die Haushaltsführung ergeben sich hinsichtlich der Freizeitgestaltung beim kinderlosen Ehepaar Danzer keine auffälligen Befunde, die auf Probleme bei der Schaffung von privater Zeit schließen lassen, auch wenn die Befragte einräumt, dass diese generell weniger geregelt abläuft als bei Paaren, die in einem Angestelltenverhältnis tätig sind.

einige der Befragten diese zusammen mit der Familie bzw. dem Ehepartner verbringen. Dagegen ist den Fallgeschichten von Hermine Häfner wie auch von Dagmar Dietz zu entnehmen, dass diese auch alleine in den Urlaub fahren, was zum einen damit begründet wurde, dass der Ehepartner durch sein berufliches Engagement kaum freie Zeit zur Verfügung hätte, respektive dass die enge Arbeits- und Lebensbeziehung, die zwischen den Ehepartnern vorherrsche, es erforderlich mache, auch einige Tage ohne den Ehemann zu verbringen, um so wieder etwas Abstand zum Partner gewinnen zu können (siehe hierzu auch Abschnitt 7.4).

Die nur schwer planbare Freizeitgestaltung zeigt auch ihre Wirkung, wenn es darum geht, soziale Kontakte zu knüpfen bzw. aufrechtzuerhalten. Der Großteil der Akteurinnen verfügt lediglich über ein begrenztes Netzwerk an sozialen Kontakten, was wiederum ihre Möglichkeiten einschränkt, sich bei Bedarf andere Meinungen und Impulse von außen einzuholen. Darin könnte es auch zum Teil begründet sein, dass in den untersuchten Unternehmerfamilien oftmals bestehende Einstellungen und Verhaltensweisen, wie zum Beispiel traditionelle Rollenmodelle, nicht hinterfragt bzw. unkritisch übernommen werden. So macht sich auch in diesem Bereich wie an anderen Stellen die „closed society"-Mentalität der familiengeführten Handwerksbetriebe bemerkbar. Darauf deutet auch die Tatsache hin, dass der Großteil der Frauen sich dahingehend äußert, von Außenstehenden nicht verstanden zu werden, wenn sie über Probleme sprechen, die sich aus der besonderen Konstellation von Familie und Unternehmen ergeben.

Aufgrund dieser Problematik besteht das soziale Netzwerk, das den interviewten Frauen zur Verfügung steht, zumeist aus Familienangehörigen oder einigen langjährigen Freunden, die sich häufig in einer ähnlichen Arbeits- und Lebenssituation wie die Befragten befinden. Zu einem vergleichbaren Ergebnis kommt auch Lyman (vgl. 1988, 395ff.), die in ihrer Studie das Netzwerk von Frauen untersucht hat, die in Familienunternehmen arbeiten.

7.11 Wessen Firma ist es eigentlich?

Um die Eigentumsbeteiligung der Ehefrauen an den Familienunternehmen zu beleuchten, soll zunächst der Blick auf die Rechtsformen der Handwerksbetriebe gerichtet werden. Von den acht familiengeführten Handwerksbetrieben firmieren fünf als Einzelunternehmen, zwei werden in der Rechtsform einer GmbH & Co KG und eines als GmbH geführt.[120] Da die Rechtsform der GmbH & Co. KG wie auch die Einzelunternehmen den Personengesellschaften zugerechnet werden (vgl. Wöhe 1986, 267), zeichnet sich hier ein klarer Trend hin zu der Wahl einer personenorientierten Rechtsform ab, was möglicherweise damit begründet werden kann, dass hier die Einheit von Familien- und Unternehmenssphäre bereits bei der Firmierung deutlich wird, da der Familienname als fester Bestandteil der Firmenbezeichnung genannt werden muss.[121] Ein weiterer Grund, warum der Großteil der hier untersuchten familiengeführten Handwerksbetriebe als Einzelunternehmen geleitet werden, hängt sicherlich auch damit zusammen, dass die Einflussnahme des Eigentümers auf die Unternehmensentwicklung in diesem Fall direkter gewahrt bleibt, als dies bei kapitalgeführten Unternehmungen möglich wäre.[122] Dies bedeutet aber auch, dass seine Geschicke enger mit dem Betriebserfolg – oder aber auch mit dem Misserfolg – verknüpft sind.

Eine Gefahr dieser Rechtsform besteht darin, dass sich bei drohenden Zahlungsschwierigkeiten die Haftung nicht nur auf das Unternehmensvermögen beschränkt, sondern auch das private Eigentum betroffen ist. Ein eindeutiger Zusammenhang zwischen Unternehmensgröße und Rechtsform lässt sich in der vorliegenden Studie nicht feststellen. So firmiert beispielsweise der größte Betrieb der Studie, die familiengeführte Bäckerei, in der Andrea Ascher arbeitet, als Einzelunternehmung.

Wendet man sich der Frage nach der Eigentumsbeteiligung der Frauen an den familiengeführten Handwerksbetrieben zu, wird deutlich, dass diese bereits mit der Heirat durch einen Ehevertrag bzw. durch Gütertrennung vom Besitz der Unternehmerfamilie ausgeschlossen wurden und dass keine der Befragten über eine formale Unternehmensbeteiligung verfügt.[123] Bei der Gestaltung der Regelungen nehmen besonders die Schwiegereltern Einfluss, da diese häufig die eingeheirateten „Töchter" als Unsicherheitsfaktor wahrnehmen, die den Fortbestand des Familienerbes gefährden könnten (z. B. im Fall einer Ehescheidung) (siehe hierzu auch Abschnitt 7.5). Die

[120] Nähere Ausführungen zu den Unterschieden bei der Rechtsformwahl finden sich beispielsweise bei Wöhe (1986, 254ff.).

[121] Zum Beispiel: „Elektrohandel Müller & Söhne".

[122] In Kapitalgesellschaften liegt die Leitungs- und Kontrollmacht häufig bei unterschiedlichen Personen, d. h. die Führungsfunktion liegt in der Hand des bestellten Geschäftsführers, wohingegen das Überwachungsorgan die Gesellschafterversammlung darstellt.

[123] Auch wenn sich Frau Ascher nicht explizit zu den Besitzverhältnissen äußert, ist die Wahrscheinlichkeit doch groß, dass auch sie nicht offiziell am Einzelunternehmen beteiligt ist, da hier, anders als bei Kapitalgesellschaften, der Erwerb von einzelnen Geschäftsanteilen nicht vorgesehen ist. Darüber hinaus lassen sich die Grenzen zwischen Privat- und Betriebseigentum in diesen als Einzelunternehmen geführten Betrieben häufig nicht trenngenau ziehen, was dazu führen kann, dass sich die Frage nach einer formellen Beteiligung von Familienmitgliedern gar nicht stellt.

Fallstudien zeigen zudem, dass sich die Eigentumsverhältnisse auch dann nicht verändern, wenn die Frauen länger im Familienunternehmen arbeiten.

Betrachtet man den Ausschluss der Ehefrauen an den Vermögenswerten des Unternehmens vor dem Hintergrund, dass der Großteil der Betriebe als Einzelunternehmen firmiert, wird klar erkennbar, welches Damoklesschwert über den Köpfen der befragten Frauen schwebt, auch wenn rein formal nur der Ehemann als Eigentümer haftet. Denn anders als bei Kapitalgesellschaften bürgt der Einzelunternehmer auch mit dem Privatvermögen, was im schlimmsten Fall zu einer Existenzbedrohung der gesamten Familie führen kann. Somit trägt auch die Frau einen erheblichen Teil des Unternehmensrisikos mit, obwohl sie formal-rechtlich nicht an diesem beteiligt ist.

Trotz der ungünstigen Eigentumsregelungen zeigt der überwiegende Teil der sozialen Akteurinnen Verständnis für die Situation, obwohl sie sich, wie beispielsweise Diana Däumler, durchaus über die potentiellen negativen Folgen im Klaren sind. Allerdings offenbart sich in einigen Fallgeschichten der Wunsch nach finanzieller Absicherung bzw. Eigenständigkeit: Johanna Jobst gründet aufgrund der ungeregelten Eigentumsfragen ihr eigenes Geschäft, das sie neben ihrer Tätigkeit im Familienunternehmen leitet. Dagmar Dietz spricht darüber, ihr Gehalt als eine Art Notgroschen zu sparen, und auch Frau Danzer legt großen Wert darauf, nicht nur für das Unternehmen ihres Mannes tätig zu sein, um auf diese Weise eine gewisse Unabhängigkeit für sich zu wahren.

Insgesamt gewinnt man durch die Äußerungen der Befragten den Eindruck, dass es ihnen bei ihrer Tätigkeit im Familienunternehmen mehr darum geht, zusammen mit ihren Ehemännern das gemeinsame Projekt „Familienunternehmen“ fortzuführen, als durch eine Beteiligung an diesem einen finanziellen Vorteil für sich zu erzielen. Jedoch fördert diese klare Ausgrenzung der sozialen Akteurinnen vom Eigentum des Unternehmens das Image, dass diese nur eine Art Hilfskraftstellung einnehmen, was wiederum dazu führen kann, dass ihre Leistung marginalisiert wird.

8 Schlussbetrachtung

Im Mittelpunkt der vorliegenden Untersuchung stand eine bislang in der Family Business-Forschung kaum beachtete Akteurinnengruppe – die im Familienunternehmen mitarbeitende Ehefrau. Auf der Grundlage eines qualitativ-interpretativen Ansatzes wurde anhand von acht Fallstudien die Frage der sozialen Positionierung von Ehefrauen, die in einen bereits existierenden familiengeführten Handwerksbetrieb eingeheiratet haben, untersucht. Den theoretischen Rahmen der Untersuchung bildete die Strukturationstheorie von Giddens (1997), erweitert und vertieft um die Konzepte des „doing gender" (West/Zimmerman 1991) und der „gendered organization" (Acker 1991, 1992).

Das primäre Ziel der Studie war es, Erkenntnisse darüber zu gewinnen, wie die jeweiligen Familien- und Unternehmensstrukturen und die damit verknüpften sozialen Beziehungen sowie die eigene Identität der Ehefrauen sich auf deren soziale Positionierung im familiengeführten Handwerksbetrieb auswirken, um so Rückschlüsse auf die Wechselwirkungen der sozialen Strukturen der beiden Systeme „Familie" und „Unternehmen" innerhalb des Familienunternehmens als konkreten Bezugsrahmen ziehen zu können. In Hinsicht auf die Bestimmungsfaktoren der sozialen Positionierung der Akteurinnen konzentrierte sich die Untersuchung auf die folgenden Aspekte: den Sozialisationshintergrund der eingeheirateten Ehefrauen – verbunden mit den Gründen und Motiven für deren Mitarbeit im Familienbetrieb, den strukturellen Bedingungen der gegenwärtigen Arbeitssituation der Ehefrauen sowie den Einfluss der Strukturen der familiären Sphäre. Dabei wird der Blick insbesondere auch auf die vergeschlechtlichten Substrukturen gerichtet.

Im Folgenden werden die wesentlichen Ergebnisse der Untersuchung und der sich daraus ergebenden Schlussfolgerungen unter Bezug auf die genannten Aspekte respektive Bestimmungsfaktoren nochmals zusammengefasst. Die anschließende Einordnung dieser Ergebnisse und ein Ausblick auf wünschenswerte bzw. zukünftige Entwicklungen zur Stellung der Frauen im Familienunternehmen beschließen diese Arbeit.

8.1 Zusammenfassung der Ergebnisse

Als ein wesentliches Ergebnis im Hinblick auf den Untersuchungsaspekt der Sozialisationshintergründe der Ehefrauen ist festzustellen, dass diesem als Bestimmungsfaktor für die soziale Positionierung der Frauen im familiengeführten Handwerksbetrieb eine ganz wesentliche Bedeutung zukommt. Aus den hier ermittelten Befunden ergaben sich deutliche Unterschiede zwischen den Ehefrauen, die in einer Unternehmerfamilie aufwuchsen, und denjenigen, die in einer Arbeitnehmerfamilie groß wurden.

So zeigte sich beispielsweise, dass die in einem Selbstständigenhaushalt aufgewachsenen Frauen weit weniger Probleme damit hatten, sich im Familienunternehmen zu etablieren. Dabei war die Integration der Frauen auch stark davon abhängig, wie groß die Ähnlichkeiten der Wertesysteme zwischen der Herkunftsfamilie und der jeweiligen neuen Familie waren, d. h. auf welche „verinnerlichten" Wissensbestände die betreffende Akteurin zugreifen konnte, um sich im neuen sozialen Bezugsrahmen problemlos zurechtzufinden.

Im Gegensatz dazu kam es in der Gruppe der Frauen, die in einer Arbeitnehmerfamilie sozialisiert wurden, verstärkt zu Problemen, sich im Familienunternehmen zu positionieren, da ihnen das notwendige Wissen um die dort vorherrschenden Reglements fehlte (z. B. arbeitsorientierte Lebensführung, wenig Freizeit usw.). Die Befunde zeigten jedoch, dass mit zunehmender Verweildauer auch bei diesen Frauen eine Internalisierung des Wertesystems der Unternehmerfamilie erfolgt, was unter anderem dazu führt, dass beispielsweise das Primat der Firma als Gegebenheit akzeptiert wird. Doch trotz dieses erkennbaren Einstellungswechsels behalten sich die Frauen im Vergleich zu den in einer Unternehmerfamilie sozialisierten Frauen eher eine hinterfragende Haltung gegenüber ihrer Tätigkeit bzw. Position im Familienunternehmen vor.

Im Zusammenhang mit den Sozialisationshintergründen ist auch die Frage nach den Motiven und Beweggründen der Frauen für ihre Mitarbeit im familiengeführten Handwerksbetrieb zu betrachten.

Wie die Studie gezeigt hat, sind die Motive und Beweggründe der Frauen vielschichtig. Es lassen sich vor allem zwei Kategorien erkennen: zum einen die Kategorie der „Fremdverpflichtung", zum anderen die der „Selbstverpflichtung". Bei der Fremdverpflichtung lagen die Motive bzw. Gründe für den Wechsel in das Familienunternehmen weniger bei den Frauen selbst, sondern hingen vielmehr damit zusammen, dass die Frauen „von außen" mit einer klaren Vorstellung darüber konfrontiert wurden, was man von ihnen als „Ehefrau eines Handwerksmeisters" erwartet. So galt in manchen Fällen der Wechsel in das Familienunternehmen mit der

Heirat als besiegelt. Bei der Selbstverpflichtung hingegen erfolgte der Einstieg in das Familienunternehmen auf eigenen Wunsch der Frauen und oftmals sogar gegen den Willen der Unternehmerfamilie, wobei es im letzteren Fall den Frauen nur unter erheblichen Anstrengungen gelang, sich eine Position im familiengeführten Handwerksbetrieb zu schaffen. Mit diesem Befund der Studie tritt eine Haltung der Handwerkskultur zu Tage, die zwar die Beschäftigung von Frauen im Unternehmen fördert, jedoch in diesem Punkt oftmals aus falsch verstandener Tradition handelt, nämlich dann, wenn der Wechsel der „Frau Meisterin" in den Betrieb als eheliche Pflicht betrachtet und erwartet wird. Aus heutiger Sicht ist es aber notwendig, in den familiengeführten Handwerksbetrieben eine Situation zu schaffen, die den Eintritt für die Ehefrau einfach, aber zugleich auch frei von Zwang bzw. Pflicht macht.

Richtet man das Augenmerk auf die strukturellen Bedingungen der gegenwärtigen Arbeitssituation der Frauen, so zeigt sich ein eindeutiges Bild: Die betriebliche Gesamtsituation der Ehefrauen ist signifikant von vergeschlechtlichten Substrukturen durchzogen, die einen starken Einfluss auf die Positionierung der Akteurinnen erkennen lassen. In allen Fällen zeigten sich klare Belege für eine traditionell geschlechterspezifische Arbeitsteilung, in der die Zuständigkeitsbereiche im Unternehmen in typisch männliche bzw. typisch weibliche Tätigkeitsfelder getrennt waren. Dabei zählten beispielsweise alle administrativen Tätigkeiten im Büro zu den typisch weiblichen Aufgabengebieten. Gleichzeitig blieb den Ehefrauen in den meisten Fällen der Zugang zu den öffentlichen Bereichen des familiengeführten Handwerksbetriebs, wie z. B. der direkte Kontakt zu Kunden, Lieferanten usw., verwehrt, da diese ausschließlich zum Geltungsbereich der Ehemänner zählten.

Die latent vorhandene unterschiedliche Gewichtung der Tätigkeitsbereiche im Unternehmen führt zusammen mit der geschlechtergeprägten Arbeitszuweisung zu einer Struktur, in der die Frauen fast zwangsläufig eine untergeordnete Rolle oder die Rolle einer „unsichtbaren" Akteurin einnehmen. Insbesondere die für den Handwerksbereich typische Klassifizierung der weiblichen Tätigkeitsfelder als „unproduktiv", manifestiert diese Unterordnung, was wiederum dazu führt, dass den Leistungen der Frauen im Vergleich zu den der männlichen Akteure ein geringerer Stellenwert beigemessen wird. Das Tradieren der geschlechtergeprägten Arbeitsteilung führt nicht nur zu einer sozialen Benachteiligung der Ehefrauen, sondern auch dazu, dass die Fähigkeiten und Talente der Frauen nicht zum Tragen kommen. Viel sinnvoller wäre es, das Potenzial, das die Akteurinnen dem Familienbetrieb zur Verfügung stellen, zu nutzen.

Der Einfluss der vergeschlechtlichten Substrukturen auf die soziale Positionierung der Ehefrauen im familiengeführten Handwerksbetrieb zeichnet sich auch an anderer Stelle ab. So übernehmen die Frauen häufig die Funktion der Unterstützerin ihrer Männer. Dabei tragen sie immer wieder die Verantwortung für Aufgaben, die sich außerhalb ihrer eigentlichen Tätigkeitsbereiche befinden. Allerdings müssen sie sich in diesen Fällen oftmals am Arbeitsaufkommen ihrer Männer orientieren. Nur selten gelingt es den Akteurinnen, ihr Aufgabengebiet an ihre eigenen Bedürfnisse anzupassen. In den Fällen, in denen dieses Bemühen erfolgreich war, wurde die berufliche Gesamtssituation von den Betreffenden als weniger kräftezehrend bewertet.

In Zusammenhang mit den strukturellen Bedingungen der Arbeitssituation hat sich auch der Gesichtspunkt der Entscheidungsbefugnisse als aufschlussreich hinsichtlich der sozialen Positionierung der Ehefrauen erwiesen: So verfügen die Frauen in den ihnen zugewiesenen typisch weiblichen Aufgabenbereichen zwar über entsprechende Entscheidungsmacht, nutzen diese jedoch kaum. Die Frauen tendieren dazu, die Entscheidungen in ihren Bereichen weitestgehend zusammen mit ihren Ehepartnern zu treffen. Ein entsprechendes Verhalten der Ehemänner lässt sich dagegen nicht fest stellen.

Ein weiterer beachtenswerter Bestimmungsfaktor hängt unmittelbar mit der Stellung des Ehemanns in der Unternehmenshierarchie zusammen. Dabei zeigt sich, dass sich mit der Übergabe des familiengeführten Unternehmens an den Ehemann auch die Position der Ehefrau im Hierarchiegefüge verändert, da diese jetzt zur Frau des neuen Chefs aufsteigt.

Insgesamt fördern die Ergebnisse in Bezug auf die Zusammenarbeit der Ehefrauen mit ihren Ehemännern eine klare Genderstruktur zu Tage, in der die Frauen ein traditionelles weibliches Rollenbild verkörpern. Mit der Anpassung des eigenen Verhaltens an dieses Rollenbild werden die Ehefrauen dabei selbst zum konstitutiven Element der vergeschlechtlichten Strukturen im familiengeführten Handwerksunternehmen und tragen somit zur (Re-)Produktion der dort vorherrschenden Genderkonzepte bei. Vor diesem Hintergrund gewinnt der Aspekt der familiären Herkunft an Bedeutung, da die Untersuchungsbefunde klar belegen, dass die Frauen, die in einer Unternehmerfamilie sozialisiert wurden eher dazu neigen, sich in ihrer beruflichen Position der hegemonialen Macht ihrer Männer im Betrieb unterzuordnen. Dabei wäre es aber im Interesse der Ehefrauen, sich im Hinblick auf die eigene Perspektive nicht als unterstützende Hilfskraft zu verstehen, sondern als gleichwertige Partnerin.

Des Weiteren ist das Verhältnis der Ehefrauen zu ihren Schwiegereltern als bestimmender Faktor für deren soziale Positionierung im familiengeführten Unternehmen zu betrachten. Insgesamt lassen die Ergebnisse in diesem Bereich den Schluss zu, dass das Verhältnis der Frauen zu ihren Schwiegereltern durch Extreme dominiert werden, was sich damit belegen lässt, dass es Frauen gibt, die als willkommenes Neumitglied bzw. Nachfolgerinnen gelten, wohingegen andere als Störfaktor angesehen werden. Erschwerend kommt hinzu, dass in den meisten Fällen die Interaktionsbasis zwischen Schwiegertochter und Senioren durch eine Art Nicht-Kommunikation in Bezug auf wesentliche Themen, wie z. B. der Anerkennung der Leistung der Schwiegertochter, geprägt ist.

Darüber hinaus haben die Ergebnisse gezeigt, dass sich der Einfluss der Senioren auch dann noch auf die soziale Positionierung der Akteurinnen auswirkt, wenn diese bereits aus dem Unternehmen ausgeschieden sind. Einige der Fallstudien belegen, dass die Frauen eine Verpflichtung verspüren, das Erbe bzw. die Traditionen der Senioren weiterführen zu müssen. Das Bestreben nach Veränderungen der vorherrschenden Reglements, das sich in manchen Fällen relativ deutlich abzeichnete, gleicht aber eher einem langsamen Prozess, den man auch als Strategie der kleinen Schritte bezeichnen kann. Auch in diesem Zusammenhang zeigt sich, wie prägend der eigene Sozialisationshintergrund der Frauen auch in diesem Bereich ist, d. h. Akteurinnen, die nicht in einer Unternehmerfamilie aufgewachsen sind, zeigen eine stärkere Neigung, sich selbstbewusster gegenüber den Vorgaben ihrer Schwiegereltern abzugrenzen, als jene Gruppe der Befragten, die aufgrund ihrer Sozialisation in einem Familienunternehmen mit der Einstellung aufgewachsen sind, dass die Fortführung der Traditionen der Senioren als ein Teil der Familienidentität betrachtet wird.

Ebenfalls wichtige Erkenntnisse zum Einfluss der Unternehmensstruktur auf die soziale Positionierung der Ehefrauen ergaben sich unter dem Aspekt des Verhältnisses der Akteurinnen zu den Mitarbeitern. In allen untersuchten Fällen waren neben familiennahen Mitarbeitern auch andere Angestellte für den Familienbetrieb tätig. Die hier ermittelten Befunde haben gezeigt, dass sich Unterschiede in Bezug auf die soziale Positionierung der Ehefrau dadurch ergeben, ob diese einen direkten oder einen indirekten Arbeitskontakt zur Belegschaft haben. Dabei wirken sich die Unterschiede sowohl auf deren Weisungs- wie auch Entscheidungsbefugnis gegenüber den Mitarbeitern aus. Arbeiten die Frauen direkt mit den Mitarbeitern zusammen, verfügen sie auch über ein größeres Machtpotential. Anderenfalls, so belegen die Untersuchungsergebnisse, agieren die Akteurinnen oftmals aus einer Art Zwischensystem heraus, das ihnen nur in Ausnahmefällen die direkte Kontaktaufnahme mit der Belegschaft ermöglicht.

Aufgrund der in familiengeführten Handwerksbetrieben vorherrschenden Normen, die stark von einer männlichen Ethik geprägt sind, legen die Befunde die Vermutung nahe, dass die mitarbeitenden Ehefrauen, die überwiegend typische weibliche Aufgabengebiete (z. B. kaufmännische Tätigkeiten) verantworten, in einer niedrigeren Position verortet werden, als männliche Mitarbeiter, die beispielsweise in der Werkstatt tätig sind. Auch in diesem Bereich zeichnet sich der Einfluss des typisch weiblichen Rollenbildes ab, ähnlich wie bei der Zusammenarbeit mit dem Ehemann, übernehmen die Frauen gegenüber den Mitarbeitern oftmals die Rolle einer sozialen Managerin, Vermittlerin oder auch Friedensstifterin. Es zeigt sich auch hier, wie prägend der Einfluss des Gender-Faktors auf die soziale Positionierung der Ehefrau im familiengeführten Handwerksbetrieb ist.

Ein in diesem Zusammenhang ebenfalls interessanter Befund ist die Tatsache, dass langjährige Mitarbeiter quasi als erweiterter Teil der Unternehmerfamilie angesehen werden, was den Eindruck noch einmal verstärkt wie eng verwoben die Subsysteme „Familie“ und „Unternehmen“ in diesen kleinen und mittelständischen familiengeführten Handwerksbetrieben sind.

In Bezug auf die strukturellen Bedingungen der Arbeitssituation der Akteurinnen ist schließlich noch auf einen Faktor hinzuweisen, der einen maßgeblichen Einfluss auf deren soziale Positionierung hat: die Eigentumsverhältnisse. In allen Fallstudien zeigt sich, dass die Frauen bereits mit der Eheschließung vom Besitz der Unternehmerfamilie ausgeschlossen wurden. Bei genauer Betrachtung wird deutlich, dass die Akteurinnen zwar formal-rechtlich vom Eigentum ausgeschlossen sind, jedoch aufgrund der überwiegend anzutreffenden Rechtsform der Personen- bzw. Einzelgesellschaft einen Großteil des unternehmerischen Risikos mittragen, da im Haftungsfall des Unternehmens auch das Privatvermögen der Familie mit herangezogen wird. Mit einer Beteiligung der Frauen am Eigentum des Familienunternehmens würde die soziale Position formal gestärkt bzw. offiziell legitimiert.

Abschließend ist noch der Aspekt der familiären Struktur als Bestimmungsfaktor der sozialen Positionierung der Ehefrauen im familiengeführten Handwerksbetrieb anzuführen. Die hier ermittelten Befunde machen deutlich, wie stark die Interdependenz zwischen den Subsystemen „Familie“ und „Unternehmen“ in den untersuchten Fällen ausgeprägt ist. Dies spiegelt sich bereits in der fallübergreifenden Analyse durch die Bezeichnung der interpretativen Kategorien (Themencluster) als „Unternehmerhaushalt“ bzw. „Das Zuhause als unternehmerischer Ort“ wider, was nicht nur als Reflex der räumlichen Nähe der Wirkungsstätten der Frauen (Unternehmen und Haushalt) zu werten ist. Die Ergebnisse der Studie machen deutlich, dass es die Akteurinnen als äußerst schwierig empfinden, beide Bereiche klar voneinander zu trennen. Durch die Verquickung dieser beiden Wirkungsstätten entsteht in manchen Fällen der Eindruck, dass die Tätigkeit im Unternehmen für die Frauen nicht eine eigenständige Erwerbstätigkeit, sondern einen Teil ihrer Familienarbeit darstellt, was wiederum deutliche Konsequenz auf ihre soziale Positionierung im Familienunternehmen hat. Aus diesem Grund ist hier notwendig, dass es den Frauen gelingt, ihre Tätigkeit im familiengeführten Handwerksbetrieb als eine reguläre Berufstätigkeit zu verstehen und nicht als Teil ihrer familiären Pflicht.

Insgesamt bilden die Befunde eine familiäre Situation ab, in der die Struktur in der Unternehmerfamilie deutlich durch eine traditionelle Familienkultur geprägt ist. Dies zeigt sich schon daran, dass in den überwiegenden Fällen die Ehefrauen nahezu alleine die Verantwortung für die Bereiche Haushalt und Kindererziehung tragen. Auch wenn in allen Fällen kleinere Haushaltstätigkeiten an haushaltfremde Putzhilfen delegiert werden konnten, wird doch deutlich, wie stark die Akteurinnen mit einem klassischen Frauenbild verhaftet sind und so erscheint es in diesem Zusammenhang durchaus als normal, dass die Ehemänner im familiären Bereich kaum Aufgaben übernehmen. Dabei legen die hier ermittelten Befunde die Vermutung nahe, dass die Akzeptanz der Abwesenheit der Männer im familiären Bereich mit der Annerkennung des Primats des Unternehmens zu tun hat. Diese arbeitsorientierte Sichtweise spiegelt sich auch im Freizeitverhalten der Unternehmerfamilie wider.

Auch wenn einige der Untersuchungsergebnisse den Eindruck vermitteln, dass die Vereinbarkeit von beruflichen und familiären Verpflichtungen bei den Ehefrauen zu Problemen führt, lassen andere Befunde darauf schließen, dass sich die Befragten trotz der Doppelbelastung gegenüber anderen berufstätigen Frauen mit Kindern eindeutig im Vorteil sehen, da sie flexibler auf unvorhersehbare Veränderungen reagieren können.

Ein ebenso interessanter wie aufschlussreicher Aspekt, der sich in Hinblick auf die soziale Positionierung der Ehefrauen im familiengeführten Handwerksbetrieb eher mittelbar auswirkt, stellt die Tatsache dar, dass der Großteil der befragten Akteurinnen bedingt durch die nur schwer planbare Freizeit über ein eher begrenztes Netzwerk an Außenkontakten verfügen, das zudem häufig aus Familienmitgliedern und Frauen aus ähnlichen Verhältnissen besteht. Aus diesem Grund ist es für die Akteurinnen im familiengeführten Unternehmen von besonderer Wichtigkeit, sich ein Netzwerk zu schaffen, das ihnen als Interaktionsbasis außerhalb der familiären Sphäre zur Verfügung steht.

Insgesamt wurde aus den Ergebnissen der vorliegenden Untersuchung deutlich, dass sich der familiäre Hintergrund wie auch die Unternehmens- und Familienstruktur in maßgeblicher Weise auf die soziale Positionierung der Ehefrau im familiengeführten Handwerksbetrieb auswirken. Dabei zeigen die Befunde, dass sich die Akteurinnen bei ihrer Tätigkeit im Familienbetrieb in einer komplexen, durch die Interdependenz von „Familie" und „Unternehmen" bedingten und von vergeschlechtlichten Strukturen durchzogenen Situation befinden.

8.2 Einordnung und Ausblick

Bevor abschließend ein kurzer Ausblick auf zukünftige und wünschenswerte Entwicklungen in Bezug auf die Stellung der Frauen im Familienunternehmen gegeben wird, sollen zunächst die Ergebnisse der vorliegenden Studie, die mit der Fokussierung auf die Akteurinnengruppe der eingeheirateten mitarbeitenden Ehefrauen in familiengeführten Handwerksbetrieben gewissermaßen Neuland auf dem Gebiet der Family Business-Forschung betreten hat, bezüglich ihrer Reichweite eingeordnet werden.

Die im Rahmen dieser Studie gewonnen Erkenntnisse gelten unter den speziellen Bedingungen des Wirtschaftszweigs Handwerk, der von eher traditionellen Konventionen geprägt ist. So blieben beispielsweise mitarbeitende Ehefrauen in Familienunternehmen, die zu den sogenannten „high-tech"-Branchen zählen, unberücksichtigt. Es ist aber davon auszugehen, dass sektorale Aspekte Einfluss auf die soziale Positionierung der mitarbeitenden Ehefrauen haben. Die Ergebnisse einer solchen Untersuchung könnten dabei helfen, mögliche Unterschiede wie auch Gemeinsamkeiten zu den hier ermittelten Erkenntnissen aufzuzeigen. Auch Ehefrauen, die sich bewusst gegen eine Tätigkeit im familiengeführten Unternehmen entschieden haben, waren nicht Gegenstand der vorliegenden Arbeit. Daneben blieben auch die Perspektiven anderer Akteure (z. B. der Mitarbeiter), die ebenfalls im familiengeführten Handwerksbetrieb tätig sind, in der Studie unberücksichtigt.

Darüber hinaus konnte dem wichtigen Aspekt des „unsichtbaren" Generationenwechsels, d. h. der Übergabe des Aufgabengebiets der Seniorchefin an die Schwiegertochter in der Studie nicht vertiefend nachgegangen werden. Dabei könnten gerade diese Einblicke weitere interessante Erkenntnisse im Bereich der Nachfolgeproblematik liefern.

Neben der thematischen Reichweite der Ergebnisse ist auch kurz auf die empirischen Grenzen der Studie einzugehen, wobei daran zu erinnern ist, dass Fallstudien im Rahmen eines qualitativ-interpretativen Forschungsansatz hinsichtlich der Repräsentativität ihrer Ergebnisse grundsätzlich nicht mit Ergebnissen von konventionellen quantitativen Studien vergleichbar sind. Bei der vorliegenden Untersuchung mit acht Fallstudien konnte der Wunsch, bei der Auswahl der Fälle möglichst breite bzw. kontrastierende Exemplare aufzuspüren, in der Praxis nicht im vollen Umfang umgesetzt werden, was vor allem mit dem eher begrenzten Feldzugang zusammenhing. So konnte beispielsweise keine Gesprächspartnerin gefunden werden, die kurz vor der Übergabe ihres Arbeitsbereichs an die Schwiegertochter stand.

Mit der hier vorliegenden Studie war die Absicht verbunden, eine bisher unbeachtete Akteurinnengruppe im Familienunternehmen „sichtbar" zu machen – die eingeheirateten mitarbeitenden Ehefrauen. Bei näherer Betrachtung der Gesamtsituation dieser Frauen zeigt sich, dass diesen nicht nur im wissenschaftlichen sondern auch im gesellschaftspolitischen Bereich bisher wenig Aufmerksamkeit bzw. Anerkennung zu teil wurde. So wird die Nichtbeachtung dieser Akteurinnengruppe bereits dadurch deutlich, dass bis heute kein verlässliches Zahlenmaterial vorhanden ist, das darüber Auskunft geben kann, wie viele Frauen überhaupt in familiengeführten Unternehmen tätig sind. Nur jene Akteurinnen, die unentgeltlich im Familienunternehmen arbeiten, werden gesondert im Mikrozensus erfasst. Der andere Teil der Frauen, also jene die für ihre Leistungen im Familienbetrieb Entlohnung erhalten, werden der Gruppe der Arbeitnehmer zugerechnet. Aus meiner Sicht ist die Entscheidung längst überfällig, auch die Frauen, die gegen Entgelt im Familienunternehmen tätig sind, gesondert im Mikrozensus zu erfassen.

Die Zuweisung dieser Frauen zur Gruppe der „normalen" Angestellten hat zur Folge, dass deren besondere Arbeitssituation, die stark von der Überschneidung von „Familie" und „Unternehmen" geprägt ist, unberücksichtigt bleibt. Dass diese undifferenzierte Betrachtungsweise möglicherweise zu falschen Annahmen führt, lässt sich unter anderem daran festmachen, dass bei gesetzgebenden Entscheidungen diese besonderen Konstellationen weitestgehend unerwähnt bleiben und so befinden sich diese mitarbeitenden Frauen im Familienunternehmen im Vergleich zu „normalen" Arbeitnehmerinnen nicht nur im klaren Nachteil, wenn es darum geht, Leistungen aus den sozialen Sicherungssystemen zu beziehen, sondern auch im Fall einer Scheidung oder bei Konkurs der Firma. Aus diesem Grund ist der Gesetzgeber gefordert, die Stellung der in einem Familienunternehmen tätigen Frauen unter anderem in Bezug auf ihre soziale Absicherung zu verbessern. Die hier genannten Vorschläge könnten einen aktiven Beitrag zur Anerkennung dieser speziellen Akteurinnengruppe im familiengeführten Unternehmen leisten. Denn man darf nicht vergessen, dass diese Frauen durch ihr Engagement nicht nur zum Fortbestand des Familienunternehmens beitragen, sondern gleichzeitig auch einen bedeutsamen Beitrag zur Funktionsfähigkeit des gesamten Wirtschaftsgefüges leisten.

Vielleicht hilft die vorliegende Arbeit dabei, eine neuen Impuls zu setzen, sich sowohl gesellschaftspolitisch wie auch wissenschaftlich vermehrt mit den Frauen im Familienunternehmen zu beschäftigen, damit Aussagen wie „women remain an unrecognized and underused resource in family businesses" (Salganicoff 1990b, 136) bald der Vergangenheit angehören.

Literaturverzeichnis

Abraham, M. (2003): With a little help from my spouse: The role of trust in family business, Leipzig.

Acker, J. (1991): Hierarchies, jobs, bodies: A theory of gendered organizations, in: Lorber, J. / Farrell, S. A. (eds.): *The social construction of gender*, Newbury Park, CA, 162-179.

Acker, J. (1992): Gendering organizational theory, in: Mills, A. J. / Tancred, P. (eds.): *Gendering organizational analysis*, Newbury Park, CA, 248-260.

Acker, J. (1998): The future of 'gender and organizations': Connections and boundaries, *Gender, Work and Organization* 5(4), 195-206.

Alvesson, M. / Due Billing, Y. (1992): Gender and organization: Towards a differentiated understanding, *Organization Studies* 13(1), 73-103.

Alvesson, M. / Due Billing, Y. (2002): Beyond body-counting: A discussion of the social construction of gender at work, in: Aaltio, I. / Mills, A. J. (eds.): *Gender, identity and the culture of organizations*, London/New York, 72-91.

Archer, M. S. (1988): *Culture and agency: The place of culture in social theory*, Cambridge.

Aronoff, C. E. / Ward, J. L. (1993): In-laws in the family business, *Nation's Business* 81(9), 62-63.

Astrachan, J. H. / Klein, S. B. / Smyrnios, K. X. (2002): The F-PEC scale of family influence: A proposal for solving the family business definition problem, *Family Business Review* 15(1), 45-58.

Astrachan, J. H. / Shanker, M. C. (2006): Family businesses' contribution to the US economy: A closer look, in: Poutziouris, P. Z. / Smyrnios, K. X. / Klein, S. B. (eds.): *Handbook of research on family business*, Cheltenham/Northampton, MA, 56-64.

Auer, M. (2000): *Vereinbarungskarrieren: Eine karrieretheoretische Analyse des Verhältnisses von Erwerbsarbeit und Elternschaft*, München/Mering.

Auer, M. / Baier, S. (2002): *Personalpolitische Instrumente der Vereinbarkeit von Erwerbsarbeit und Familienleben: Eine mehrdimensionale Analyse und Bewertung*, unveröffentlichtes Manuskript, Innsbruck.

Baines, S. / Wheelock, J. (1998): Working for each other: Gender, the household and micro-business survival and growth, *International Small Business Journal* 17(1), 16-35.

Ballarini, K. / Keese, D. (1995): *Die Struktur kleiner Familienunternehmen in Baden-Württemberg*, Heidelberg.

Barnett, F. / Barnett, S. (1988): *Working together: Entrepreneurial couples*, Berkeley, CA.

Bartmann, M. / Zierau, J. (1995): *Die Vereinbarkeit von Familie und Beruf in mittelständischen Betrieben für mithelfende und mitarbeitende Familienangehörige sowie Selbständige*, Stuttgart.

Beauvoir de, S. (1951): *Das andere Geschlecht*, Hamburg.

Beck-Gernsheim, E. (1989): *Das halbierte Leben: Männerwelt Beruf, Frauenwelt Familie*, Frankfurt/Main.

Beckhard, R. / Dyer Jr., W. G. (1983): Managing continuity in the family-owned business, *Organizational Dynamics* 12(1), 5-12.

Berekoven, L. / Eckert, W. / Ellenrieder, P. (1991): *Marktforschung: Methodische Grundlagen und praktische Anwendung*, 5., durchgesehene und ergänzte Auflage, Wiesbaden.

Bird, B. / Welsch, H. / Astrachan, J. H. / Pistrui, D. (2002): Family business research: The evolution of an academic field, *Family Business Review* 15(4), 337-350.

Bourdieu, P. (1979): *Entwurf einer Theorie der Praxis*, Frankfurt/Main.

Bridge, S. / O' Neill, K. / Cromie, S. (2003): *Understanding enterprise, entrepreneurship and small business*, 2. Edition, Houndmills/New York.

Brockhaus Sr., R. H. (1994): Entrepreneurship and family business research: Comparisons, critique, and lessons, *Entrepreneurship: Theory & Practice* 19(1), 25-38.

Brodmeier, B. (1963): *Die Frau im Handwerk in historischer und moderner Sicht*, Münster.

Bryant, C. G. A. (1999): *The uses of Giddens' structuration theory*, Wien.

Bryant, C. G. A. / Jary, D. (2001): The uses of structuration theory: A typology, in: Bryant, C. G. A. / Jary, D. (eds.): *The contemporary Giddens: Social theory in a globalizing age*, Houndmills/New York, 43-61.

Calás, M. B. / Smircich, L. (1996): From 'the woman's' point of view: Feminist approaches to organization studies, in: Clegg, S. R. / Hardy, C. / Nord, W. R. (eds.): *Handbook of organization studies*, London, 218-257.

Cappuyns, K. (2007): Women behind the scenes in family businesses, *Electronic Journal of Family Business Studies* 1(1), 38-61.

Carlock, R. S. / Ward, J. L. (2001): *Strategic planning for the family business: Parallel planning to unify the family and business*, Houndmills.

Chetty, S. (1996): The case study method for research in small- and medium-sized firms, *International Small Business Journal* 15(1), 73-85.

Chiu, C. C. H. (1998): Wives' voices: Unequal reward distribution in small family businesses, *Southeast Asian Journal of Social Science* 26(2), 33-44.

Chua, J. H. / Chrisman, J. J. / Sharma, P. (1999): Defining the family business by behavior, *Entrepreneurship: Theory & Practice* 23(4), 19-39.

Cohen, I. J. (1989): *Structuration theory: Anthony Giddens and the constitution of social life*, Houndmills/London.

Cole, P. M. (1993): *Women in family business: A systemic approach to inquiry*. (PhD dissertation, Nova Southeastern University, Fort Lauderdale, FL)

Cole, P. M. (1997): Women in family business, *Family Business Review* 10(4), 353-371.

Cox, J. A. / Moore, K. K. / Auken van, P. M. (1984): Working couples in small business, *Journal of Small Business Management* 22(4), 24-30.

Craib, I. (1992): *Anthony Giddens*, London/New York.

Cromie, S. / O' Sullivan, S. (1999): Women as managers in family firms, *Women in Management Review* 14(3), 76-88.

Crozier, M. / Friedberg, E. (1979): *Macht und Organisation: Zwänge kollektiven Handelns*, Königstein/Ts.

Danco, K. (1981): *From the other side of the bed: A woman looks at life in the family business*, Cleveland, OH.

Danco, L. A. (1980): *Inside the family business*, Cleveland, OH.

Danes, S. M. / Olson, P. D. (2003): Women's role involvement in family businesses, business tensions, and business success, *Family Business Review* 16(1), 53-68.

Davis, P. (1983): Realizing the potential of the family business, *Organizational Dynamics* 12(1), 47-56.

Delphy, C. / Leonard, D. (1992): *Familiar exploitation: A new analysis of marriage in contemporary western societies*, Cambridge.

Denzin, N. K. / Lincoln, Y. S. (2000): Introduction: The discipline and practice of qualitative research, in: Denzin, N. K. / Lincoln, Y. S. (eds.): *Handbook of qualitative research*, Thousand Oaks, CA, 1-28.

Dhaliwal, S. (1998): Silent contributors: Asian female entrepreneurs and women in business, *Women's Studies International Forum* 21(5), 463-474.

Dhaliwal, S. (2000): Asian female entrepreneurs and women in business: An exploratory study, *Enterprise & Innovation Management Studies* 1(2), 207-216.

Dietzen, A. (1993): *Soziales Geschlecht: Soziale, kulturelle und symbolische Dimensionen des Gender-Konzepts*, Opladen.

Donckels, R. / Fröhlich, E. (1991): Are family businesses really different? European experiences from STRATOS, *Family Business Review* 4(2), 149-160.

Dornach, B. W. / Warrings, B. (Hrsg.) (1999): *Frauen im Handwerk*, Stuttgart.

Dumas, C. (1989): Understanding of father-daughter and father-son dyads in family-owned businesses, *Family Business Review* 2(1), 31-46.

Dumas, C. (1998): Women's pathways to participation and leadership in the family-owned firm, *Family Business Review* 11(3), 219-228.

Dyer Jr., W. G. (2003): The family: The missing variable in organizational research, *Entrepreneurship: Theory & Practice* 27(4), 401-416.

Dyer Jr., W. G. / Handler, W. (1994): Entrepreneurship and family business: Exploring the connections, *Family Business Review* 19(1), 71-83.

Dyer Jr., W. G. / Sánchez, M. (1998): Current state of family business theory and practice as reflected in family business review 1988-1997, *Family Business Review* 11(4), 287-295.

Eichhorst, W. / Kaiser, L. C. / Thode, E. / Tobsch, V. (2007): *Vereinbarkeit von Familie und Beruf im internationalen Vergleich: Zwischen Paradigma und Praxis*, Gütersloh.

Eisenhardt, K. M. (1989): Building theories from case study research, *Academy of Management Review* 14(4), 532-550.

Europäische Kommission (Hrsg.) (1997): *Mitarbeitende Ehegattinnen/-gatten der Selbständigen*, Luxemburg.

Fitzgerald, M. A. / Winter, M. (2001): The intrusiveness of home-based work on family life, *Journal of Family and Economic Issues* 22(1), 75-92.

Flick, U. (2005): *Qualitative Sozialforschung: Eine Einführung*, Reinbek bei Hamburg.

Flick, U. / Kardorff, E. v. / Steinke, I. (2005): Was ist qualitative Forschung? Einleitung und Überblick, in: Flick, U. / Kardorff, E. v. / Steinke, I. (Hrsg.): *Qualitative Forschung: Ein Handbuch*, Reinbek bei Hamburg, 13-29.

Flören, R. H. (2002): *Crown princes in the clay: An empirical study on the tackling of succession challenges in Dutch family farms*, Assen.

Folker, C. A. / Sorenson, R. L. / Hoelscher, M. (2002): Undervalued assets in family firms: Unique contributions of women to family business in the development of social capital, Paper presented at the *Annual Conference of the United States Association of Small Business and Entrepreneurship*, Reno, NV, 1-10.

Fontana, A. / Frey, J. H. (2000): The interview: From structured questions to negotiated text, in: Denzin, N. K. / Lincoln, Y. S. (eds.): *Handbook of qualitative research*, Thousand Oaks, CA, 645-672.

Francis, A. E. (1999): *The daughter also rises: How women overcome obstacles and advance in the family-owned business*, San Francisco, CA.

Fröhlich, E. (1995): Familie als Erfolgspotential im Gewerbe und Handwerk, in: Stiegler, H. / Kemmetmüller, W. / Kotek, H. / Petermandl, M. (Hrsg.): *Erfolgspotentiale für Klein- und Mittelbetriebe*, Linz, 105-136.

Froschauer, U. / Lueger, M. (2003): *Das qualitative Interview: Zur Praxis interpretativer Analyse sozialer Systeme*, Wien.

Gallo, M. A. (1990): *The role of the wife in the family business*, Research Paper No 192 BIS, Barcelona.

Gersick, K. E. / Davis, J. A. / McCollom-Hampton, M. / Lansberg, I. (1997): *Generation to generation: Life cycles of the family business*, Boston, MA.

Giddens, A. (1979): *Central problems in social theory: Action, structure and contradiction in social analysis*, London.

Giddens, A. (1984): *Interpretative Soziologie: Eine kritische Einführung*, Frankfurt/Main & New York.

Giddens, A. (1997): *Die Konstitution der Gesellschaft: Grundzüge einer Theorie der Strukturierung*, 3. Auflage, Frankfurt/Main & New York.

Gillis-Donovan, J. / Moynihan-Bradt, C. (1990): The power of invisible women in the family business, *Family Business Review* 3(2), 153-167.

Glasl, M. (2003): *Beschäftigungssituation von Frauen im Handwerk*, Ludwig-Fröhler-Institut, München.

Goffman, E. (1969): *Wir alle spielen Theater*, München.

Goldmann, M. / Richter, G. (1987): *Teleheimarbeit von Frauen: Betriebliche Flexibilisierungsstrategien und das Interesse von Frauen an der Vereinbarkeit von Beruf und Familie*, Dortmund.

Goss, D. (1991): *Small business and society*, London/New York.

Grant, P. / Perren, L. (2002): Small business and entrepreneurial research: Metatheories, paradigms and prejudices, *International Small Business Journal* 20(2), 185-211.

Gutersohn, A. (1985): Das Gewerbe in Zeiten des Umbruchs, in: Pleitner, H. J. / Sertl, W. (Hrsg.): *Führung kleiner und mittlerer Unternehmen: Strategische Ausrichtung auf sich wandelnde Erfolgsfaktoren*, München, 9-28.

Hall, A. / Nordqvist, M. / Melin, L. (2005): Qualitative research in family business studies: The usefulness of the interpretive approach, Paper presented at the *Family Business Network Conference*, Brussels, 1-20.

Hamilton, E. (2006): Whose story is it anyway? Narrative accounts of the role of women in founding and establishing family businesses, *International Small Business Journal* 24(3), 253-271.

Hammersley, M. / Gomm, R. (2002): Introduction, in: Gomm, R. / Hammersley, M. / Foster, P. (eds.): *Case study method: Key issues, key texts*, London, 1- 16.

Handler, W. C. (1989): Methodological issues and considerations in studying family businesses, *Family Business Review* 2(3), 257-276.

Hartley, J. F. (1994): Case studies in organizational research, in: Cassell, C. / Symon, G. (eds.): *Qualitative methods in organizational research: A practical guide*, London, 208-229.

Heinze, T. (2001): *Qualitative Sozialforschung: Einführung, Methodologie und Forschungspraxis*, München/Wien.

Helfferich, C. (2005): *Die Qualität qualitativer Daten: Manual für die Durchführung qualitativer Interviews*, 2. Auflage, Wiesbaden.

Henning, F.-W. (1991): *Handbuch der Wirtschafts- und Sozialgeschichte Deutschlands: Band 1*, Paderborn.

Hennon, C. B. / Loker, S. (2000): Gender and home-based employment in a global economy, in: Hennon, C. B. / Loker, S. / Walker, R. (eds.): *Gender and home-based employment*, Westport/London, 17-43.

Hennon, C. B. / Loker, S. / Walker, R. (eds.) (2000): *Gender and home-based employment*, Westport/London.

Hermanns, H. (2005): Interviewen als Tätigkeit, in: Flick, U. / Kardorff, E.v. / Steinke, I. (Hrsg.): *Qualitative Forschung: Ein Handbuch*, Reinbek bei Hamburg, 360-368.

Hoffmann-Riem, C. (1980): Die Sozialforschung einer interpretativen Soziologie: Der Datengewinn, *Kölner Zeitschrift für Soziologie und Sozialpsychologie* 32, 339-372.

Hoffmann-Riem, C. (1985): *Das adoptierte Kind: Familienleben mit doppelter Elternschaft*, 2. unveränderte Auflage, München.

Holland, P. G. / Boulton, W. R. (1996): Balancing the "family" and the "business" in family business, in: Aronoff, C. E. / Astrachan, J. H. / Ward, J. L. (eds.): *Family business sourcebook II: A guide for families who own businesses and the professionals who serve them*, Marietta, GA, 407-412.

Hollander, B. S. / Bukowitz, W. R. (1990): Women, family culture, and family business, *Family Business Review* 3(2), 139-151.

Hollander, B. S. / Elman, N. S. (1988): Family-owned businesses: An emerging field of inquiry, *Family Business Review* 1(2), 145-164.

Hopf, C. (1978): Die Pseudo-Exploration: Überlegungen zur Technik qualitativer Interviews in der Sozialforschung, *Zeitschrift für Soziologie* 7(2), 97-115.

Hopf, C. (2005): Forschungsethik und qualitative Forschung, in: Flick, U. / Kardorff, E. v. / Steinke, I. (Hrsg.): *Qualitative Forschung: Ein Handbuch*, Reinbek bei Hamburg, 589-600.

Hoy, F. / Verser, T. G. (1994): Emerging business, emerging field: Entrepreneurship and the family firm, *Entrepreneurship: Theory & Practice* 19(1), 9-23.

Huberman, A. M. / Miles, M. B. (1994): Data management and analysis methods, in: Denzin, N. K. / Lincoln, Y. S. (eds.): *Handbook of qualitative research*, Thousand Oaks, CA, 428-444.

Huws, U. (1995): Introduction, in: Huws, U. (ed.): *Action programmes for the protection of homeworkers*, Geneva, 1-14.

HWK für München und Oberbayern (Hrsg.) (1994): *Mitarbeitende Ehepartner: Unersetzliche Kräfte im handwerklichen Betrieb*, München.

IfM (2007): *Die volkswirtschaftliche Bedeutung der Familienunternehmen*, IfM-Materialien Nr. 172, Bonn.

IfM (2008): *Das Handwerk in Zahlen*, http://www.ifm-bonn.org/index.php?utid=604 &id=101 (17.06.2008).

Janesick, V. J. (2000): The choreography of qualitative research design: Minuets, improvisations, and crystallization, in: Denzin, N. K. / Lincoln, Y. S. (eds.): *Handbook of qualitative research*, Thousand Oaks, CA, 379-399.

Jaskiewicz, P. (2006): *Performance-Studie börsennotierter Familienunternehmen in Deutschland, Frankreich und Spanien*, Lohmar/Köln. (Zugl. Diss. European Business School, International University Oestrich-Winkel)

Jox, I. / Schmitt, S. (1988): *Die Stellung der Frau im Handwerksbetrieb*, Diplomarbeit, FH Mainz.

Kadis, L. B. / McClendon, R. (1991): A relationship perspective on the couple-owned business, *Family Business Review* 4(4), 413-424.

Kannonier-Finster, W. (1998): Methodologische Aspekte soziologischer Fallstudien, in: Kannonier-Finster, W. / Ziegler, M. (Hrsg.): *Exemplarische Erkenntnis: Zehn Beiträge zur interpretativen Erforschung sozialer Wirklichkeit*, Innsbruck/Wien, 35-64.

Kannonier-Finster, W. / Ziegler, M. (1998): Einleitung, in: Kannonier-Finster, W. / Ziegler, M. (Hrsg.): *Exemplarische Erkenntnis: Zehn Beiträge zur interpretativen Erforschung sozialer Wirklichkeit*, Innsbruck/Wien, 7-13.

Kanter, R. M. (1977): *Men and women of the corporation*, New York.

Kaslow, F. W. / Kaslow, S. (1992): The family that works together: Special problems of family businesses, in: Zedeck, S. (ed.): *Work, families, and organizations*, San Francisco, CA, 312-361.

Kaufmann, F.-X. (1992): *Der Ruf nach Verantwortung: Risiko und Ethik in einer unüberschaubaren Welt*, Freiburg.

Keese, D. (1997): Die Bedeutung der mithelfenden Familienangehörigen im Handwerk: Ergebnisse empirischer Untersuchungen, in: Kornhardt, U. (Hrsg.): *Der Faktor Humankapital im Handwerk*, Duderstadt, 203-235.

Kepner, E. (1991): The family and the firm: A coevolutionary perspective, *Family Business Review* 4(4), 445-461.

Kerkhoff, E. (1991): *Die Rolle der Frau in mittelständischen Unternehmen*, Köln.

Kets de Vries, M. F. R. (1977): The entrepreneurial personality: A person at the cross-roads, *Journal of Management Studies* 14(1), 34-57.

Kets de Vries, M. F. R. (1996): *Family business: Human dilemmas in the family firm*, London.

Kießling, B. (1988a): Die "Theorie der Strukturierung": Ein Interview mit Anthony Giddens, *Zeitschrift für Soziologie* 17(4), 286-295.

Kießling, B. (1988b): *Kritik der Giddensschen Sozialtheorie: Ein Beitrag zur theoretisch-methodischen Grundlegung der Sozialwissenschaften*, Frankfurt/Main.

Klein, S. B. (2000): Family businesses in Germany: Significance and structure, *Family Business Review* 13(3), 157-181.

Klein, S. B. (2003): *Family business research in German publications 1990-2000*, Working Paper Series, 2003/05/IIFE, Fontainebleau.

Klein, S. B. (2004): *Familienunternehmen*, 2. Auflage, Wiesbaden.

Klein, S. B. / Astrachan, J. H. / Smyrnios, K. X. (2005): The F-PEC scale of family influence: Construction, validation, and further implication for theory, *Entrepreneurship: Theory & Practice* 29(3), 321-339.

Kleining, G. (1982): Umriss zu einer Methodologie qualitativer Sozialforschung, *Kölner Zeitschrift für Soziologie und Sozialpsychologie* 34, 224-253.

Klett, D. (2005): *Zwischen Kompetenz und Herkunft - zwischen Gleichheit und Selektion: Paradoxe Anforderungen an Familienunternehmen und ihre Unternehmensfamilien*, Heidelberg.

Lamla, J. (2003): *Anthony Giddens*, Frankfurt/Main & New York.

Lamnek, S. (2005): *Qualitative Sozialforschung*, 4., vollständig überarbeitete Auflage, Weinheim/Basel.

Lansberg, I. / Perrow, E. L. / Rogolsky, S. (1988): Family business as an emerging field, *Family Business Review* 1(1), 1-8.

Layder, D. (1998): *Sociological practice: Linking theory and social research*, London.

Lee, M.-S. / Rogoff, E. G. (1996): Research note: Comparison of small businesses with family participation versus small businesses without family participation: An investigation of differences in goals, attitudes, and family/business conflict, *Family Business Review* 9(4), 423-437.

Lee, Y. G. / Danes, S. M. / Shelley II, M. C. (2006a): Work roles, management and perceived well-being for married women within family businesses, *Journal of Family and Economic Issues* 27(3), 523-541.

Lee, Y. G. / Rowe, B. R. / Hong, G.-S. (2006b): Third shift women in business-owning families, *Journal of Family and Economic Issues* 27(1), 72-91.

Liebsch, K. (2008): Identität und Habitus, in: Korte, H. / Schäfers, B. (Hrsg.): *Einführung in Hauptbegriffe der Soziologie*, Wiesbaden, 69-86.

Lincoln, Y. S. / Guba, E. G. (1985): *Naturalistic inquiry*, Beverly Hills, CA.

Lincoln, Y. S. / Guba, E. G. (2002): The only generalization is: There is no generalization, in: Gomm, R. / Hammersley, M. / Foster, P. (eds.): *Case study method: Key issues, key texts*, London, 27-44.

Lippe van der, T. / Peters, P. (eds.) (2007): *Competing claims in work and family life*, Cheltenham.

Loker, S. (2000): Interweaving home and work spheres: Gender and the Vermont knitters, in: Hennon, C. B. / Loker, S. / Walker, R. (eds.): *Gender and home-based employment*, Westport/London, 189-212.

Lu, Y.-H. (2001): The "boss's wife" and Taiwanese small family business, in: Brinton, M. C. (ed.): *Women's working lives in East Asia*, Stanford, CA, 263-297.

Lyman, A. R. / Salganicoff, M. / Hollander, B. (1996): Women in family business: An untapped resource, in: Aronoff, C. E. / Astrachan, J. H. / Ward, J. L. (eds.): *Family business sourcebook II: A guide for families who own businesses and the professionals who serve them*, Marietta, GA, 460-463.

Lyman, A. R. (1988): Life in the family circle, *Family Business Review* 1(4), 383-398.

Marahrens, N. (1978): *Strukturwandel und Wachstumsdifferenzierungen im produzierenden Handwerk: Entwicklung, Einflußfaktoren und Zukunftsaussichten*, Göttingen.

Marshack, K. J. (1994): Copreneurs and dual-career couples: Are they different?, *Entrepreneurship: Theory & Practice* 19(1), 49-69.

Martin, P. Y. (2006): Practising gender at work: Further thoughts on reflexivity, *Gender, Work and Organization* 13(3), 254-276.

Martos Vallejo, M. C. (2007): What is a family business? A discussion of an integrative and operational definition, *International Journal of Entrepreneurship and Small Business* 4(4), 473-488.

Massey, C. / Lewis, K. (2006): The invisible women: Behind the scences in New Zealand smes, Proceedings of the *51th World Conference of the International Council of Small Business*, Melbourne, 1-11.

Meinefeld, W. (2005): Hypothesen und Vorwissen in der qualitativen Sozialforschung, in: Flick, U. / Kardorff, E. v. / Steinke, I. (Hrsg.): *Qualitative Forschung: Ein Handbuch*, Reinbek bei Hamburg, 265-275.

Miles, M. B. / Huberman, A. M. (1984): *Qualitative data analysis: A sourcebook of new methods*, Beverly Hills, CA.

Miles, M. B. / Huberman, A. M. (1994): *Qualitative data analysis: An expanded sourcebook*, 2nd ed., Thousand Oaks, CA.

Millman, C. / Martin, L. M. (2007): Exploring small copreneurial food companies: Female leadership perspectives, *Women in Management Review* 22(3), 232-239.

Mills, A. J. (1988): Organization, gender and culture, *Organization Studies* 9(3), 351-369.

Mittelstandsinstitut Niedersachsen und Institut Frau und Gesellschaft (Hrsg.) (1983): *Die Frau im Mittelstand*, Minden.

Moore, S. / Sikora, P. / Grunberg, L. / Greenberg, E. (2007): Managerial women and the work-home interface: Does age of child matter?, *Women in Management Review* 22(7), 568-587.

Mulholland, K. (2003): *Class, gender and the family business*, Houndmills/New York.

Müller, C. A. (1998): *Administrative Belastungen von Schweizer KMU im interkantonalen und internationalen Vergleich*, Bern.

Müller-Tiberini, F. (2001): *Wenn Familie den Laden schmeißt: Modelle zur Führung von Familienunternehmen*, Zürich.

Nagel, K. (2003): *Die neue Rolle der Unternehmerfrau im Handwerk und Mittelstand*, Bad Wörishofen.

Nave-Herz, R. (2004): *Ehe- und Familiensoziologie: Eine Einführung in Geschichte, theoretische Ansätze und empirische Befunde*, Weinheim/München.

Nelton, S. (1996): Marrying into a family business, in: Aronoff, C. E. / Astrachan, J. H. / Ward, J. L. (eds.): *Family business sourcebook II: A guide for families who own businesses and the professionals who serve them*, Marietta, GA, 413-415.

Neubauer, F. / Lank, A. G. (1998): *The family business: Its governance for sustainability*, Houndmills/London.

Neuberger, O. (1995): *Mikropolitik: Der alltägliche Aufbau und Einsatz von Macht in Organisationen*, Stuttgart.

Notz, P. (2001): *Frauen, Manager, Paare. Wer managt die Familie? Die Vereinbarkeit von Beruf und Familie bei Führungskräften*, München/Mering.

Nötzel, K. (1987): Mithelfende Familienangehörige in neugegründeten Unternehmen, *Internationales Gewerbearchiv* 35, 21-30.

Nunns, H. / Cameron, A. (2003): Participation of female family members in New Zealand family businesses, Proceedings of the *International Council of Small Business 48th World Conference*, Belfast, 1-20.

Ortmann, G. / Sydow, J. / Windeler, A. (1997): Organisation als reflexive Strukturation, in: Ortmann, G. / Sydow, J. / Türk, K. (Hrsg.): *Theorien der Organisation: Die Rückkehr der Gesellschaft*, Opladen, 315-354.

Owen, A. J. / Winter, M. (1991): The impact of home-based business on family life, *Family Business Review* 4(4), 425-432.

Parsons, T. (1964): *Beiträge zur soziologischen Theorie*, Neuwied am Rhein.

Patton, M. Q. (1987): *How to use qualitative methods in evaluation*, Newbury Park, CA.

Patton, M. Q. (1990): *Qualitative evaluation and research methods*, 2nd ed., Newbury Park, CA.

Pfannenschwarz, A. (2004): *Nachfolge und Nicht-Nachfolge im Familienunternehmen: Ambivalenzen und Lösungsstrategien beim familieninternen Generationswechsel*, Karlsruhe. (Zugl. Diss. Universität Witten/Herdecke)

Philbrick, C. A. / Fitzgerald, M. A. (2007): Women in business-owning families: A comparison of roles, responsiblities and predictors of family functionality, *Journal of Family and Economic Issues* 28(4), 618-634.

Pohl, W. (1995): *Regulierung des Handwerks: Eine ökonomische Analyse*, Wiesbaden.

Ponthieu, L. D. / Caudill, H. L. (1993): Who's the boss? Responsibility and decision making in copreneurial ventures, *Family Business Review* 6(1), 3-17.

Poza, E. J. / Messer, T. (2001): Spousal leadership and continuity in the family firm, *Family Business Review* 14(1), 25-36.

Punch, M. (1994): Politics and ethics in qualitative research, in: Denzin, N. K. / Lincoln, Y. S. (eds.): *Handbook of qualitative research*, Thousand Oaks, CA, 83-97.

Redlefsen, M. (2004): *Der Ausstieg von Gesellschaftern aus großen Familienunternehmen*, Wiesbaden. (Zugl. Diss. WHU-Otto-Beisheim School of Management, Vallendar)

Reis, C. (2004): *Men working as managers in a European multinational company*, München/Mering.

Risse, W. (1990): *Ratgeber für Unternehmerfrauen*, München.

Rodriquez-Cameron, L. M. (1989): *Wives and mothers in family businesses*. (PhD dissertation, University of Southern California, Los Angeles, CA)

Rogoff, E. G. / Heck, R. K. Z. (2003): Evolving research in entrepreneurship and family business: Recognizing family as the oxygen that feeds the fire of entrepreneurship, *Journal of Business Venturing* 18(5), 559-566.

Rosenblatt, P. C. / de Mik, L. / Anderson, R. M. / Johnson, P. A. (1985): *The family in business*, San Francisco, CA.

Rosenthal, G. (2005): *Interpretative Sozialforschung: Eine Einführung*, Weinheim/ München.

Rowe, B. R. / Bentley, M. T. (1992): The impact of the family on home-based work, *Journal of Family and Economic Issues* 13(3), 279-297.

Rowe, B. R. / Hong, G.-S. (2000): The role of wives in family businesses: The paid and unpaid work of women, *Family Business Review* 13(1), 1-13.

Rudolph, A. (1997): *Die Bedeutung von Handwerk und Kleinunternehmen für die Regionalpolitik: Eine theoretische und empirische Betrachtung*, Duderstadt.

Rudolph, A. (2000): *Wirtschaftsfaktor mitarbeitende Partnerinnen: Neuere Erkenntnisse zur Erwerbstätigkeit mitarbeitender Partnerinnen im Handwerk*, Essen.

Rühl, G. / Hantsch, G. / Heinen, E. / Schneider, A. / Schulte, A. (1991): *Unternehmerfrauen im Handwerk: Eine Untersuchung über Aufgaben und Wirkungsweise der Arbeitskreise "Unternehmerfrauen im Handwerk"*, Karlsruhe.

Salganicoff, M. (1990a): Clarifying the present and creating options for the future, *Family Business Review* 3(2), 121-124.

Salganicoff, M. (1990b): Women in family businesses: Challenges and opportunities, *Family Business Review* 3(2), 125-137.

Schlemper-Kubista, A. / Wollrab, H. (1980): *Die wirtschafts- und gesellschaftspolitische Bedeutung der selbständigen Unternehmerinnen und mitarbeitenden Unternehmerfrauen*, Göttingen.

Schuttenbach, L. v. / Ballarini, K. / Ihm, A. / Keese, D. (1996): *Die Rolle der mittätigen Unternehmerfrauen in der mittelständischen Wirtschaft: Eine empirische Untersuchung in Baden-Württemberg*, Heidelberg.

Schütze, F. (1983): Biographieforschung und narratives Interview, *Neue Praxis* 13(3), 283-293.

Schweitzer, M. (1990): Gegenstand der Industriebetriebslehre, in: Schweitzer, M. (Hrsg.): *Industriebetriebslehre: Das Wirtschaften in Industrieunternehmungen*, München, 3-60.

Sharma, P. (2004): An overview of the field of family business studies: Current status and directions for the future, *Family Business Review* 17(1), 1-36.

Sharma, P. / Chrisman, J. J. / Chua, J. H. (1996): *A review and annotated bibliography of family business studies*, Boston, MA.

Silverman, D. (2002): *Doing qualitative research: A practical handbook*, London.

Simon, F. B. (2002): Zwischen Gefühl und Geschäft: Familien und ihre Unternehmen, in: Simon, F. B. (Hrsg.): *Die Familie des Familienunternehmens*, Heidelberg, 7-15.

Simon, H. (1996): *Hidden champions: Lessons from 500 of the world's best unknown companies*, Boston, MA.

Sinz, H. (1977): *Das Handwerk: Geschichte, Bedeutung und Zukunft*, Düsseldorf/ Wien.

Smith, C. R. (2000): Managing work and family in small "copreneurial" business: An Australian study, *Women in Management Review* 15(5/6), 283-289.

Stake, R. E. (1995): *The art of case study research*, Thousand Oaks, CA.

Stake, R. E. (2000): Case studies, in: Denzin, N. K. / Lincoln, Y. S. (eds.): *Handbook of qualitative research*, Thousand Oaks, CA, 435-454.

Stake, R. E. (2002): The case study method in social inquiry, in: Gomm, R. / Hammersley, M. / Foster, P. (eds.): *Case study method: Key issues, key texts*, London, 19-26.

Steinke, I. (1999): *Kriterien qualitativer Forschung: Ansätze zur Bewertung qualitativ-empirischer Sozialforschung*, Weinheim/München.

Stones, R. (2005): *Structuration theory*, Houndmills/New York.

Strothmann, L. (2006): Eckpfeiler: Brauchen wir eine Mittelstandspolitik?, in: Krüger, W. / Klippstein, G. / Merk, R. / Wittberg, V. (Hrsg.): *Praxishandbuch des Mittelstands: Leitfaden für das Management mittelständischer Unternehmen*, Wiesbaden, 89-103.

Süßmuth, R. (1983): Erziehung in Familien Selbständiger: Ein Sonderfall familialer Sozialisation?, in: Mittelstandsinstitut Niedersachsen und Institut Frau und Gesellschaft (Hrsg.): *Die Frau im Mittelstand*, Minden, 21-31.

Tagiuri, R. / Davis, J. (1996): Bivalent attributes of the family firm, *Family Business Review* 9(2), 199-208.

Taylor, F. W. (1913): *Die Grundsätze wissenschaftlicher Betriebsführung*, München.

Walgenbach, P. (2002): Giddens' Theorie der Strukturierung, in: Kieser, A. (Hrsg.): *Organisationstheorien*, Stuttgart, 355-375.

Weber, M. (1980): *Wirtschaft und Gesellschaft: Grundriß der verstehenden Soziologie*, Tübingen.

Weick, K. E. (1985): *Der Prozeß des Organisierens*, Frankfurt/Main.

Weitzman, E. A. (2000): Software and qualitative research, in: Denzin, N. K. / Lincoln, Y. S. (eds.): *Handbook of qualitative research*, Thousand Oaks, CA, 803-820.

Wernet, W. (1959): *Kurzgefasste Geschichte des Handwerks in Deutschland*, 3. Auflage, Dortmund.

West, C. / Zimmerman, D. H. (1991): Doing gender, in: Lorber, J. / Farrell, S. A. (eds.): *The social construction of gender*, Newbury Park, CA, 13-37.

Westerholt, B. (1998): *Die Unternehmer-Ehefrau als Führungskraft: Ein Leitfaden*, Renningen-Malmsheim.

Westhead, P. / Cowling, M. (1998): Family firm research: The need for a methodological rethink, *Entrepreneurship: Theory & Practice* 23(1), 31-56.

Wetterer, A. (Hrsg.) (1995): *Die soziale Konstruktion von Geschlecht in Professionalisierungsprozessen*, Frankfurt/Main & New York.

Wheelock, J. / Baines, S. (1998): Dependency or self-reliance? The contradictory case of work in UK small business families, *Journal of Family and Economic Issues* 19(1), 53-73.

Wicker, A. W. / Burley, K. A. (1991): Close coupling in work-family relationships: Making and implementing decisions in a new family business and at home, *Human Relations* 44(1), 77-92.

Wilz, S. M. (2004): Organisation: Die Debatte um 'Gendered Organizations', in: Becker, R. / Kortendiek, B. (Hrsg.): *Handbuch Frauen- und Geschlechterforschung: Theorie, Methoden, Empirie*, Wiesbaden, 443-449.

Winter, M. / Fitzgerald, M. A. / Heck, R. K. Z. / Haynes, G. W. / Danes, S. M. (1998): Revisiting the study of family businesses: Methodological challenges, dilemmas, and alternative approaches, *Family Business Review* 11(3), 239-252.

Witzel, A. (1982): *Verfahren der qualitativen Sozialforschung: Überblick und Alternativen*, Frankfurt/Main & New York.

Wöhe, G. (1986): *Einführung in die Allgemeine Betriebswirtschaftslehre*, 16., überarb. Auflage, München.

Wolcott, H. F. (1990): *Writing up qualitative research*, Newbury Park, CA.

Wunderlich, G. / Reize, F. (2001): *Frauen in kleinen und mittleren Unternehmen: Empirische Analysen zu Mittätigkeit und Selbstständigkeit*, Baden-Baden.

Yin, R. K. (1989): *Case study research: Design and methods*, Rev. ed., Newbury Park, CA.

Yin, R. K. (2003): *Case study research: Design and methods*, 3. Edition, Thousand Oaks, CA.

ZDH (Hrsg.) (2002): *Frauen im Handwerk: Potenziale nutzen - Chancen verbessern*, Berlin.

Ziegler, M. (1998): "Dichte Beschreibung" - Essayistisches Theoretisieren und persönlicher Standort in der Interpretation, in: Kannonier-Finster, W. / Ziegler, M. (Hrsg.): *Exemplarische Erkenntnis: Zehn Beiträge zur interpretativen Erforschung sozialer Wirklichkeit*, Innsbruck/Wien, 65-91.

Von der Promotion zum Buch

Ausgezeichnete Wissenschaft

Sie haben eine wirtschaftswissenschaftliche Dissertation bzw. Habilitation erfolgreich abgeschlossen und möchten sie als Buch veröffentlichen?

Der Gabler Verlag ist einer der führenden deutschen Wirtschaftsfachverlage. Wir verstehen exzellente Forschungsliteratur als wichtigen Bestandteil unseres Angebots im Bereich Wirtschaftswissenschaft. Unser Programm bietet hervorragenden jüngeren Wissenschaftlern ein Forum, ihre Dissertationen und Habilitationsschriften der interessierten Fachöffentlichkeit vorzustellen. Namhafte Herausgeber renommierter Schriftenreihen bürgen für die Qualität der Monografien.

Ihre Vorteile:

- *Qualitative Programmpolitik bei der Auswahl und Begutachtung der Manuskripte*
- *Kurze Produktionszyklen: Drucklegung in 6-8 Wochen*
- *Dauerhafte Lieferbarkeit print und digital: Offset-Druck + E-Book in SpringerLink*
- *Zielgruppengerechter Vertrieb an Wissenschaftler, Bibliotheken, Fach- und Hochschulinstitute und (Online-)Buchhandel*
- *Umfassende Marketingaktivitäten: E-Mail-Newsletter, Flyer, Kataloge, Rezensionsexemplar-Versand an nationale und internationale Fachzeitschriften, Präsentation auf Messen und Fachtagungen etc.*

▶ Möchten Sie Autor beim Gabler Verlag werden? Kontaktieren Sie uns!

Claudia Jeske | Lektorat Wissenschaftliche Monografien
Tel. +49 (0)611.7878-237 | Fax +49 (0)611.7878-78-237 | claudia.jeske@gabler.de

KOMPETENZ IN SACHEN WIRTSCHAFT GABLER